“十四五”高等职业教育电子信息类专业新形态系列教材

# 电子产品装配技术与仿真

李占平◎主　编

顾礼铎　李海敏◎副主编

中国铁道出版社有限公司
CHINA RAILWAY PUBLISHING HOUSE CO., LTD.

## 内容简介

本书从技术技能人才成长规律出发，结合《关于在院校实施“学历证书＋若干职业技能等级证书”制度试点方案》编写而成。

全书分为七个项目，分别为仪器仪表和常用工具的使用、常用电子元器件的识读与检测、常用电子材料的加工与应用、印制电路板的设计与制作、电子元器件的插装与焊接、电子产品的整机装配工艺、电子产品的调试与检验。

本书采用工作手册形式呈现，突出实践技能的培养，理论知识简约清楚，整个教学内容贴近生产实际，符合电子企业的岗位需求。

本书适合作为高等职业院校电子信息类专业教材，也可作为电子企业技术工人的上岗培训用书。

**图书在版编目(CIP)数据**

电子产品装配技术与仿真/李占平主编. —北京：中国铁道出版社有限公司，2022.12

“十四五”高等职业教育电子信息类专业新形态系列教材

ISBN 978-7-113-29663-6

Ⅰ.①电… Ⅱ.①李… Ⅲ.①电子产品-装配(机械)-工艺学-高等职业教育-教材 Ⅳ.①TN605

中国版本图书馆CIP数据核字(2022)第175420号

**书　名：电子产品装配技术与仿真**
**作　者：**李占平

**策　划：**尹　鹏　　**编辑部电话：**(010)63551926
**责任编辑：**曾露平　绳　超
**封面设计：**刘　颖
**责任校对：**安海燕
**责任印制：**樊启鹏

**出版发行：**中国铁道出版社有限公司(100054，北京市西城区右安门西街8号)
**网　址：**http://www.tdpress.com/51eds/
**印　刷：**北京联兴盛业印刷股份有限公司
**版　次：**2022年12月第1版　2022年12月第1次印刷
**开　本：**850 mm×1 168 mm　1/16　**印张：**11.75　**字数：**301千
**书　号：**ISBN 978-7-113-29663-6
**定　价：**54.00元

# 前言

本书从技术技能人才成长规律出发，结合《关于在院校实施“学历证书＋若干职业技能等级证书”制度试点方案》，本着“以服务为宗旨，以就业为导向，以能力为本位”的指导思想，在走访部分电子产品生产企业的基础上编写而成。

本书以技能操作为主，以知识实用为原则，以提高学生综合职业能力和服务终身发展为目标，基于工作过程系统化构建了任务目标、任务描述、相关知识、任务实施和任务评价的体例。

本书力求突出以下特色：

(1)在编写理念上，贴近高等职业院校学生认知规律，以电子产品装配技术与仿真为中心，以工业和信息化部电子行业无线电调试的国家职业标准为参照，采用大量的图形和表格等直观表达方式，注重“教、学、做”合一，突显“理论实践一体化”的职教特色。

(2)在结构设置上，体现工作过程化。把“任务目标”放在每个任务开端，开门见山，使学生对本任务的知识、技能及素养目标一目了然；“任务描述”使学生对本任务的具体要求与应用场景更加清晰；“相关知识”帮助学生储备必要的理论知识和基本技能；“任务实施”着重让学生利用知识与技能在实践中完成任务；“任务评价”用于检验、评价完成质量。整个任务把教学过程联系起来，过渡自然，语言质朴，贯穿着“以学生为中心、以老师为主导”的理念。

(3)在内容编排上，紧跟电子技术的发展潮流，以教学大纲为本，根据电子企业的岗位需求来选择教学内容，体现新知识、新技术、新工艺、新方法。部分任务添加“技能仿真”的内容，目的是利用虚拟仿真教学，使学生学习不受场所限制，减轻老师教学压力。

(4)在呈现形式上，以工作手册的形式呈现。这是职业教育教材改革的方向之一。为满足学生技能学习的需要，提供简明易懂的“应知应会”等知识，同时，又按照技术技能人才成长特点和教学规律，对学习任务进行编排。

本书分为七个项目，建议安排120学时。在教学过程中可参考如下所示的学时分配表。

**学时分配表**

| 项目序号 | 项　目　内　容 | 参考学时 |
|---|---|---|
| 项目一 | 仪器仪表和常用工具的使用 | 10 |
| 项目二 | 常用电子元器件的识读与检测 | 10 |
| 项目三 | 常用电子材料的加工与应用 | 20 |
| 项目四 | 印制电路板的设计与制作 | 20 |
| 项目五 | 电子元器件的插装与焊接 | 22 |
| 项目六 | 电子产品的整机装配工艺 | 30 |
| 项目七 | 电子产品的调试与检验 | 8 |

本书由河南机电职业学院李占平任主编并统稿，河南机电职业学院顾礼铎和李海敏任副主编，河南机电职业学院张卫娟参与编写。编写分工如下：李占平编写项目一和项目七；顾礼铎编写项目二和项目六；张卫娟编写项目三；李海敏编写项目四和项目五。

在本书提纲的制定和各项目的编写过程中，得到了河南机电职业学院王奎英、尹力卉，通用电气公司（GE）白昱，河南柯渡医疗器械有限公司崔海燕和乔柘森，麦克维尔中央空调有限公司于洪，郑州仁荣祥医疗器械有限公司庄健传的指导和帮助，在此向他们致以诚挚的谢意！

本书配有免费的教学实操视频，读者可通过扫描书中的二维码观看。

由于编者水平有限，书中难免存在不足之处，敬请广大读者批评指正。

编　者

2022 年 6 月

# 目录

# 项目一 仪器仪表和常用工具的使用

在电子产品装配过程中离不开仪器仪表和工具，能否正确地选用和熟练使用仪器仪表和工具将影响电子产品装配的质量、工作效率，甚至影响到人身安全。本项目主要介绍电子产品装配中万用表、信号发生器、示波器和常用工具的用途和使用方法。

## 任务一 万用表的使用

### 任务目标

**1. 知识目标**

(1)掌握万用表的分类、特点及应用；

(2)掌握 MF47 型指针万用表和 VC980+ 型数字万用表各部件的功能。

**2. 技能目标**

(1)熟练使用 MF47 型指针万用表测量电阻及交直流电压；

(2)熟练使用 VC980+ 型数字万用表测量电阻及交直流电压。

**3. 素养目标**

(1)培养学生安全操作意识，养成良好的职业习惯；

(2)培养学生团队协作意识，提高与人交流合作的能力；

(3)培养学生节能意识，提高职业素养。

### 任务描述

在电子产品装配过程中常用到万用表测电阻、交直流电压等。本任务需要分别用指针、数字万用表测电阻、交直流电压。

基于不同阻值的色环电阻五个，不同型号的三极管、不同容量的电容器各五个，指针式、数字万用表各一块，电工电子实验台一台，完成以下任务。

(1)用万用表测电阻值。读出色环电阻值，再分别用指针和数字万用表测量其值，并填入相应的表格中。

(2)用万用表测交、直流电压。合上实验台电源开关，先后转换到交流电压挡位、直流电压挡位，用指针和数字万用表分别测量交、直流电压值，并填入相应的表格中。

## 相关知识

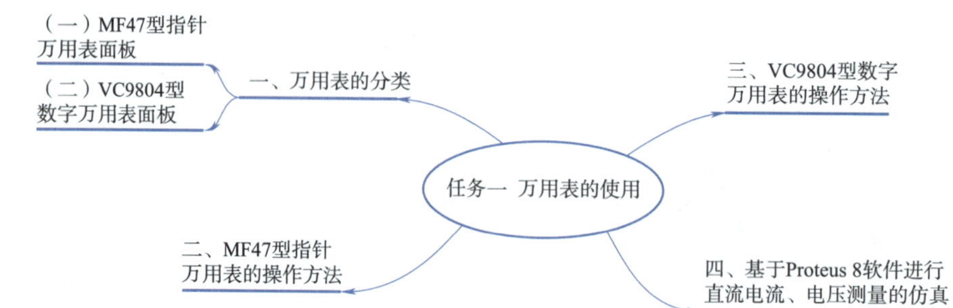


## 一、万用表的分类

万用表又称多用表、三用表，是一种多功能、多量程的测量仪表。万用表有指针式和数字式两类，每类型号很多，如下图所示。一般万用表可测量交、直流电压，直流电流，电阻，三极管共射极放大倍数，半导体参数和音频电平等。数字万用表还可用来测量交流电流、电容量等。

（a）类型一

（b）类型二

（c）类型三

（d）类型四

### （一）MF47 型指针万用表面板

#### 1. MF47 型指针万用表面板

主要由表头、挡位开关组成，表头中间有机械调零旋钮。

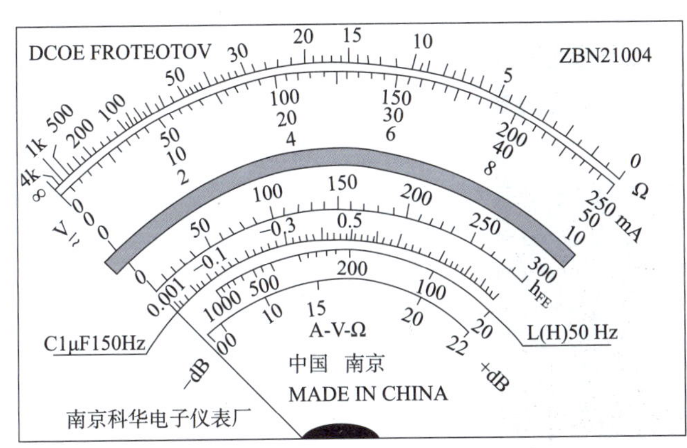


## 2. MF47 型指针万用表的表头的刻度盘

有六条常用刻度尺：第一条为测电阻用的刻度尺，第二条为测交、直流电压和直流电流用的刻度尺，第三条为测量三极管共射极放大倍数用的专用刻度尺，第四条为测量电容用的刻度尺，第五条为测量电感用的刻度尺，第六条为测量音频电平用的刻度尺。刻度盘上装有反光镜，以消除视差。

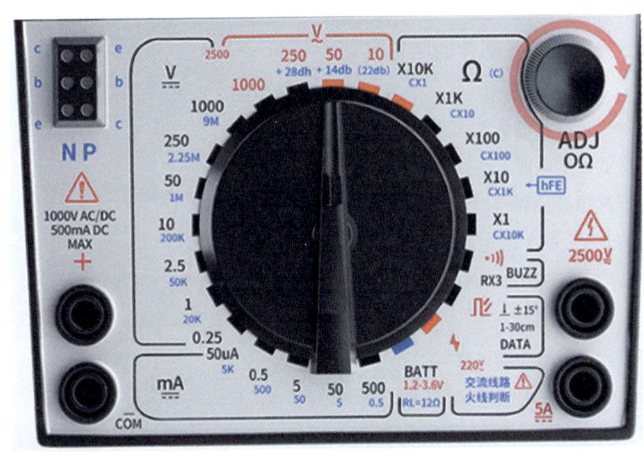


## 3. 挡位开关

主要有四个挡位：直流电压、交流电压、直流电流、电阻挡位，各挡位又有多个量程。另外，测量三极管共射极放大倍数的挡位是 hFE，与电阻 R × 10 位置重合。

# （二）VC980+ 型数字万用表面板

## 1. 数字万用表特点

数字万用表的优点是可以直接显示测量数据。其型号有多种，有的没有挡位选择，是自动转换。

视频

数字万用表识读

### 2. 数字万用表面板

**VC980+ 型数字万用表面板各部件的名称及功能**

| 序号 | 名　称 | 功　能 |
|---|---|---|
| ① | 液晶显示屏 | 显示仪表测量的数据 |
| ② | POWER 电源开关 | 开启或关闭电源 |
| ③ | HOLD 锁屏按键 | 按下此键，保留测量数据 |
|  | B/L 背光开关 | 长按此键，开启或关闭背光灯 |
| ④ | 三极管测试插孔 | 判断、测试三极管引脚的极性；配合 hFE 挡位，测量三极管放大倍数 |
| ⑤ | AC/DC 模式转换 | 交直流测量转换 |
| ⑥ | 挡位开关 | 用于改变测量功能及量程 |
| ⑦ | 2 ~ 20 A 电流测试插孔 | 测量 2 ~ 20 A 的交、直流电流，接红表笔 |
| ⑧ | 2 A 电流测试插孔 | 测量小于 2 A 的交、直流电流，接红表笔 |
| ⑨ | 公共“地”（COM） | 公共端、负极，接黑表笔 |
| ⑩ | V/Ω/Hz 插孔 | 测量交直流电压、电阻及信号频率等大小，接红表笔 |
|  |  | 存在危险电压 |
|  |  | 操作者必须看说明 |
|  |  | 接地 |

## 二、MF47 型指针万用表的操作方法

视频

### 1. 正确插入表笔

将红表笔插入“+”插孔中，黑表笔插入“COM”插孔中。如果测量的交、直流电压为 1 000 ~ 2 500 V，或者直流电流为 500 mA ~ 10 A，则红表笔分别插到标有“2 500 V”或“10 A”的插孔中。

**MF47 型万用表的操作方法**

### 2. 机械调零

使用前应检查指针是否指在机械零位上，否则应用小号一字螺丝刀旋转万用表面板中间的机械零位调整螺钉，使指针指示在零位上。

### 3. 测量直流电压

MF47 型指针万用表的直流电压挡位有 0.25 V、1 V、2.5 V、10 V、50 V、250 V、500 V、1 000 V 八个量程。红表笔插入"+"插孔中，黑表笔插入 COM 插孔中，把挡位开关拨至直流电压挡，并选择合适的量程。当被测电压数值不确定时，应先选用较高的量程。红表笔接直流电压高电位，黑表笔接直流电压低电位，不能接反。把万用表两表笔并联接到被测电路上，根据测出电压值，再逐步选用低量程，最后使指针在满刻度的 2/3 以上。

### 4. 测量交流电压

MF47 型指针万用表的交流电压挡位有 10 V、50 V、250 V、500 V、1 000 V 五个量程。将挡位开关拨至交流电压挡，表笔不分正负极，其他与测量直流电压方法相同，读数为交流电压的有效值。

### 5. 测量直流电流

MF47 型指针万用表的直流电流挡有 500 mA、50 mA、5 mA、500 μA、50 μA 五个量程。将红表笔插入"+"插孔中，黑表笔插入 COM 插孔中，挡位开关拨至直流电流挡，选择合适的量程。断开被测电路，将万用表两表笔串联到被测电路上。注意直流电流从红表笔流入，黑表笔流出，不能接反。

### 6. 测量电阻

MF47 型指针万用表的电阻挡有 ×1 Ω、×10 Ω、×100 Ω、×1 kΩ、×10 kΩ 五个倍率。插好表笔，将挡位开关拨至电阻挡，选择合适的倍率。短接两表笔，旋动电阻调零旋钮，进行电阻挡调零，使指针处于电阻刻度右边的 0 Ω 处。注意每次换挡位时都要调零。使被测电阻脱离电源，用两表笔接触电阻两端，使指针尽量能够指向表刻度盘从右边起的 1/3 区域，否则应调换合适的电阻挡位，以保证读数的精度。

所测电阻值为表头指针显示的读数乘以所选量程的倍率后得到的值。例如，选用 R×10 Ω 倍率挡测量，指针指示为 50，则被测电阻的阻值为 50 Ω×10＝500 Ω。

## 三、VC980+ 型数字万用表的操作方法

数字万用表测量

### 1. 直流电压的测量

（1）将黑表笔插入 COM 插孔中，红表笔插入 V/Ω/Hz 插孔中。

（2）通过"AC/DC 模式转换"键选择 DC 模式。

（3）将挡位开关拨至"V ⎓"范围内的适当量程处，然后将两表笔并联在测量电路中，则红表笔所接电压极性及该点电压将显示在液晶显示屏上。

### 2. 交流电压的测量

交流电压的测量方法类同于直流电压的测量,只是要通过“AC/DC 模式转换”键选择 AC 模式,并把挡位开关拨至“V ~”范围内的适当量程处(最大测量交流电压为 750 V)。

### 3. 电阻的测量

(1)将黑表笔插入 COM 插孔中,红表笔插入 V/Ω/Hz 插孔中。

(2)挡位开关拨至 Ω 挡范围内的适当量程处。

(3)两表笔接触被测元件的两引脚,元件的电阻值便会显示在液晶显示屏上。

### 4. 直流电流的测量

(1)将黑表笔插入 COM 插孔中,红表笔插入 mA 插孔中,若所测的电流大于 200 mA,则需插入 20 A 插孔。

(2)通过“AC/DC 模式转换”键选择 DC 模式。

(3)将挡位开关拨至“A ⎓”范围内的适当量程处,然后将两测试表笔串联在测量电路中,则该点电流值和红表笔所接电流极性将显示在液晶显示屏上。

### 5. 交流电流的测量

交流电流的测量方法类同于直流电流的测量,只是通过“AC/DC 模式转换”键选择 AC 模式,并要把挡位开关拨至“A ~”范围内的适当量程处。其注意事项同直流电流的测量。

### 6. 电容的测量

(1)测量前对电容器放电。

(2)将黑表笔插入 COM 插孔,红表笔插入 V/Ω/Hz 插孔。

(3)万用表挡位开关拨至测量电容值 F 挡位(最大测试容量 2 000 mF)。

(4)两表笔分别接触电容器两引脚,所测容量显示在液晶显示屏上。

### 7. 三极管 hFE 的测量

将挡位开关拨至 hFE 挡位。先判断三极管是 NPN 型还是 PNP 型,再将三极管各引脚分别插入“三极管测试插孔”相应的插孔中,其放大倍数显示在液晶显示屏上。

### 8. 二极管及电路通断的测量

(1)将黑表笔插入 COM 插孔,红表笔插入 V/Ω/Hz 插孔。

(2)将挡位开关拨至“→|·))”挡位,然后用红表笔接二极管正极,黑表笔接其负极,读数为二极管正向压降的近似值;反向连接时,读数为 1,否则,二极管已损坏。

(3)将表笔连接在待测电路两端,若内置蜂鸣器响,则两点间导通,其电阻值小于 90 Ω(检测电路通断)。

### 9. 频率的测量

将挡位开关拨至频率挡位(VC980+ 型数字万用表 2 MHz 处),黑表笔插入 COM 插孔中,红表笔插入 V/Ω/Hz 插孔中,然后用两表笔分别接触被测信号电路的两端,被测信号的频率显示在液晶显示屏上。

## 四、基于 Proteus 8 软件进行直流电流、电压测量的仿真

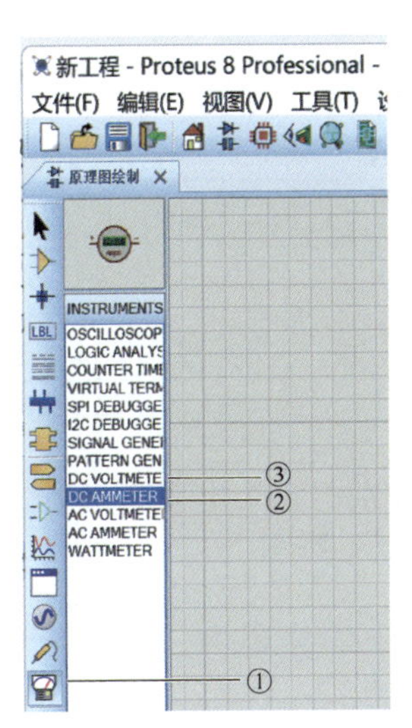


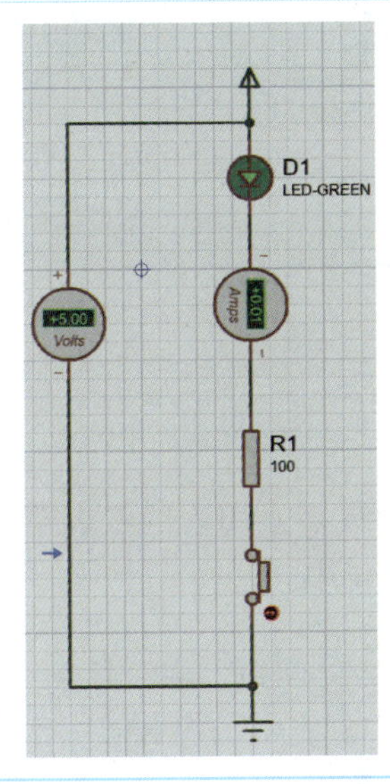


(1)打开 Proteus 8 仿真软件,从左边工具栏中选择虚拟仪表①。

(2)在子工具栏中找出直流电流表②和直流电压表③。

(3)画出仿真图[①]。

(4)放置直流电流表②和直流电压表③。

(5)运行仿真电路图,结果如左图所示。

## 任务实施

### 指针和数字万用表的使用

#### 1. 所需器材

(1)工具:指针、数字万用表各一块,电工电子实验台一台。

(2)器材:不同阻值的色环电阻、不同型号的三极管、不同容量的电容器各五个。

#### 2. 完成内容

##### 1)用万用表测电阻值

读出色环电阻值并填入表 1-1 和表 1-2 中,再分别用指针和数字万用表测量其值,并填入对应的表格中。

##### 2)用万用表测交、直流电压

合上电工电子实验台的电源开关,转换交流电压挡位、直流电压挡位,用指针和数字万用表分别测量交、直流电压值。参考表 1-1、表 1-2 自行绘制表格,并将结果记录在表格内。

表 1-1　指针万用表测量电阻值

| 标称阻值 | 万用表挡位 | 实测值 | 误差 |
| --- | --- | --- | --- |
|  |  |  |  |
|  |  |  |  |
|  |  |  |  |
|  |  |  |  |
|  |  |  |  |

① 仿真图中的电路图形符号与国家标准符号不符,二者对照关系见附录 A。

表 1-2　数字万用表测量电阻值

| 标称阻值 | 万用表挡位 | 实测值 | 误差 |
|---|---|---|---|
| | | | |
| | | | |
| | | | |
| | | | |
| | | | |

3）用万用表测直流电流

根据图 1-1 所示的电路，使指针万用表和数字万用表的红表笔分别与三个电阻碰触，测量 1、2、3 三点的直流电流值，结果填入表 1-3、表 1-4 中。

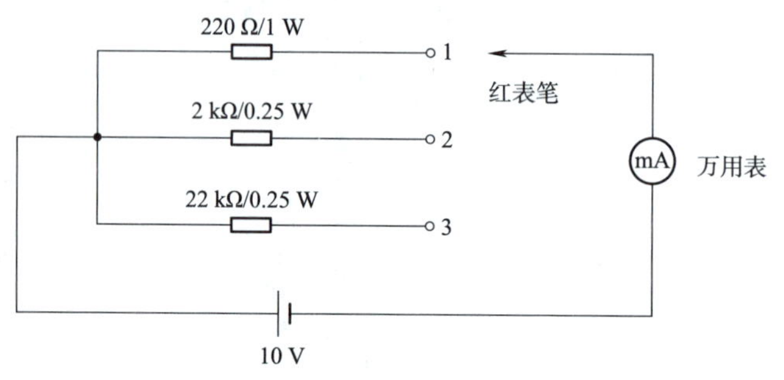


图 1-1　测量电路示意图

表 1-3　指针万用表测直流电流

| 标称阻值 | 万用表挡位 | 实测值 | 理论值 |
|---|---|---|---|
| 220 Ω | 500 mA | | 45.45 mA |
| 2 kΩ | 50 mA | | 5 mA |
| 22 kΩ | 5 mA | | 0.45 mA |

表 1-4　数字万用表测直流电流

| 标称阻值 | 万用表挡位 | 实测值 | 理论值 |
|---|---|---|---|
| 220 Ω | 200 mA | | 45.45 mA |
| 2 kΩ | 200 mA | | 5 mA |
| 22 kΩ | 200 mA | | 0.45 mA |

4）用数字万用表测三极管的 hFE 值

选出几个三极管，用数字万用表把测得的 hFE 值填入自制的表格中，表格样式参照表 1-1。

5）用数字万用表测电容值

选出几个电容器，用数字万用表把测得的电容值填入自制的表格中。

## 任务评价

基于任务实施内容，进行任务评价，分学生自评和教师评估，将评价分值填入表1-5中。

表1-5　任务评价

| 检测内容 | 分值 | 评分标准 | 学生自评 | 教师评估 |
|---|---|---|---|---|
| 测量电阻值 | 20 | 方法错误、量程选错、读数错误，各扣2～6分 | | |
| 测量交、直流电压 | 20 | 方法错误、量程选错、读数错误，各扣2～6分 | | |
| 测量直流电流 | 10 | 方法错误、量程选错、读数错误，各扣1～3分 | | |
| 测量三极管的hFE值 | 10 | 方法错误、量程选错、读数错误，各扣1～3分 | | |
| 测量电容值 | 10 | 方法错误、量程选错、读数错误，各扣1～3分 | | |
| 安全操作 | 10 | 不按照规定操作、损坏仪器，扣5～10分 | | |
| 现场管理 | 10 | 物品摆放乱、结束后不整理现场，各扣5～10分 | | |
| 团队协作和节能意识 | 10 | 团队任务全部完成量低，酌情扣1～5分；耗材使用量多，酌情扣1～5分 | | |
| 合计 | | | | |

# 任务二　信号发生器的使用

## 任务目标

### 1. 知识目标

(1)掌握信号发生器的分类与用途；

(2)熟知函数信号发生器面板各部件的名称和功能。

### 2. 技能目标

掌握信号发生器的使用方法及注意事项。

### 3. 素养目标

通过信号发生器的使用，培养学生科学思维与创新精神。

## 任务描述

信号发生器是指产生所需参数的电测试信号的仪器，又称信号源。它在生产实践和科技领域中有着广泛的应用。信号发生器有多种类型，其中能够产生多种波形，如三角波、锯齿波、矩形波、正弦波的信号发生器又称函数信号发生器。

根据实训室具有的信号发生器，如EE1641D型函数信号发生器，完成以下具体任务。

(1)熟知函数信号发生器面板各部件的名称和功能。

(2)用函数信号发生器调试出规定的信号。

## 相关知识

信号发生器按照产生信号的类型可以分为正弦信号发生器、函数信号发生器、脉冲信号发生器、随机信号发生器、专用信号发生器。正弦信号发生器提供最基本的正弦波信号，可以用作参考频率和参考幅度信号。常见的高频信号发生器和标准信号发生器都属于此类。函数信号发生器一般工作频率不高，其频率上限为几兆赫到 120 MHz，频率下限很低，大多可以低于 0.1 Hz。脉冲信号发生器和随机信号发生器多用于专业场合。专用信号发生器是产生特定信号的专用仪器，如常见的电视信号发生器、立体声信号发生器等。

信号发生器按传统工作频段分类，有超低频信号发生器、低频信号发生器、高频信号发生器、微波信号发生器。

## 一、EE1641D 型函数信号发生器/计数器面板的识读

### 1. EE1641D 型函数信号发生器的特点

EE1641D 型函数信号发生器是一种精密的函数信号发生器/计数器，具有连续信号、扫频信号、函数信号、脉冲信号等多种输出信号和外部测频功能。

### 2. EE1641D 型函数信号发生器前面板说明

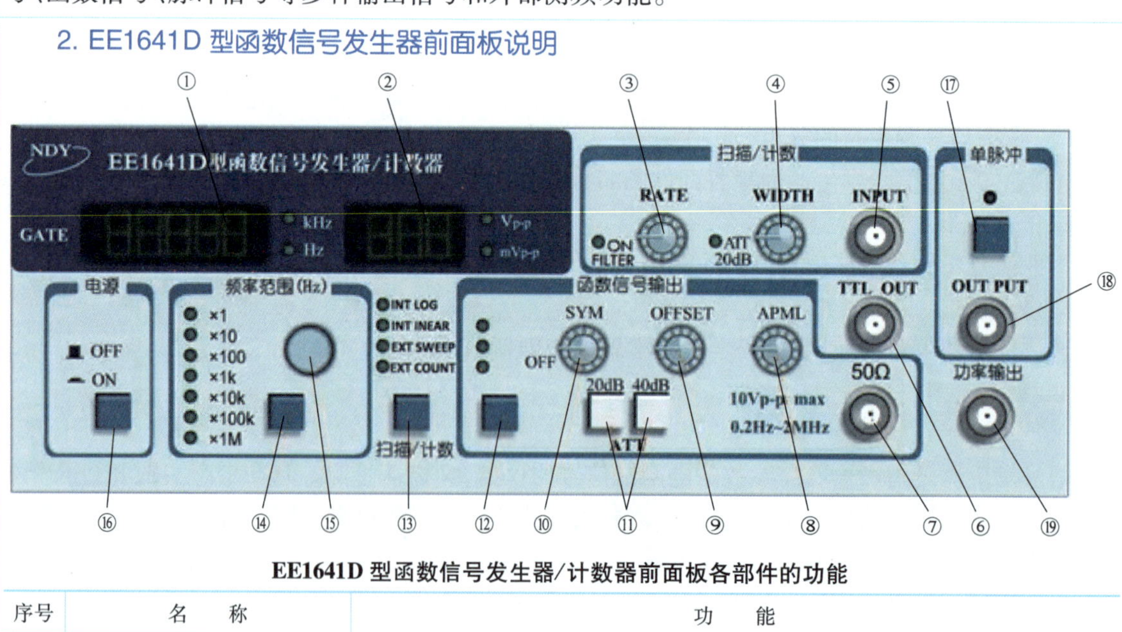


**EE1641D 型函数信号发生器/计数器前面板各部件的功能**

| 序号 | 名 称 | 功 能 |
| --- | --- | --- |
| ① | 频率显示窗口 | 显示输出信号的频率或外测频信号的频率，有 Hz、kHz 两种单位，自动切换，由指示灯显示 |

续表

| 序号 | 名　称 | 功　能 |
|---|---|---|
| ② | 幅度显示窗口 | 显示函数输出信号的幅度,有 V、mV 两种单位,根据幅值自动切换,由指示灯显示 |
| ③ | 扫描速率调节旋钮 | 调节此旋钮可调节扫频输出的扫频范围。在外测频时,逆时针旋到底(绿灯亮),为外输入测量信号经过衰减 20 dB 进入测量系统 |
| ④ | 扫描宽度调节旋钮 | 调节此旋钮可以改变内扫描的时间长短。在外测频时,逆时针旋到底(绿灯亮),为外输入测量信号经过低通开关进入测量系统 |
| ⑤ | 外部输入插座 | 当扫描/计数按钮⑬的功能选择在外扫描状态或外测频功能时,外扫描控制信号或外测频信号由此输入 |
| ⑥ | TTL 信号输出器 | 输出标准的 TTL 幅度的脉冲信号,输出阻抗为 600 Ω |
| ⑦ | 函数信号输出端 | 输出多种波形受控的函数信号,输出幅度电压最大为 $20V_{p-p}$(1 MΩ 负载)、$10V_{p-p}$(50 Ω 负载) |
| ⑧ | 函数信号输出幅度调节旋钮 | 调节范围为 20 dB |
| ⑨ | 函数信号输出直流电平预置调节旋钮 | 调节范围为 -5 ~5 V(50 Ω 负载),当电位器处在中心位置时,则为 0 电平 |
| ⑩ | 输出波形对称性调节旋钮 | 调节此旋钮可改变输出信号的对称性,当电位器处在中心位置时,则输出对称信号 |
| ⑪ | 函数信号输出幅度衰减开关 | “20 dB”、“40 dB”键均不按时,输出信号不经衰减,直接输出到插座口;“20 dB”、“40 dB”键分别按下时,信号幅值分别衰减 10 倍或 100 倍 |
| ⑫ | 函数输出波形选择按钮 | 可选择正弦波、三角波、矩形波输出 |
| ⑬ | 扫描/计数按钮 | 可选择多种外扫描方式和外测频方式 |
| ⑭ | 频率范围选择按钮 | 每按一次此按钮可改变输出频率的一个频段 |
| ⑮ | 频率微调旋钮 | 在频段选定范围内微调输出信号频率,调节范围为基数的 0.3 ~3 倍 |
| ⑯ | 整机电源开关 | 此按键按下时,机内电源接通;此按键释放时,关掉整机电源 |
| ⑰ | 单脉冲按钮 | 每按一次该按钮,单脉冲输出电平翻转一次 |
| ⑱ | 单脉冲输出端 | 输出单脉冲信号 |
| ⑲ | 功率输出端 | 提供 >4 W 射频信号功率输出,仅对 ×100, ×1k, ×10k 挡有效 |

### 3. EE1641D 型函数信号发生器/计数器的后面板说明

EE1641D 型函数信号发生器/计数器的后面板仅有一个交流市电 220 V 输入插座,该插座内置熔断器管座,其容量为 0.5 A。

## 二、EE1641D 型函数信号发生器/计数器面板的使用

### 1. 连接电源

检查市电电压,确认市电电压在 220 ×(1 ±20%) V 范围内,方可将电源线插头插入本仪器后面板的电源线插座内。按下电源按钮,信号发生器通电。

视频

函数信号发生器的基本使用方法

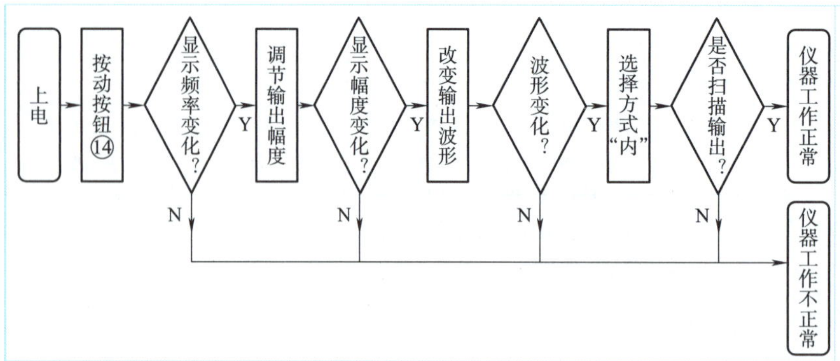


### 2. 自校检查

在使用本仪器进行测试工作之前,可对其进行自校检查,以确保仪器工作正常。EE1641D型函数信号发生器/计数器的自校检查程序如左图所示。

### 3. 输出50 Ω主函数信号

(1)终端连接50 Ω匹配器的测试电缆,由前面板的函数信号输出端⑦输出,使信号源的信号连接到示波器或其他仪器的输入端。

(2)用频率范围选择按钮⑭选定输出函数信号的频段,用频率微调旋钮⑮调整输出信号频率,直到得到所需的工作频率值为止。

(3)用函数输出波形选择按钮⑫选定输出函数的波形,可分别获得正弦波、三角波、脉冲波。

(4)用函数信号输出幅度衰减开关⑪和函数信号输出幅度调节旋钮⑧选定和调节输出信号的幅度,如果调节函数信号输出幅度调节旋钮⑧到最小还不能满足使用时的要求,可再配合使用函数信号输出幅度衰减开关⑪。

(5)用函数信号输出直流电平预置调节旋钮⑨选定输出信号所携带的直流电平。

(6)用输出波形对称性调节旋钮⑩改变输出脉冲信号占空比(即波峰和波谷占用时间之比),输出波形为三角形时可将三角波调为锯齿波。

## 三、信号发生器的使用和维护注意事项

(1)信号发生器采用了大规模集成电路,因此修理时禁用二芯电源线的电烙铁。

(2)校准测试时,测量仪器或其他设备的外壳应接地良好,以免意外损坏。

(3)维护修理时,一般先排除直观故障,如断线、碰线、器件倒伏、接插件脱落等可视故障,然后再用必要的手段来对故障电路进行静态、动态检查,并按实际情况处理。

(4)针对重大故障及严重损坏,应进行技术咨询或返回工厂修理。

## 四、基于Proteus 8软件进行信号发生器的仿真

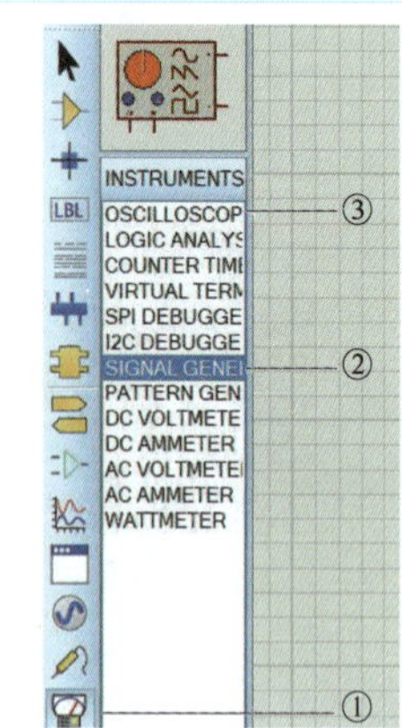


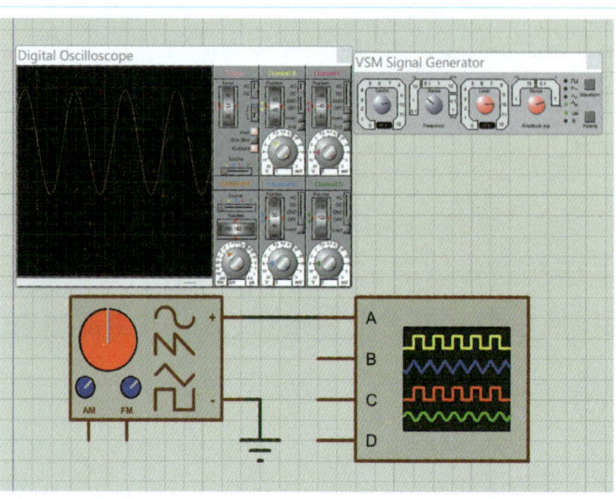


(1)打开Proteus 8仿真软件,从左边工具栏中选择虚拟仪表①。

(2)在子工具栏中找到信号发生器②和示波器③。

(3)连接仿真图中的信号发生器②和示波器③。

(4)运行仿真图,调节相应参数,结果如左图所示。

## 任务实施

### 信号发生器的使用

#### 1. 所需器材

根据实验室具备的函数信号发生器任选一台。

#### 2. 完成内容

(1)识读函数信号发生器面板各部件功能,包括按钮、旋钮、插孔、指示灯、显示区。

每两人一组,一人读面板,另一人聆听,相互指导,直到都熟知为止。

(2)调试出规定参数值的函数信号:①调试出 $V_{p-p}=5$ V, $f=10.5$ kHz 对称的正弦波;②调试出 $V_{p-p}=29$ mV, $f=200$ Hz 的矩形波;③调试出 $V_{p-p}=9$ V, $f=200$ kHz 的三角波。

## 任务评价

基于任务实施内容,进行任务评价,分学生自评和教师评估,将评价分值填入表 1-6 中。

表 1-6 任务评价

| 检测内容 | 分值 | 评分标准 | 学生自评 | 教师评估 |
|---|---|---|---|---|
| 函数信号发生器面板的识读 | 30 | 识错一项,扣 2 分 | | |
| 调试出规定参数值的函数信号 | 40 | 每调错一个波形扣 15 分;方法不对、操作不当,扣 10 分 | | |
| 安全操作 | 10 | 不按照规定操作、损坏仪器,扣 4 ~ 10 分 | | |
| 现场管理 | 10 | 结束后没有整理现场,扣 4 ~ 10 分 | | |
| 科学思维与创新精神 | 10 | 任务实施中,遇到问题,不能创造性地解决问题,酌情扣 1 ~ 10 分 | | |
| 合计 | | | | |

# 任务三 示波器的使用

## 任务目标

#### 1. 知识目标

(1)掌握示波器的分类、特点与用途;

(2)熟知示波器面板各部件的名称和功能。

#### 2. 技能目标

掌握 LDS20410 型示波器的使用方法。

#### 3. 素养目标

培养学生操作细致到位,读数严谨认真的态度。

## 任务描述

示波器是一种用来显示和观测电信号的电子仪器,可以直接观察和测量信号波形、电压的大小和周期,以及测试相位差等。示波器的型号很多,本任务以 LDS20410 型示波器为例介绍示波器的使用方法。

根据实训室具有的示波器,如 LDS20410 型示波器,完成以下任务。

(1)熟知其面板各部件的名称和功能。

(2)用示波器测试信号发生器产生的或电工实验平台上常见的电信号,调出波形,计算出电压、$V_{p-p}$、频率等,并把结果填写到对应表格中。

## 相关知识

示波器是一种用来显示和观测电信号的电子仪器,可以直接观察和测量信号波形、电压的大小和周期,以及测试相位差等。示波器一般分为模拟示波器和数字示波器。模拟示波器是一种实时检测波形的示波器,它不具有存储记忆的功能。数字示波器一般都具有存储记忆功能,能存储记忆测量过程中任意时间的瞬时信号波形。数字示波器的性能和用途远大于模拟示波器,具有自动测量、存储、使用方便、可集成等优势。

数字示波器又分为数字存储示波器(DSO)、数字荧光示波器(DPO)和采样示波器、基于 PC 的数字示波器、手持数字示波器(示波表)等。

根据是否带显示屏,示波器分为普通示波器、虚拟示波器。普通示波器是带显示屏的。虚拟示波器只将其他主要部件放在一个小镍钢盒子里,其体积非常小,没屏幕,需要连接到计算机软件上使用。

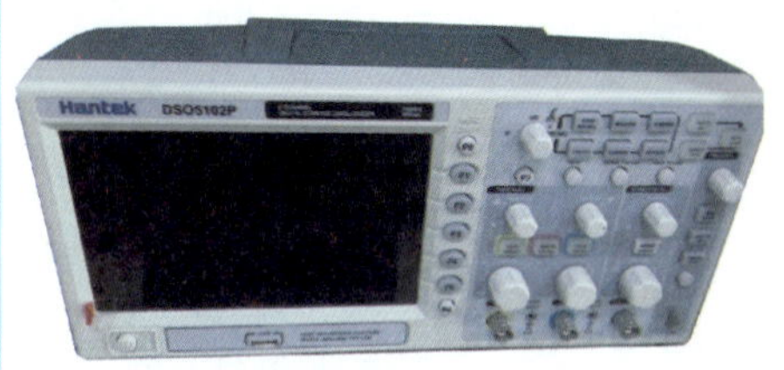

(a)数字存储示波器(DSO)

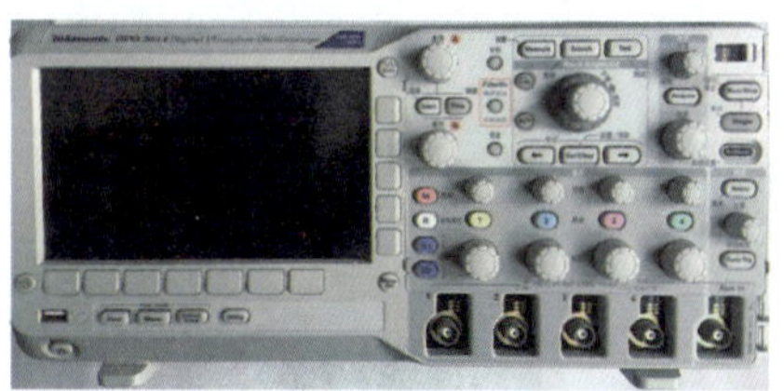
(b)数字荧光示波器(DPO)

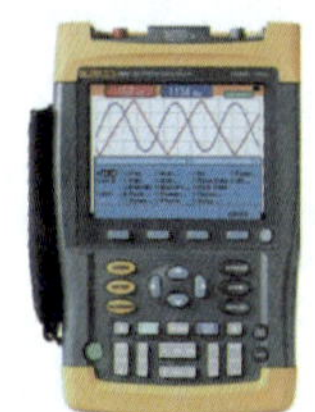
(c)手持数字示波器

## 一、LDS20410 型示波器面板的识读

LDS20410 型示波器属于数字存储示波器，其前面板左侧部分是屏幕，属于光栅类屏幕，用于显示测量的电信号波形；右侧部分包含按钮、各功能键、水平扫描系统、垂直放大系统等；后面板包含电源等功能接口。

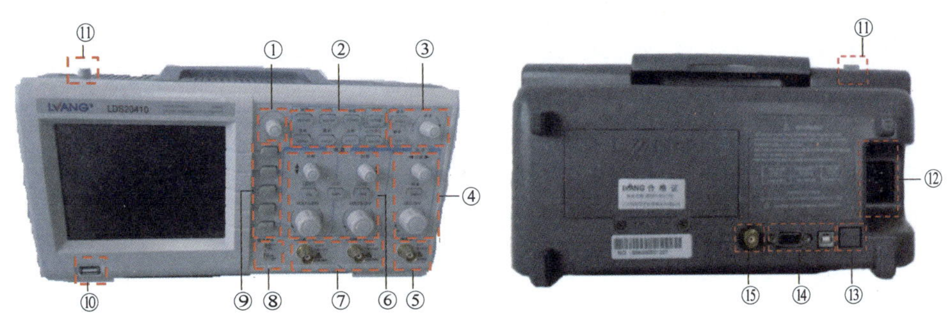


**LDS 20410 型示波器面板各部件的名称及功能**

| 序号 | 名　称 | 功　能 |
|---|---|---|
| ① | 公共旋钮 | (1)左右旋转：光标、网格亮度、波形亮度的调节。<br>(2)点按操作：选择各功能后，按下此键起确定作用 |
| ② | 功能菜单键 | (1)测量：用于电压测量（最大值、最小值、峰-峰值、顶值、底值、幅度值、均方根、平均、过冲、预冲、阻尼）、时间测量（周期、频率、上升时间、正脉宽、负脉宽、正占空比、负占空比、延迟上升、延迟下降）。<br>(2)采样：捕获快速信号、单次信号、瞬态信号的方式，实时采样。<br>(3)存储：内部存储，存储到本机内存当中（可存储 10 组波形）；外部存储，外部 U 盘存储（可海量存储）。<br>(4)光标：测量光标间的电压差 $\Delta U$，测量光标间的时间差 $\Delta T$，测量光标间的频率差 $1/\Delta T$。<br>(5)显示：包含显示类型、屏幕网格、波形亮度、网格亮度，按对应选择功能键的显示类型选型，切换波形显示方式。<br>(6)应用：包括接口设置、频率计、声音、语言、校准信号、时钟、时钟设置、打印设置、系统维护、界面风格、校正、通过测试。<br>(7)自动：调节各种控制值，以产生适宜观察的输入信号显示。<br>(8)运行/停止：正在采集触发后的信息/示波器已停止采集波形数据 |
| ③ | 触发锁定键 | (1)单次：按下触发/锁定功能菜单中的单次功能键，此时系统将关闭自动触发扫描并等待用户操作单次触发扫描。<br>按触发/锁定功能菜单中的单次功能键（此时运行/停止键将变为红色）；再按单次功能键，系统将自动触发扫描一次把当时的波形记录下来，并显示在屏幕上。此功能在观察周期性信号变化时占有优势。<br>(2)触发功能菜单包括边沿触发、脉冲触发、视频触发、斜率触发。<br>按触发/锁定功能菜单中的触发键，在打开的 TEIG 窗格中按对应的选择功能键信源选择选项，用公共旋钮键选择可改变触发系统的触发方式（CH1、CH2、EXT、市电、交替） |
| ④ | 水平扫描系统 | (1)扫描功能菜单包括：延迟扫描、格式、显示方式、自动跟踪。<br>按面板扫描功能键，打开扫描窗格，在延迟扫描选项中按对应的选择功能键打开延迟扫描开关；按时间扫描旋钮（SEC）可直接打开延迟扫描开关。<br>(2)水平位移：用以调节光迹在水平方向的位置。<br>(3)SEC/DIV：波形脉冲宽度调整。用以调节被测信号在变化至某一电平时触发扫描 |

续表

| 序号 | 名　称 | 功　能 |
|---|---|---|
| ⑤ | 外触发输入端 | 当选择外触发方式时，触发信号由此端口输入 |
| ⑥ | 垂直放大系统 | 选择垂直系统的工作方式。<br>（1）CH1：只显示 CH1 通道的信号。<br>（2）CH2：只显示 CH2 通道的信号。<br>（3）运算（math）：包含波形运算和波形分析。<br>波形运算功能：按面板运算功能键，打开运算窗格，在操作类型选项中选择波形运算；在操作选项中选择运算方法（加、减、乘、除），选择后按公共旋钮键确定。<br>波形分析功能：按面板运算功能键，打开运算窗格，在操作类型选项中选择波形分析；在其他运算选项中选择运算方法（Dv/dt、Sv/dt、STFFT、FFT、直方图、相关系数），选择后按公共旋钮键确定。<br>交替：用于同时观察两路信号，此时两路信号交替显示，该方式适合在扫描速率较快时使用。<br>（4）VOLTS/DIV（两个）：波形幅度调整。按面板运算功能键，在荧光屏上操作类型选项中选择波形分析；在荧光屏其他运算选项中选择运算方法（Dv/dt、Sv/dt、STFFT、FFT、直方图、相关系数），选择后按公共旋钮键确定。<br>（5）垂直位移旋钮（两个）：分别用以调节光迹在 CH1、CH2 垂直方向的位置 |
| ⑦ | 双通道输入端 | （1）通道 1 输入插座：双功能端口，常规使用时此端口作为垂直通道 1 的输入口；当仪器工作在 *X-Y* 方式时，此端口作为 *X* 轴（水平）输入口。<br>（2）通道 2 输入插座：垂直通道 2 的输入端口，在 *X-Y* 方式时，作为 *Y* 轴（垂直）输入口 |
| ⑧ | 校准信号 | 幅度：$0.5V_{p-p} \leq \pm 1\%$。<br>频率：可选 1 kHz、10 kHz、100 kHz 方波 |
| ⑨ | 选择功能键 | 通过它们可以设置当前对应功能菜单的不同选项 |
| ⑩ | U 盘外部存储 | 对应于 USB 主从连接中的主设备，支持 U 盘的存储、文件管理，以及 USB 接口打印机的直接打印，支持 U 盘对机器的升级 |
| ⑪ | 电源开关键 | 按压接通电源，弹出切断电源 |
| ⑫ | 交流电源接口 | 仪器电源进线插口 |
| ⑬ | RJ-45 网口接口 | 用于数据电缆的端接，实现设备、配线架模块间的连接及变更 |
| ⑭ | RS-232/USB 接口 | 串行通信接口 |
| ⑮ | 通过/失败输出接口 | 用于输出符合规则设定波形的脉冲信号 |

## 二、LDS20410 型示波器的使用

视频

示波器的使用

### 1. 使用前的检查

示波器初次使用前或久藏复用时，首先检查示波器的外观是否良好、操作功能区的按键是否完整、合格标识及日期是否完好。

## 2. 通电后的检查

(1)显示检查:将数字示波器通电开机,示波器有自检功能,自检合格后,操作者检查示波器操作功能区按键指示灯正常亮起,显示屏幕中出现光迹,分别调节亮度和聚焦旋钮,使光迹的亮度适中、清晰。

(2)测试通道检查:通过连接电缆将本机校准信号输入至 CH1 通道,调节电平旋钮使波形稳定,分别调节 $Y$ 轴和 $X$ 轴的位移,使波形与下图(a)相吻合。用同样的方法检查 CH2 通道。

(3)探头检查:首先检查测试探头是否完好,确保完好后探头分别接入两 $Y$ 轴输入接口,将 VOLTS/DIV 开关调至 10 mV,探头衰减置于 ×10 挡,屏幕中应同样显示下图(a)所显示的波形。如果波形有过冲,则显示波形如下图(b)所示,或有下塌现象,则显示波形如下图(c)所示,则可用高频旋具调节探头补偿元件,使波形最佳。调节探头补偿元件示意图如下图所示。

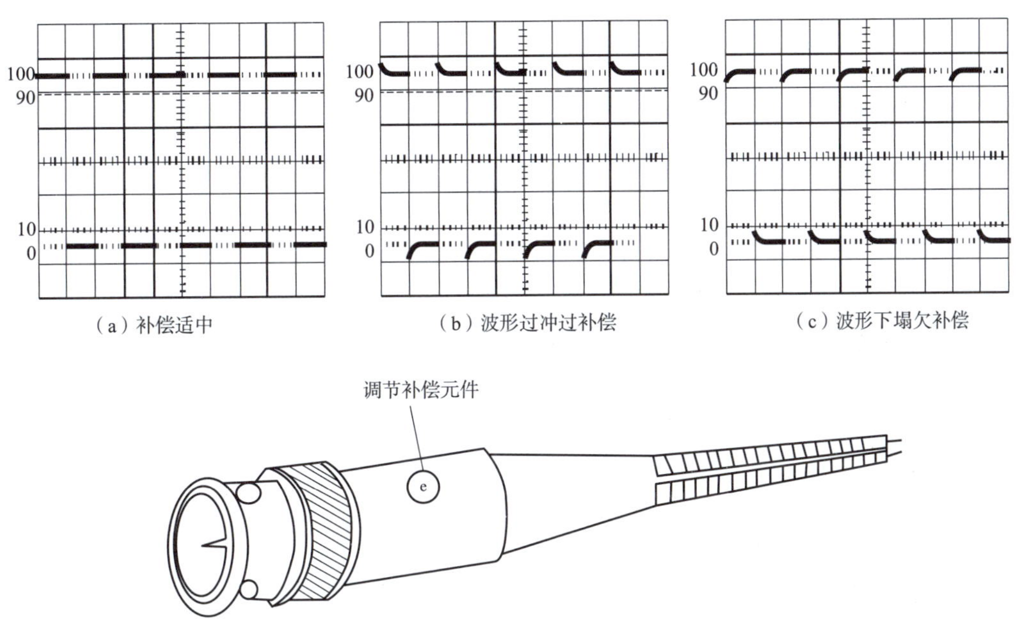


(a)补偿适中　(b)波形过冲过补偿　(c)波形下塌欠补偿

## 3. 测试信号

1)电压的测量

在测量时,一般把 VOLTS/DIV 开关以逆时针方向旋至校准位置,这样可以按 VOLTS/DIV 的指示值直接计算被测信号的电压幅值。由于被测信号一般都含有交流和直流两种成分,所以在测试时应根据下述方法操作。

(1)交流电压的测量:当只需测量被测信号的交流成分时,应将 $Y$ 轴的耦合方式开关置于 AC 位置,再调节 VOLTS/DIV 开关,使波形在屏幕中的显示幅度适中,然后调节电平旋钮使波形稳定,接着分别调节 $Y$ 轴和 $X$ 轴的位移,使波形显示值方便读取。交流电压的测量结果如下图所示。

根据 VOLTS/DIV 的指示值和波形在垂直方向显示的坐标(DIV),有

$V_{p-p} = V/\text{DIV} \times H(\text{DIV})$($H$ 为整个波形所占 $Y$ 轴方向的格数)

已知 VOLTS/DIV 为 2 V，则 $V_{p-p}=2\times4.6\ V=9.2\ V$。

如果使用的探头置于 10∶1 位置，则应将该值乘以 10。

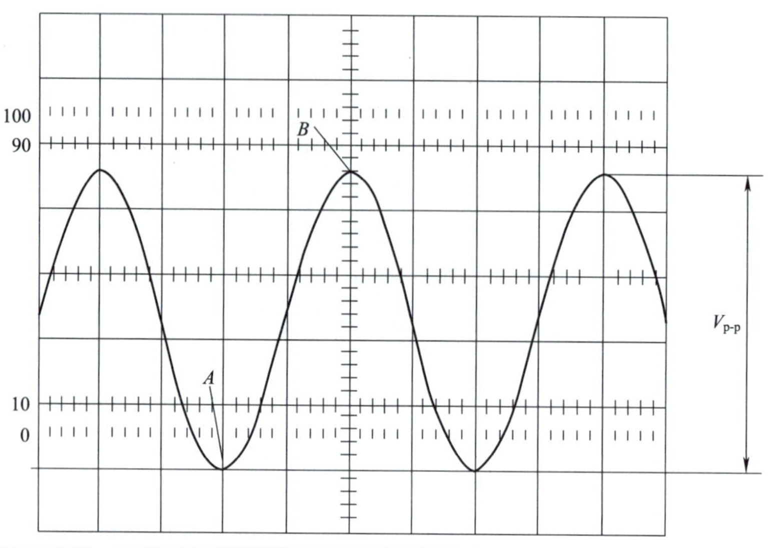


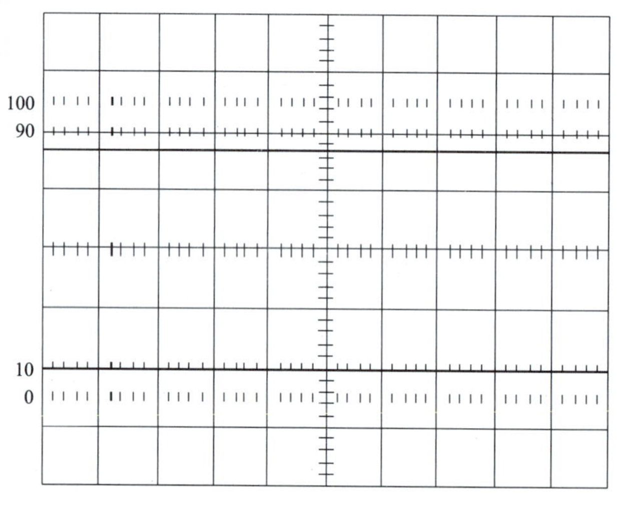


（2）直流电压的测量：当需测量被测信号的直流或含直流成分的电压时，应先将 $Y$ 轴的耦合方式开关置于 GND 位置，然后调节垂直位移旋钮使扫描基线在一个合适的位置上，再将耦合方式开关转换到 DC 位置。接着调节电平旋钮使波形同步。根据波形偏移原扫描基线的垂直距离，用上述方法读取该信号的各个电压值。直流电压的测量结果如左图所示。

已知 VOLTS/DIV 为 0.5 V，则 $V_{p-p}=3.7\times0.5\ V=1.85\ V$。

2）时间间隔的测量

对某信号的周期或该信号任意两点间的时间参数进行测量时，可首先按上述操作方法，使波形获得稳定同步，然后将该信号周期或需测量的两点间在水平方向的距离乘以 SEC/DIV 开关的指示值，即可获得所求值。当需要观察该信号的某一细节（如跳变信号的上升或下降时间）时，可将“×5 扩展”按键按下，使显示的距离在水平方向得到 5 倍的扩展，再调节 $X$ 轴的位移，使波形处于方便观察的位置，此时测得的时间值应除以 5。测量两点间的水平距离后，按下式可计算出时间间隔：

$$\text{时间间隔(s)}=\frac{\text{两点间的水平距离(格)}\times\text{扫描时间系数(时间/格)}}{\text{水平扩展系数}}$$

时间间隔的测量结果如下图所示。

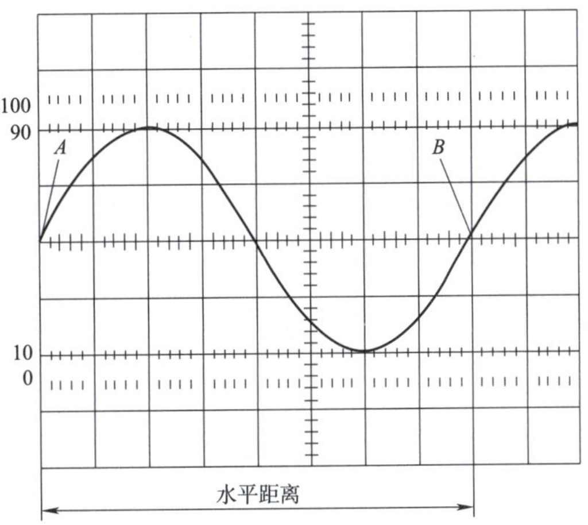


## 三、基于 Proteus 8 软件进行示波器的仿真

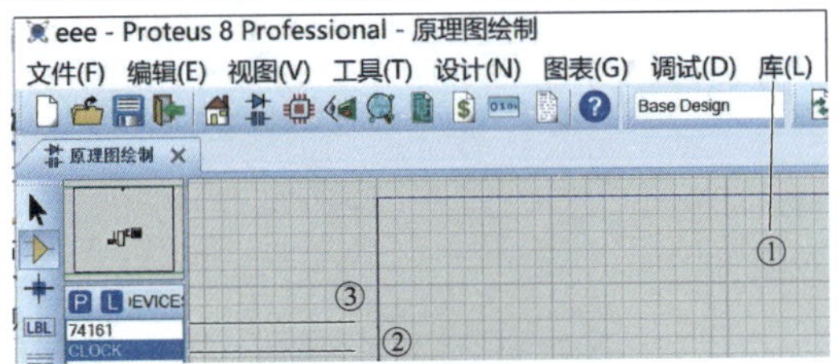


（1）打开 Proteus 8 仿真软件，从上方工具栏中选择库①。

（2）从库①中找到元器件②和③。

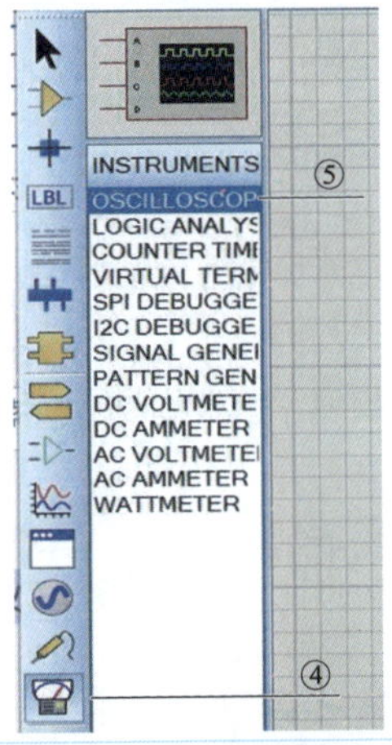


（1）找到左侧工具栏选择虚拟仪表④。

（2）在子工具栏中找到示波器⑤。

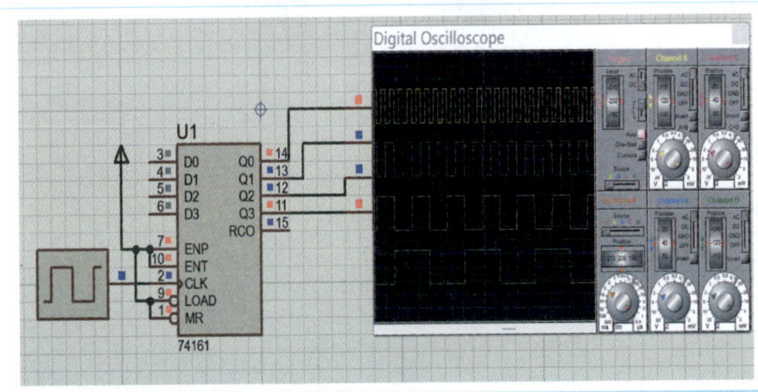


（1）画出仿真图。

（2）运行仿真图，调整相应数值，结果如左图所示。

## 任务实施

### 示波器的使用

#### 1. 所需器材

示波器、信号发生器各一台。

#### 2. 完成内容

(1)识读示波器面板各部件功能。

每两人一组,一人读面板,另一人聆听,相互指导,直到都熟知为止。

(2)参照表1-7,调整信号发生器输出的交流信号电压值、频率,操作示波器,显示出相应完整、稳定的波形,并将操作数据填入表1-7中。

表1-7 示波器技能训练操作数据

| 信号发生器的输出 | | | 示波器各旋钮状态 | | | | 计算值 | |
|---|---|---|---|---|---|---|---|---|
| 波形 | $V_{p-p}$ | 频率 | 垂直灵敏度 V/DIV | 垂直格数 | 水平灵敏度 ms/DIV | 水平格数 | $V_{p-p}$ | $T/f$ |
| 正弦波 | 20 mV | 100 Hz | | | | | | |
| 三角波 | 2 V | 1 kHz | | | | | | |
| 方波 | 6 V | 20 kHz | | | | | | |

## 任务评价

基于任务实施内容,进行任务评价,分学生自评和教师评估,将评价分值填入表1-8中。

表1-8 任务评价

| 检测内容 | 分值 | 评分标准 | 学生自评 | 教师评估 |
|---|---|---|---|---|
| 面板的识读 | 25 | 识错一项,扣2分 | | |
| 正弦波 | 15 | 操作不合要求,$V_{p-p}$、$T/f$计算有误,每项扣7.5分 | | |
| 三角波 | 15 | 操作不合要求,$V_{p-p}$、$T/f$计算有误,每项扣7.5分 | | |
| 方波 | 15 | 操作不合要求,$V_{p-p}$、$T/f$计算有误,每项扣7.5分 | | |
| 安全操作 | 10 | 不按照规定操作、损坏仪器,扣4~10分 | | |
| 现场管理 | 10 | 结束后没有整理现场,扣4~10分 | | |
| 操作细致、读数严谨 | 10 | 任务实施中,操作不细致,读数不精准,酌情扣1~10分 | | |
| 合计 | | | | |

# 任务四　常用工具的使用

## 任务目标

### 1. 知识目标

掌握紧固工具、电动工具及焊接工具的分类、特点及应用。

### 2. 技能目标

(1)熟练运用螺丝刀、固定扳手、活扳手旋动螺钉、螺栓和螺母;

(2)熟练使用剥线钳剥去导线端部绝缘层;

(3)熟练使用游标卡尺测量长度、外径、内径。

### 3. 素养目标

通过常用工具的使用,培养学生高度的责任感、良好的职业道德。

## 任务描述

电子产品装配中常常用到紧固工具、剪切工具、专用工具、焊接工具、钳工工具等。

基于不同型号的螺丝刀、扳手、剪刀、镊子、剥线钳、尖嘴钳、钢丝钳、游标卡尺、电烙铁、台钻等完成以下任务。

(1)用螺丝刀旋动螺钉;

(2)用扳手紧固螺母;

(3)用剥线钳剥去导线端部绝缘层;

(4)用游标卡尺测量元器件的长度、外径、内径,读出数值,并填入相应的表格中。

## 相关知识

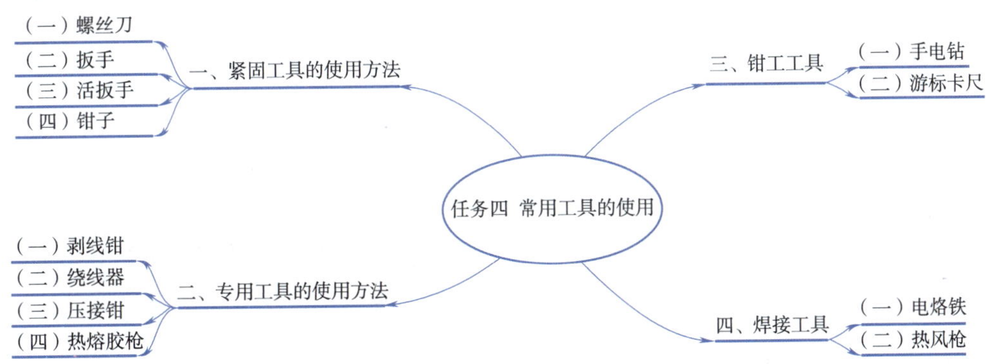


## 一、紧固工具的使用方法

紧固工具用于拧紧或拧松螺钉、螺栓或螺母,包括螺钉旋具、螺母旋具、扳手等。

## （一）螺丝刀

### 1. 螺丝刀的分类

为了满足日常工作的需要，对螺丝刀有不同的分类方法，常见的有按螺丝刀头部形状、大小尺寸分类。

视频

螺丝刀

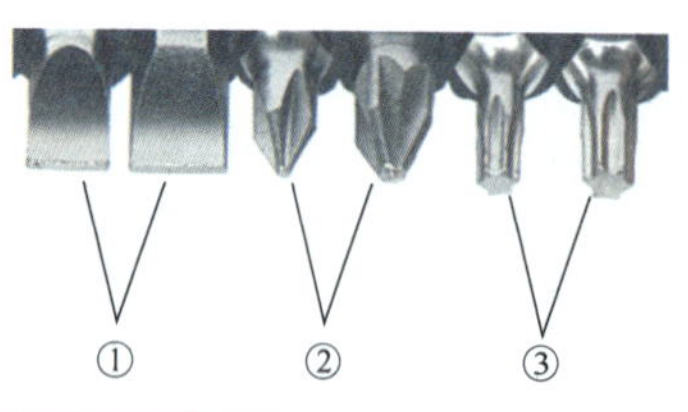


1）按照螺丝刀头部形状分类

螺丝刀按头部形状不同，可分为以下几种：

①一字螺丝刀。

②十字螺丝刀。

③T字螺丝刀。

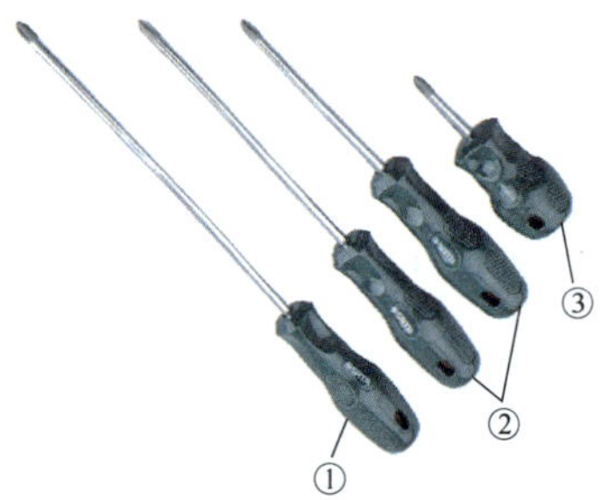


2）按螺丝刀大小尺寸分类

按螺丝刀大小尺寸不同，可分为：

①大号。

②中号。

③小号。

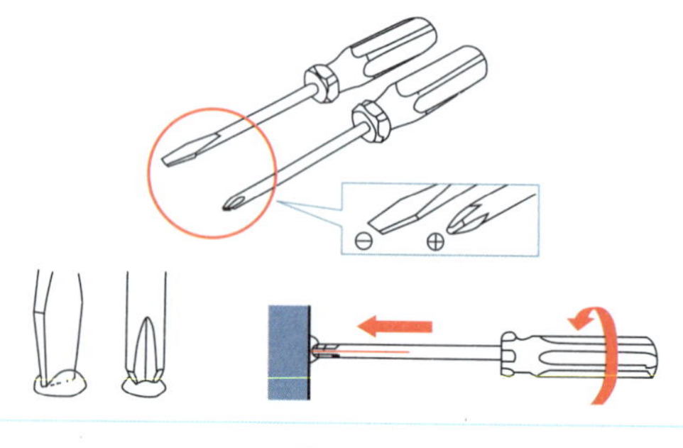

### 2. 螺丝刀的使用方法

（1）使用时根据螺钉的头部形状来选择合适的螺丝刀。

（2）螺丝刀有各种大小型号，使用时需根据螺钉的大小来选用合适的螺丝刀。

（3）使用螺丝刀时，需保持螺丝刀与螺钉尾端成直线，边用力压紧边转动。

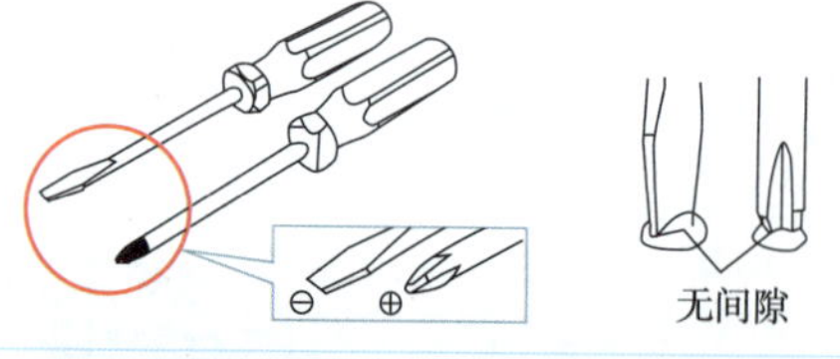


### 3. 螺丝刀的使用注意事项

（1）使用一字螺丝刀或十字螺丝刀时尺寸一定要合适，要与螺钉的槽口大小合适。

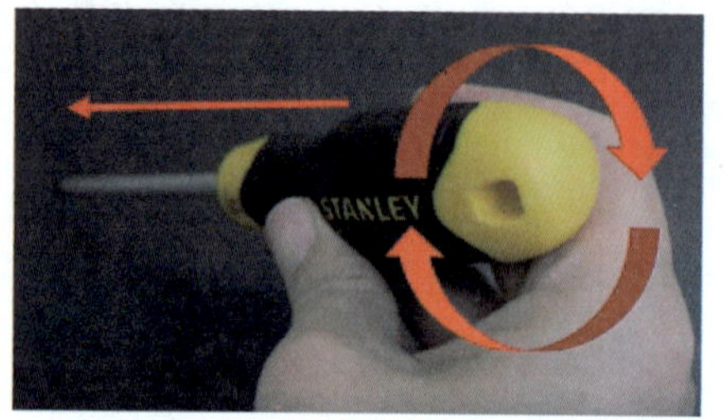


（2）使用时要保持螺丝刀与螺钉尾端成直线，边用力边转动，如左图所示。拆卸时螺钉松动后用手心轻压螺丝刀，并用拇指、食指、中指快速旋转手柄。

| | |
|---|---|
|  | (3)为保证螺丝刀和螺钉槽配合良好,使用螺丝刀前要先清洁螺钉槽里的油漆和脏污。如果螺丝刀或工件上有油污时,也应擦净后再进行操作。如果使用较长的螺丝刀,右手应把持住它的前端,要保持稳定,防止螺丝刀滑出螺钉的槽口。 |
|  | 严禁使用鲤鱼钳或其他工具过度施加扭矩,否则可能刮削螺钉的凹槽或损坏螺丝刀尖头。 |
| 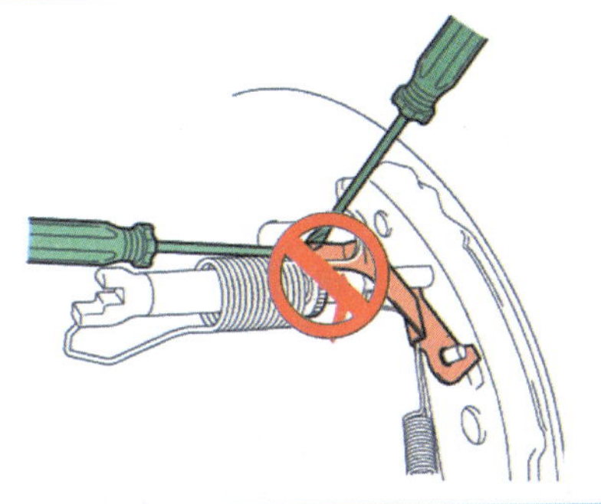 | 另外,在使用过程中,要尽量避免将螺丝刀当撬棒,否则会造成螺丝刀的弯曲甚至断裂。 |

## (二)扳手

扳手是紧固或拆卸螺栓、螺母的手工工具,具有体积小、质量小、便于携带等特点。下面仅对常用的开口扳手、梅花扳手、活扳手、钳子进行介绍。

视频

扳手

| | |
|---|---|
| 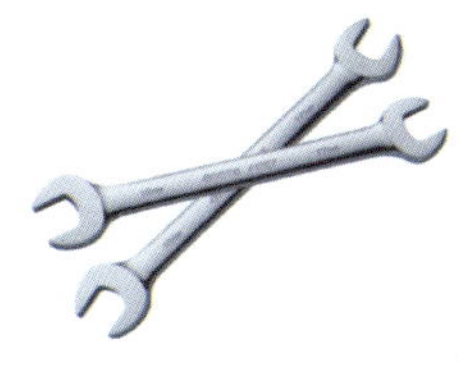 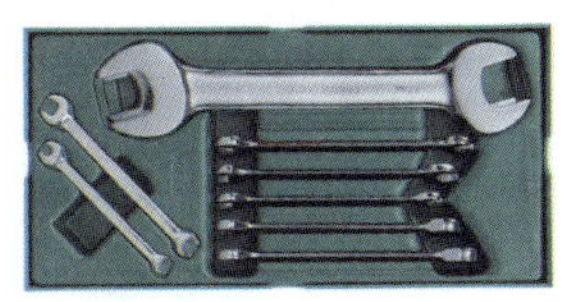 | **1. 开口扳手**<br>开口扳手结构简单,使用方便,是车间日常工作中常用的扳手工具。<br>开口扳手两头均为U形的钳口,用在不能用成套套筒扳手或梅花扳手拆除或更换螺栓/螺母的位置。 |
| 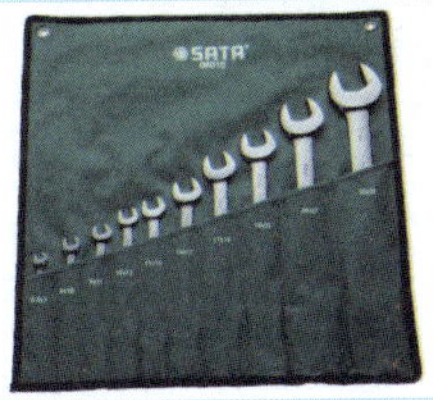 | 开口扳手的钳口结构为开放式,由于工作中螺栓、螺母的尺寸各不相同,所以开口扳手的尺寸自小到大,也有不同的选择。 |

| | |
|---|---|
| 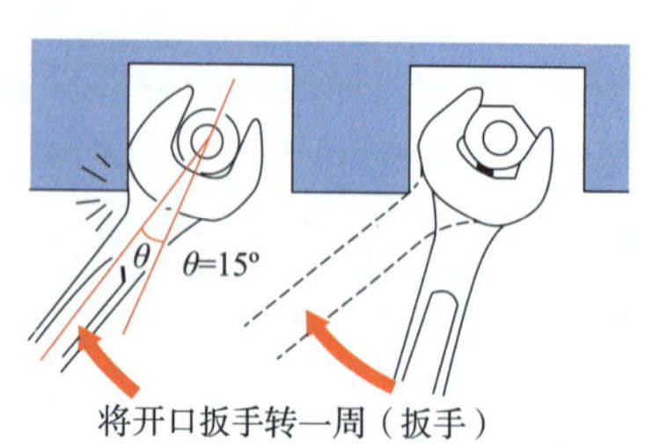将开口扳手转一周（扳手） | 1)开口扳手的使用方法<br>(1)使用时,开口扳手的开口中心平面和本体中心平面成15°,这样既符合人手的操作方向,又可降低对操作空间的要求。<br>(2)可以根据螺栓的旋转角度,灵活调整开口扳手的正反面,以更加方便地拧动螺栓或螺母。 |
| 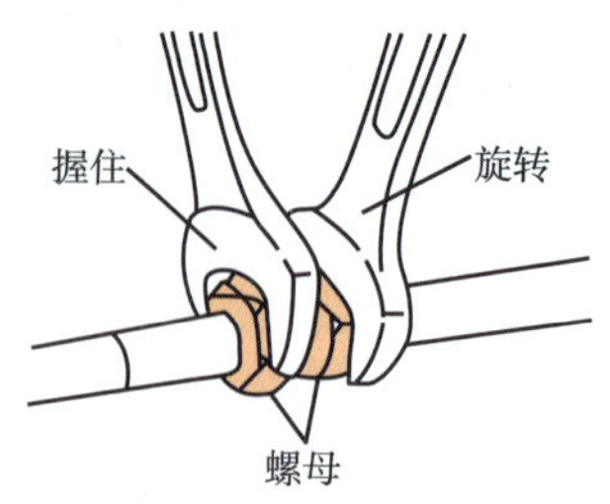 | 2)开口扳手的使用注意事项<br>(1)开口扳手一般用在不能用其他扳手拆装螺栓或螺母的区域。<br>(2)扳手钳口上要保持清洁,不得使用沾有油脂的扳手工作,以防滑脱。<br>(3)为防止相对的零件也转动,如在拧松一根燃油管时,用两个开口扳手去拧松一个螺母,扳手不能提供较大扭矩,因此不能用于最终拧紧。 |
| 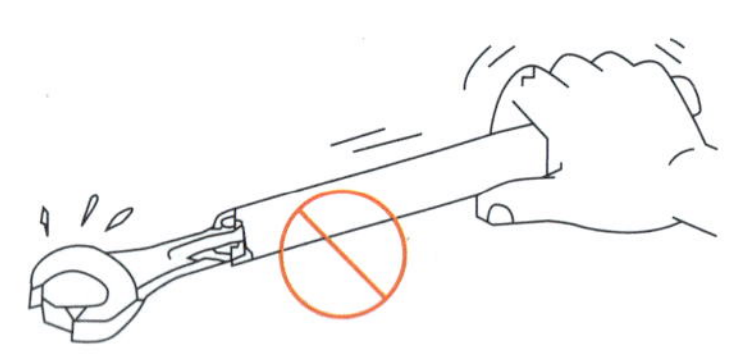 | (4)不能在开口扳手手柄上接套管。这会造成超大扭矩,损坏螺栓或开口扳手。 |
| 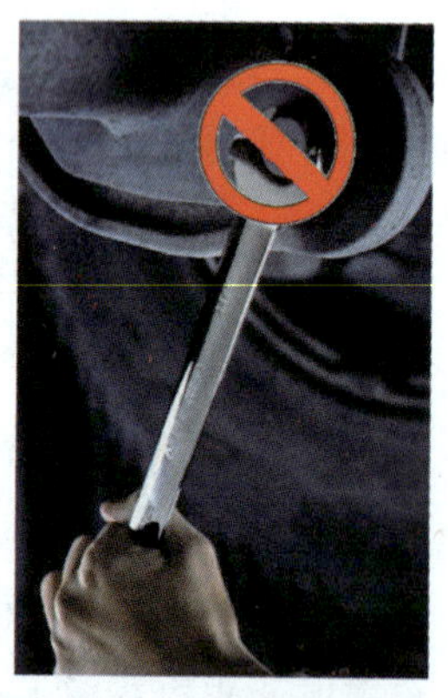 | (5)不能使用开口扳手拆卸大力矩的螺栓,并且使用开口扳手时放置的位置不能太高或只夹住螺母头部的一小部分,否则会在紧固或拆卸过程中造成打滑,从而损坏螺栓、螺母或扳手,甚至会造成身体受伤。 |
|  | (6)扳手和螺栓要紧密配合,防止使用时打滑掉下或碰手。<br>(7)不准使用已经变形或破裂的扳手。<br>(8)在紧螺钉时,不要用力过猛,要逐渐施力慢慢扭紧。 |

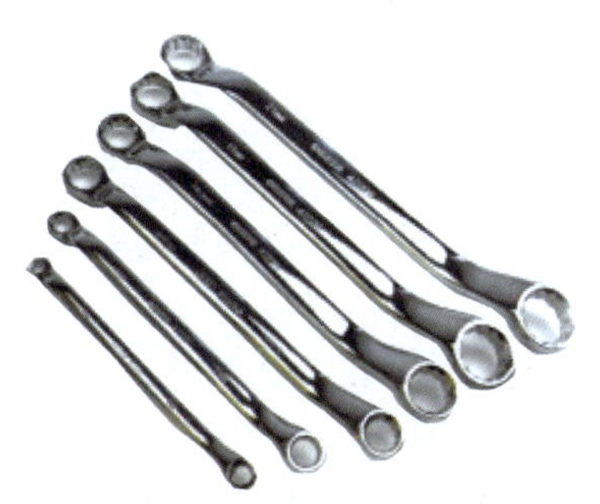

## 2. 梅花扳手

梅花扳手常用于拆卸、安装、紧固螺栓或螺母，由于其结构简单，体积较之套筒扳手小，承载能力强，所以常用于承受扭矩比较大的场合。

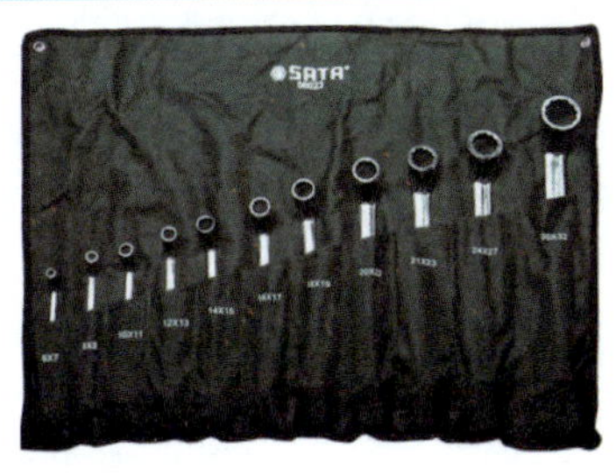

在工作中，由于螺栓或螺母的尺寸各不相同，所以梅花扳手的尺寸自小到大，也有不同的选择。

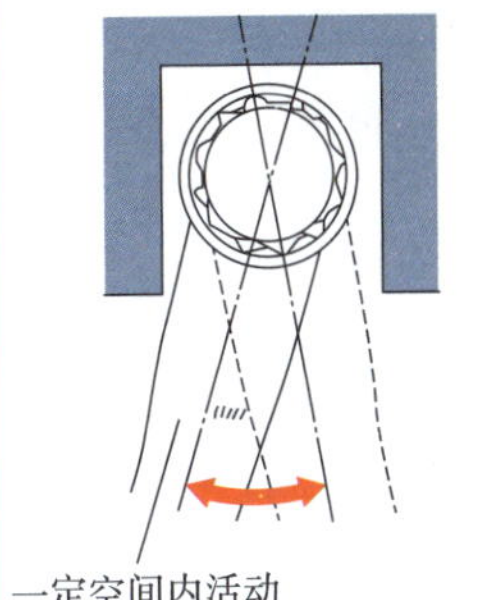


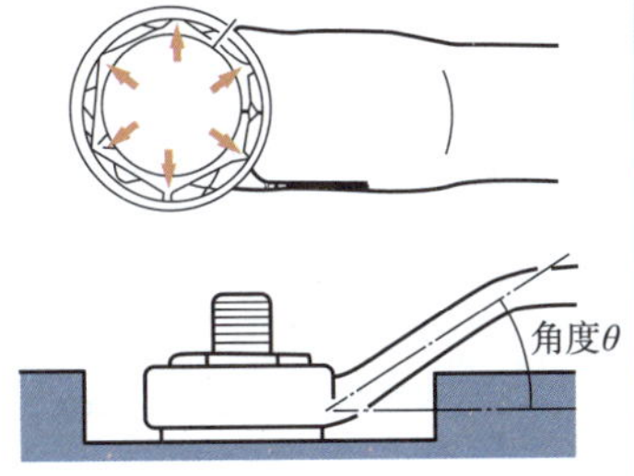


1）梅花扳手的使用方法

（1）梅花扳手钳口是双六角形的，可以在一个有限空间内方便地装配螺栓或螺母。

（2）使用时，用扳手套头将螺栓或螺母的头部全部围住，然后用力扳动扳手另一头。

（3）由于梅花扳手的手柄是有角度的，因此可用于在凹进空间里或在平面上旋转螺栓或螺母。

2）梅花扳手的使用注意事项

（1）梅花扳手适用于狭窄的区域。

（2）梅花扳手手柄要保持清洁，不得使用沾有油脂的扳手工作，以防滑脱。

（3）选择合适的尺寸，确保扳手与螺栓或螺母紧密配合，防止螺栓或螺母滑牙。

（4）不准使用已经变形或破裂的梅花扳手。

（5）在紧螺钉时，不要用力过猛，要逐渐施力慢慢扭紧。

## （三）活扳手

### 1. 活扳手的应用

活扳手又称可调扳手，适用于尺寸不规则的螺栓、螺母的拆装。它能在一定范围内任意调节开口的尺寸。

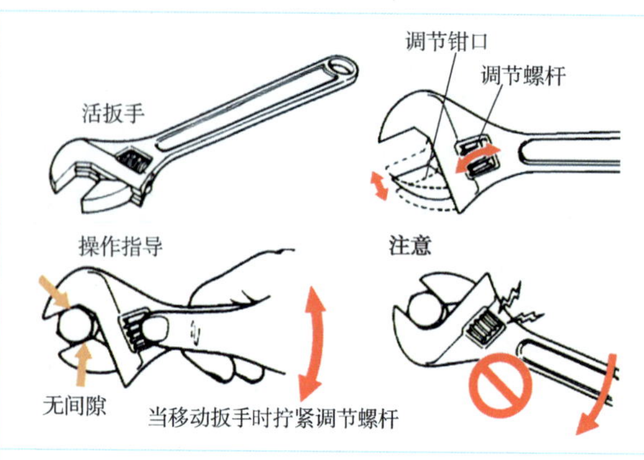


通过旋转调节螺杆可改变孔径。一个活扳手可用来代替多个开口扳手。不适于施加大扭矩。转动调节螺杆,使孔径与螺栓/螺母头部配合完好,不应存在间隙。

注意:使调节钳口在旋转方向上来转动扳手。如果不用这种方法转动扳手,压力将作用在调节螺杆上,使其损坏。

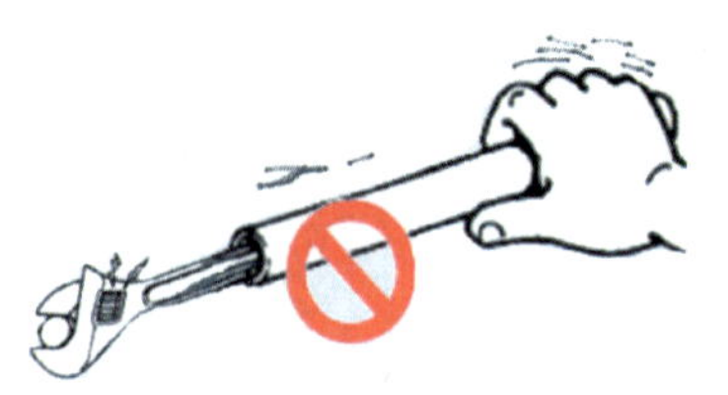

### 2. 活扳手的使用注意事项

(1)使用时,不得在活扳手上加装套管来增加力矩。

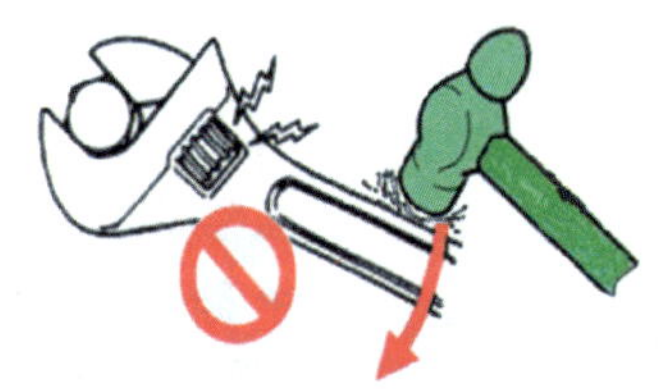

(2)禁止使用锤子敲击活扳手来拧紧螺栓。这样会使活扳手损坏。

## (四)钳子

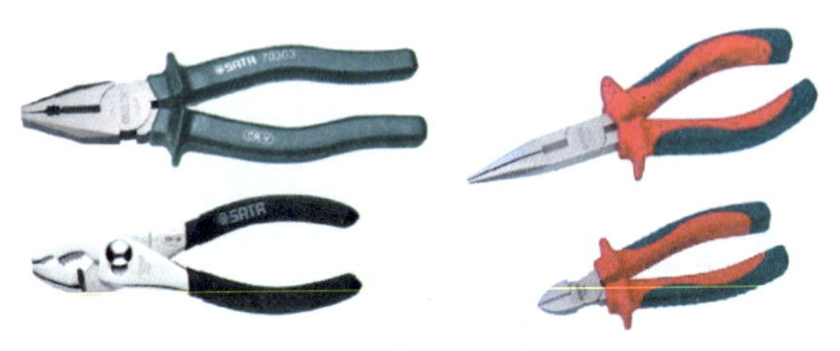

钳子用于弯曲小的金属材料,夹持扁形或圆形零件,切断软的金属丝等,常用的类型有钢丝钳、尖嘴钳、斜口钳。

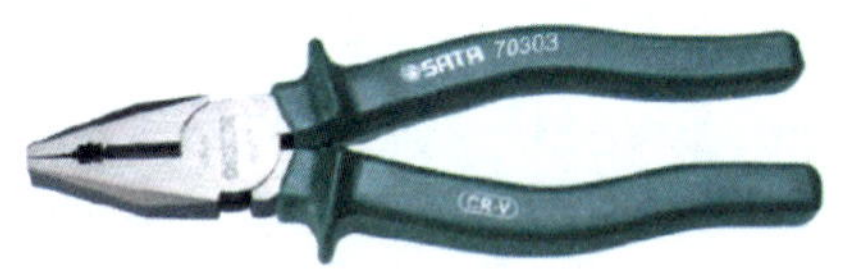

### 1. 钢丝钳

这是最常见的一种钳子,用来剪切或夹持电线、金属丝和工件。

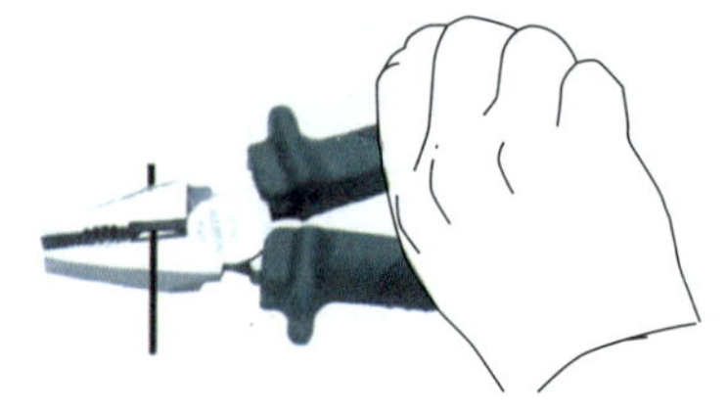

使用钢丝钳时,用手握住钳柄的后端,使钳开闭,钳口前端主要用于夹持各种零件,根部的刃口可用来切割细导线。

当钢丝钳切断较硬的钢丝等物品时,禁止使用锤子击打钳子来增加切削力,否则会损坏钳子。

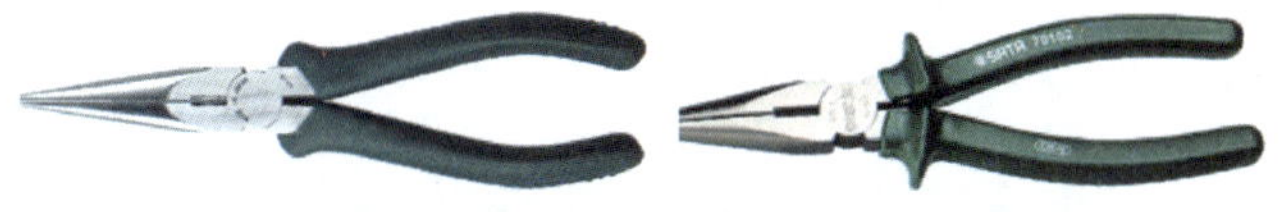

### 2. 尖嘴钳

尖嘴钳有一个朝向颈部的刀片,可以切割细导线、尼龙拉带或从电线上去掉绝缘层。其钳口长而细,特别适合在密封的空间里操作或夹紧小零件。

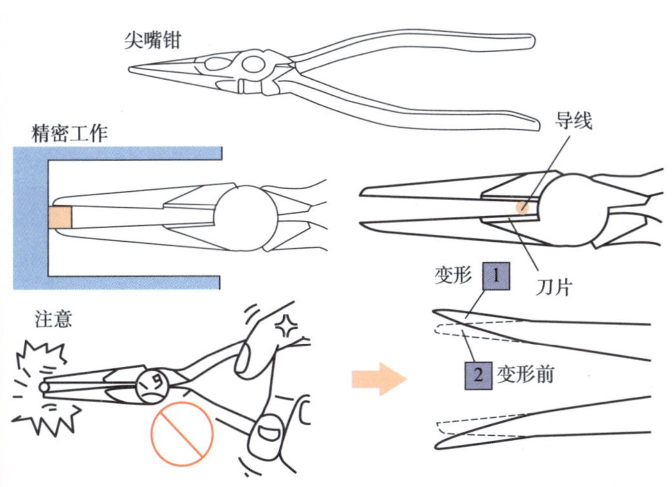


注意:切勿对钳子头部施加过大的压力。它们可以呈U字形打开,使其不能用以做精密工作。

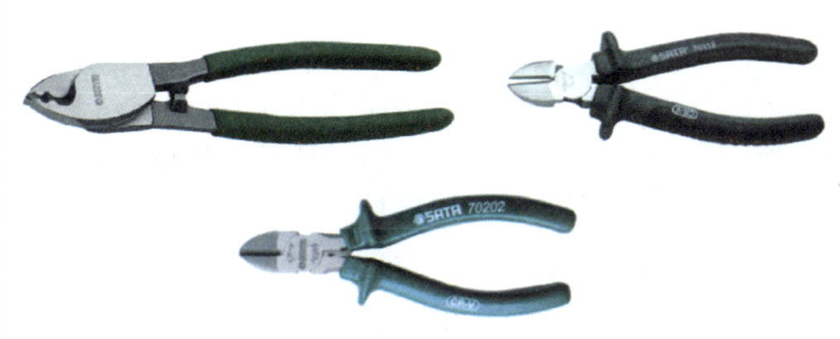

### 3. 斜口钳

斜口钳又称剪钳,用于切割细导线。

| | |
|---|---|
|  | 使用斜口钳可以进行线束包扎、外皮剥离。 |
| 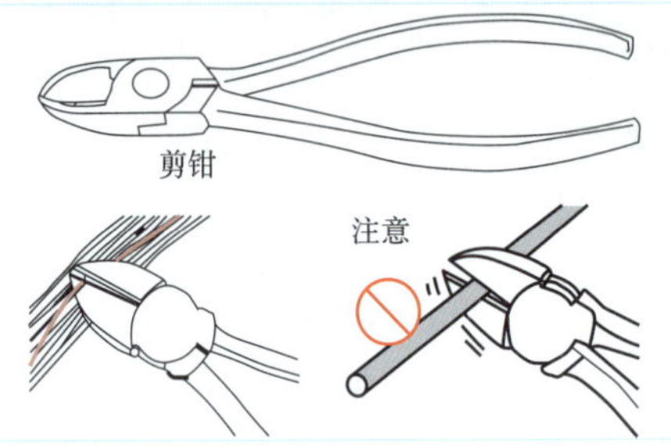<br> | 注意:斜口钳不能用于切割硬的或粗的线。这样做会损坏刀片。 |

## 二、专用工具的使用方法

专用工具是指专门用于电子产品整机装配的工具,包括剥线钳、绕线器、压接钳、热熔胶枪等。

### (一)剥线钳

| | |
|---|---|
| 视频<br><br>剥线钳  | 剥线钳的主要部分是钳头和手柄,用于剥削直径在 3 mm 以下的电线线头的塑料、橡皮绝缘层。它的钳口工作部分有 0.5 ~3 mm 等多个不同孔径的钳口,以便剥削不同规格的导线绝缘层。 |

其使用方法如下:

(1)用标尺定好要剥掉的绝缘层长度。

(2)将导线放在钳口中。一般为了不损伤线芯,宜将导线放在大于线芯的钳口中。

(3)用手将两个钳柄向内握,导线的绝缘层皮即被剥离弹出。

### (二)绕线器

| | |
|---|---|
| 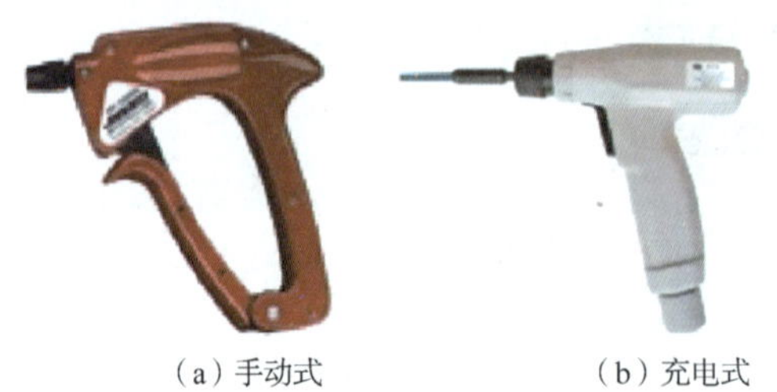<br>(a)手动式 (b)充电式 | 绕线器又称绕线枪,将导线按规定圈数紧密地缠绕在其带有棱边的接线柱上,可成为牢固的接点。绕线器是无锡焊接技术中进行绕接操作的专业工具。它具有可靠性高、效率高、无污染等优点,且使用方便,简单易学。 |

（c）电动式

使用绕线器之前应先练习使用数次，然后方可工作。使用一段时间后，应定期往绕线器内加油，并保持其绕头内部清洁。另外，装绕头时不要压得太死。

### （三）压接钳

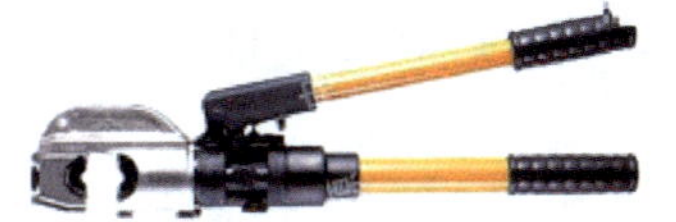

（a）快速液压钳

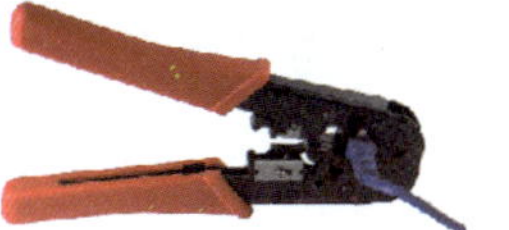

（b）普通压接钳

压接钳是无锡焊接技术中进行压接操作的专用工具，用于压接接线鼻等。压接钳有快速液压钳和普通压接钳。

#### 1. 用快速液压钳压接接线鼻的方法

(1)根据接线鼻规格选用同规格的压膜装入压具，插上挡销。

(2)将导线端头去除绝缘层，将线芯插入接线鼻内。

(3)将插有线芯的接线鼻放入快速液压钳的压膜内，旋紧液压释放开关实施加压。

(4)压好后，旋松液压释放开关，取出压好的接线鼻。

#### 2. 普通压接钳的使用方法

(1)将导线端头去除绝缘层。

(2)将线芯插入接线鼻内，确认压接的线头在同一轴上。

(3)用手扳动压接钳的手柄，相同材料压 2～3 次，铝-铜接头压 3～4 次。

### （四）热熔胶枪

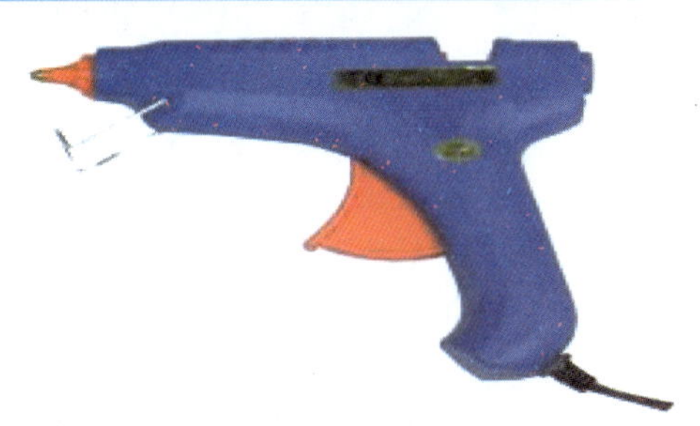

热熔胶枪是专门用于胶棒式热熔胶的熔化、胶接的专用工具。

热熔胶枪的使用方法：确保需要黏胶的元器件清洁后，给热熔胶枪通电，5 min 左右插入胶棒，轻扣扳机，熔胶从枪口流出到待固定元器件的位置，待熔胶冷却固定后即可达到效果。

## 三、钳工工具

### （一）手电钻

手电钻有的使用外电源驱动。

| | |
|---|---|
|  | 内置电池驱动的手电钻的性能和使用最大钻头都标在手电钻的标牌上面。 |

注意:使用电钻时禁止戴手套,因为电钻在高速运转时有可能会把手套拧到钻头中,造成人身伤害。

使用时要用一定的力压紧,但是不要用力过猛。发现电钻的转速降低时,应立即减轻压力,否则会造成电钻损坏或钻头损坏事故发生。

在使用手电钻时,工件松动或电钻把手不稳等因素都会造成钻头损坏。因此,在钻孔时要保持钻头与工件的相对固定,要控制好力量。在使用时发现电钻突然停止转动时,应该立即切断电源进行检查,找出故障的原因。

| | |
|---|---|
|  | 使用电钻时必须使用钻头。常用的钻头有麻花钻头、不锈钢钻头、合金钻头、组合钻头等。主要由柄部和工作部分组成。 |

钻头的柄部是用来夹紧钻头的部位,又是传递动力和扭矩的。在柄部都标有钻头的型号(钻头的直径)。

在钻较深或加工时间长时,必须加注冷却切削液。加注冷却切削液,就是为了使钻头的热量散发出去,减少钻削时的阻力,提高钻头的使用寿命。

## (二)游标卡尺

| | |
|---|---|
| 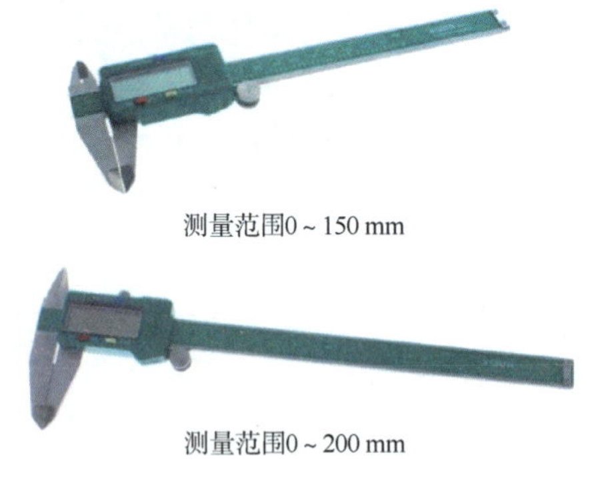<br>测量范围0 ~ 150 mm<br>测量范围0 ~ 200 mm | 游标卡尺简称卡尺,是由刻度尺和卡尺组成的精密测量工具。 |

常用游标卡尺的精度分0.1 mm、0.02 mm、0.05 mm。有些游标卡尺使用电子读数显示小数部分,这种游标卡尺的测量精度可达到0.005 mm或0.001 mm。

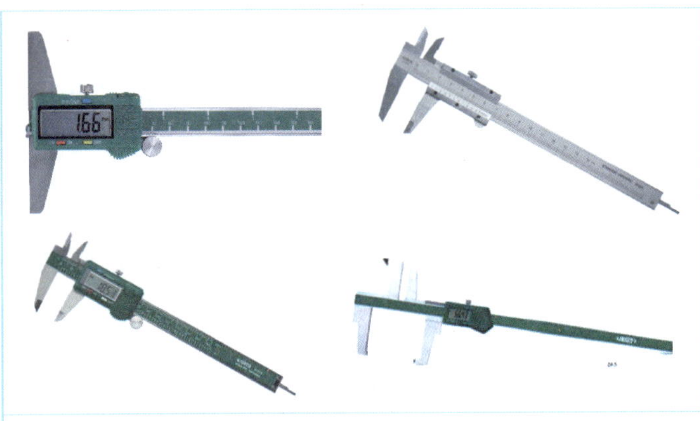

还有一些游标卡尺是专门用来测量内径的，这种游标卡尺的好处是不受被测物体内径边缘凸起的影响。

### 1. 游标卡尺的用途

游标卡尺可以用来测量零件外径、内径、深度、宽度、长度。

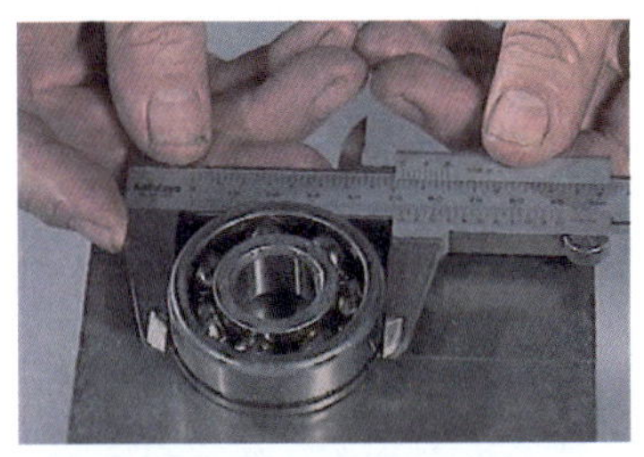

1)测量外径

使用游标卡尺可以测量零件外径，如左图所示。

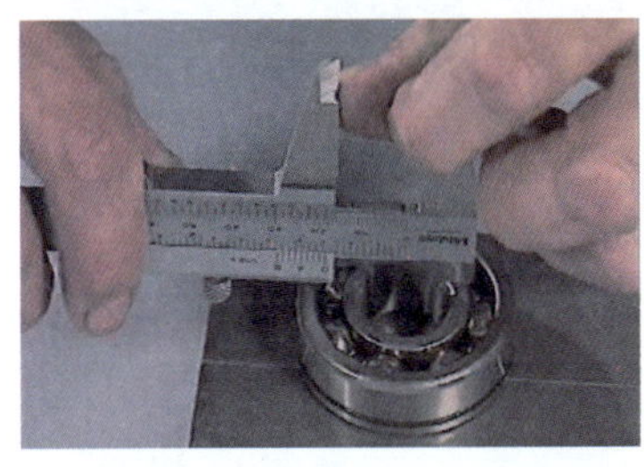

2)测量内径

使用游标卡尺可以测量零件内径，如左图所示。

3)测量深度

使用游标卡尺可以测量零件深度，如左图所示。

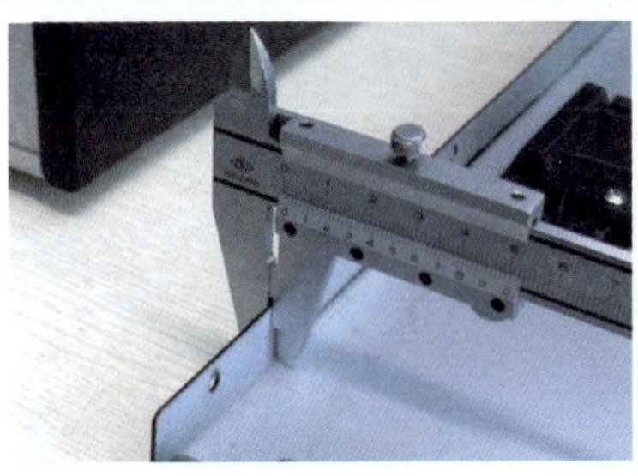

4)测量宽度

使用游标卡尺可以测量零件宽度，如左图所示。

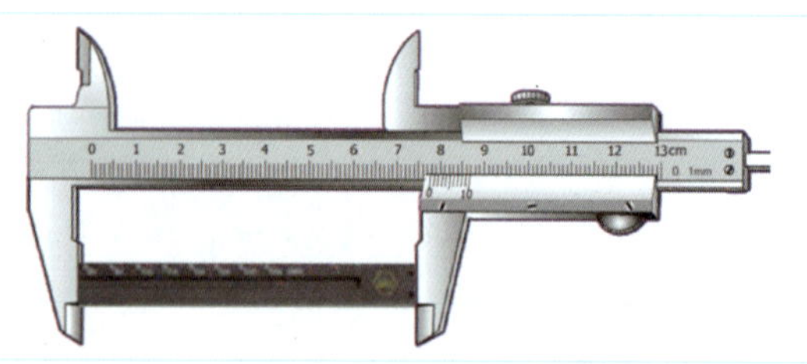

5)测量长度

使用游标卡尺可以测量零件长度,如左图所示。

## 2. 游标卡尺的结构

游标卡尺由内测量爪、外测量爪、游标尺、主尺、深度尺和紧固螺钉组成,如下图所示。

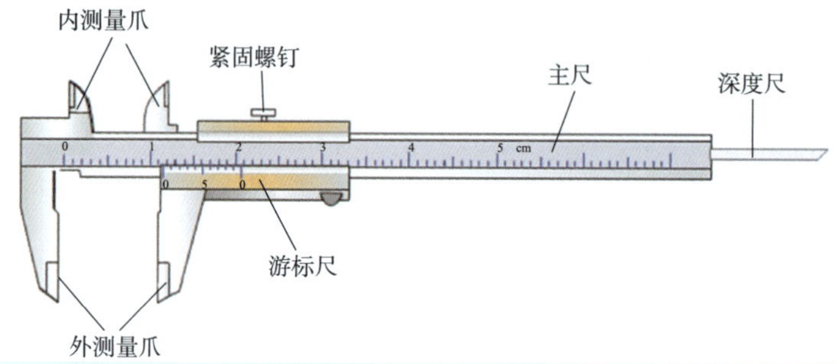


## 3. 游标卡尺的分类

游标卡尺通常有三种不同精度的分类,分别为0.1 mm、0.05 mm、0.02 mm。

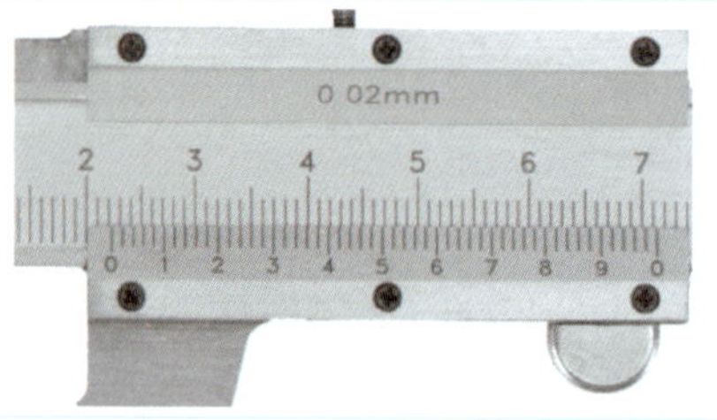

游标卡尺主尺和游标尺每个刻度差0.02 mm,如左图所示,这就是此游标尺的测量精度。

## 4. 游标卡尺的使用方法

游标卡尺是精密的测量工具,因此在使用时一定要严格按规范进行操作。下面通过使用前的检查、测量操作方法、测量完成后的读数方法几方面对游标卡尺的使用方法进行介绍。

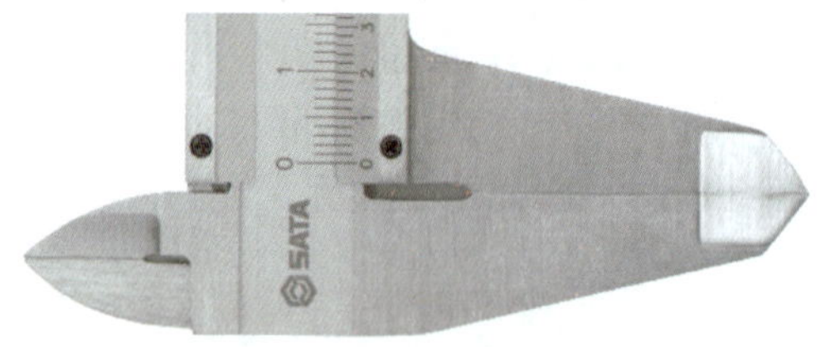

1)使用前的检查

使用游标卡尺前先应依照下列事项逐一检查。

量爪的密合状态:主、副尺的量爪必须完全密合,如左图所示。

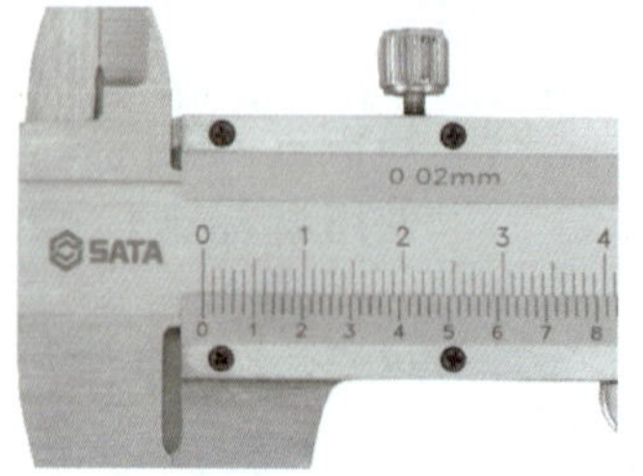

零点校正:当量爪密切结合后,主、副尺零点必须相互一致才是正确的,如左图所示。

游标的移动状况:确保游标能够在主尺上轻轻地移动而不会发出声音。

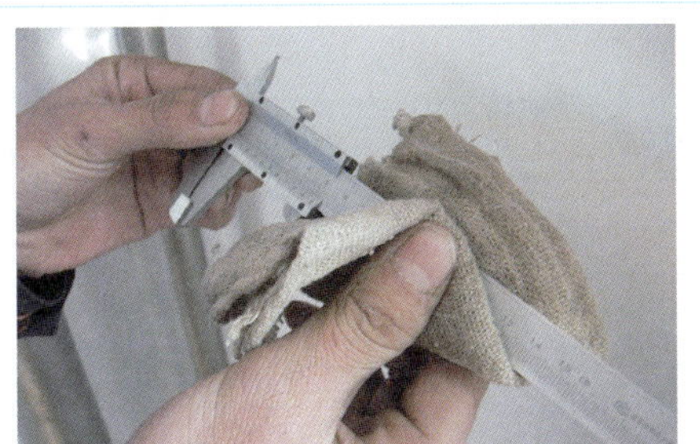

2）测量操作方法

在开始测量作业之前，必须先清洁被测零件及游标尺，如左图所示。

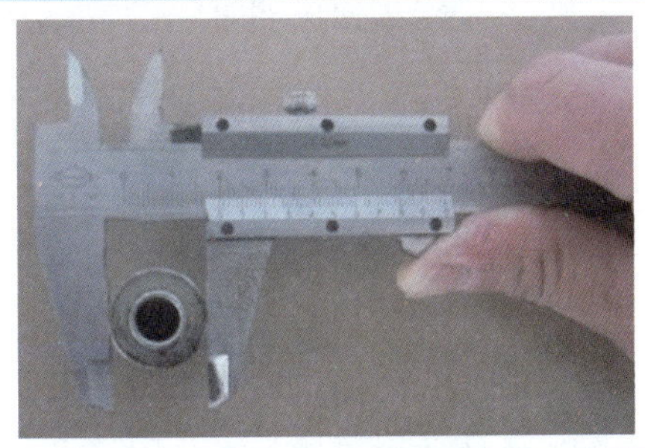

测量外径时用手握住主尺，大拇指按在游标尺的右下侧位置，并用大拇指轻轻移动游标尺使外径测量爪卡紧被测零件，略旋紧紧固螺钉，再进行读数，如左图所示。

测量内径时先用拇指轻轻拉开游标尺，使内径测量爪与被测零件保持正确的接触，略旋紧紧固螺钉，再进行读数，如左图所示。

有些部件部位测量读数时，不能将卡尺离开被测物体。

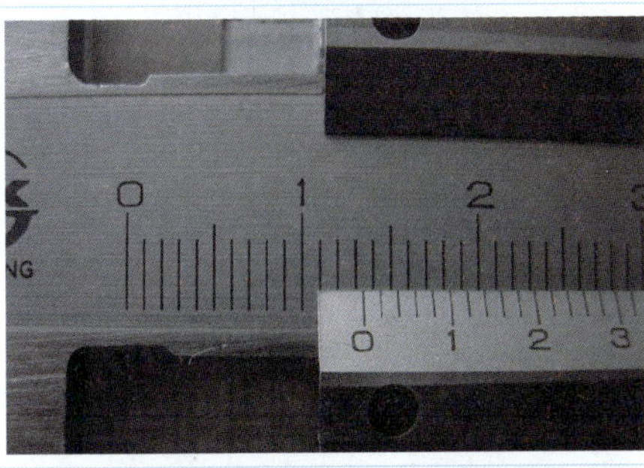

3）测量完成后的读数方法

整数部分：读出游标尺零刻度线左边的第一条主尺刻度线的整毫米数，即测得尺寸的整数值，如左图所示，读数为 13.00 mm。

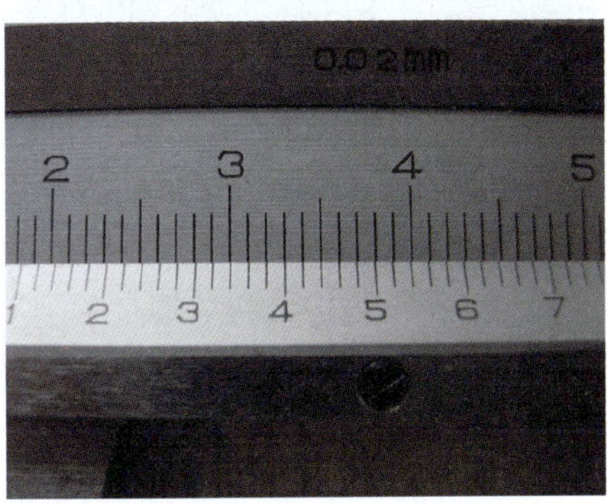


小数部分：读出游标尺上与主尺对齐的那一条刻度线所指示的数值，即为测量值的小数值，图中精度为 0.01 mm 如左图所示，读数为 0.44 mm。

把从主尺上读得的整毫米数和从游标尺上读得的毫米小数加起来即为测得的实际尺寸，即（13 + 0.44） mm = 13.44 mm。

## 四、焊接工具

### (一)电烙铁

#### 1. 电烙铁的种类

1)外热式电烙铁

外热式电烙铁如左图所示。这种电烙铁的烙铁头安装在烙铁芯内。其烙铁头使用的时间较长,功率较大,但热效率低、预热速度较缓慢,一般要预热6~7 min后才能焊接,且其体积较大,焊小型器件时显得不方便。

2)内热式电烙铁

内热式电烙铁如左图所示,其烙铁芯安装在烙铁头内。这种电烙铁有发热快、质量小、体积小、热利用率高等优点。由于其热利用率高,所以20 W的内热式电烙铁就相当于40 W左右的外热式电烙铁,因此它得到了普遍应用。

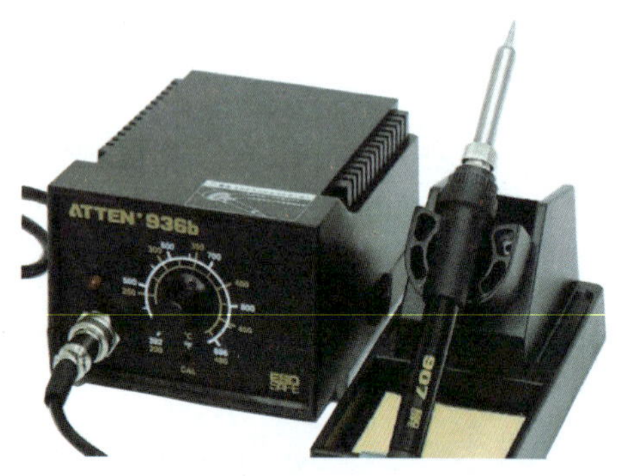


3)恒温电烙铁

恒温电烙铁内部装有温度控制器,由它来控制开关的接通、断开和通电时间,以达到控制温度的目的。在焊接温度不宜过高、焊接时间不宜过长的元器件时,应选用恒温电烙铁,如左图所示。

4)吸锡电烙铁

吸锡电烙铁是将活塞式吸锡器与电烙铁融于一体的拆焊工具。目前两用吸锡电烙铁使用广泛,既可以用作电烙铁,也可以用作吸锡器,其外形如左图所示。

5)气体烙铁

这是一种用液化气、甲烷等可燃气体燃烧加热烙铁头的烙铁。它适用于供电不便或无法供给交流电的场合。其外形如左图所示。

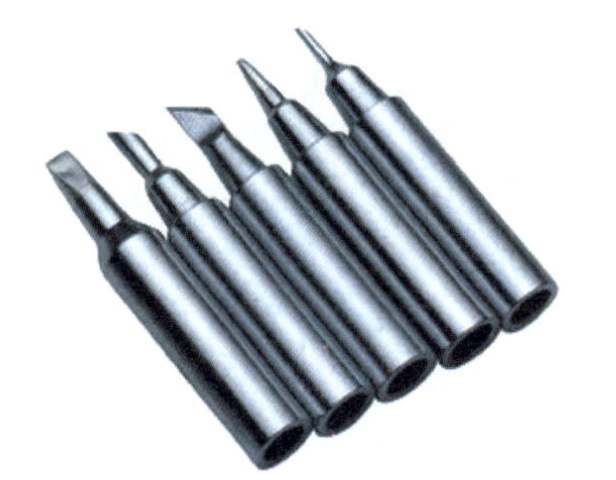

## 2. 电烙铁的功率和烙铁头的形状

外热式电烙铁的常用功率有25 W、30 W、40 W、50 W、60 W、75 W,有的大功率甚至达到300 W。内热式电烙铁的发热效率较高,其常用功率规格有15 W、20 W、30 W、35 W、40 W、50 W、70 W等。

烙铁头的形状有多种,如圆锥形、刀头形、马蹄形、直头形、弯头形等如左图所示。

## 3. 电烙铁的选择

(1)焊接集成电路、晶体管及其他受热易损件的元器件时,考虑选用20 W内热式或25 W外热式电烙铁。

(2)焊接较粗导线及同轴电缆时,考虑选用50 W内热式或45 ~75 W外热式电烙铁。

(3)被焊件较大时,应选用较大功率的电烙铁。如金属底盘接地焊片,应选100 W以上的电烙铁。

(4)直头形电烙铁适合在元器件较多的电路中进行焊接。弯头形电烙铁多用于印制电路板垂直于工作面的焊接。

## 4. 电烙铁的使用及注意事项

(1)在使用前,应先通电给烙铁头“上锡”。具体方法是:接上电源,当烙铁头温度升到能熔锡时,将烙铁头在松香里沾涂一下,等松香以中等速度冒烟时,沾涂一层焊锡,如此反复进行两三次,使烙铁头的刃面全部挂上一层锡后便可使用了。

(2)烙铁头长度的调整。在实际工作中,可通过调整烙铁头的长度来调整烙铁头的温度,烙铁头往前调整则温度降低,往后调整则温度升高。

(3)电烙铁不使用时要断电,否则容易使烙铁芯加速氧化、烧断、“烧死”不再“吃锡”。

(4)更换烙铁芯时,三个接线柱的连线要正确,应与外电路的接地、相线、中性线对应连接。

(5)电烙铁在焊接时,最好选用无腐蚀性焊剂,如松香焊剂,以保护烙铁头不被腐蚀。

(6)电烙铁使用以后，一定要稳妥地插放在烙铁架上，并注意导线等其他杂物不要碰到烙铁头，以免烫伤导线，造成漏电等事故。

视频

电烙铁的握法

(a) 反握法

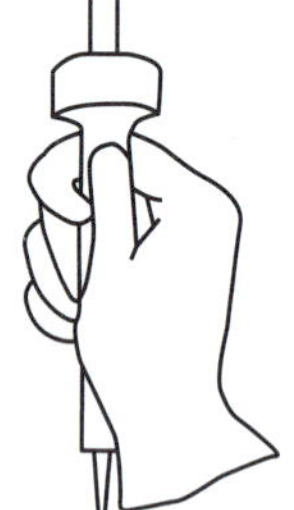

(b) 正握法

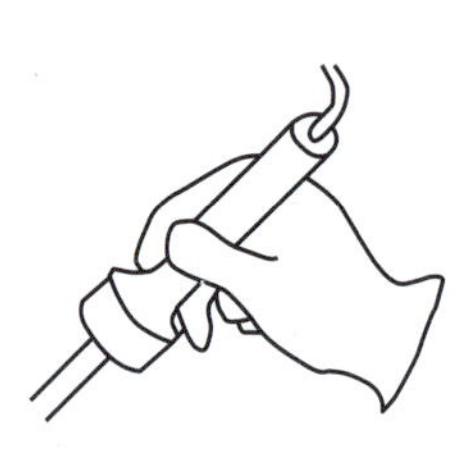

(c) 握笔法

### 5. 电烙铁的握法

(1)反握法。用五指把电烙铁的柄握在掌内，如左图(a)所示。此法适用于大功率电烙铁焊接散热量较大的被焊件。

(2)正握法。如左图(b)所示，此法适用于较大体积的弯形烙铁头。

(3)握笔法。用握笔的方法握电烙铁，如左图(c)所示。此法适用于小功率电烙铁焊接散热量小的被焊件。焊接电子元器件常用此法。

(a) 连续锡丝拿法

(b) 断续锡丝拿法

### 6. 焊锡丝的拿法

焊锡丝一般有两种拿法，如左图所示。由于焊锡丝中含有一定比例的铅，而铅是对人体有害的一种重金属，所以操作时应该戴手套或在操作后洗手，避免吸入铅尘。

## (二)热风枪

视频

热风枪的使用

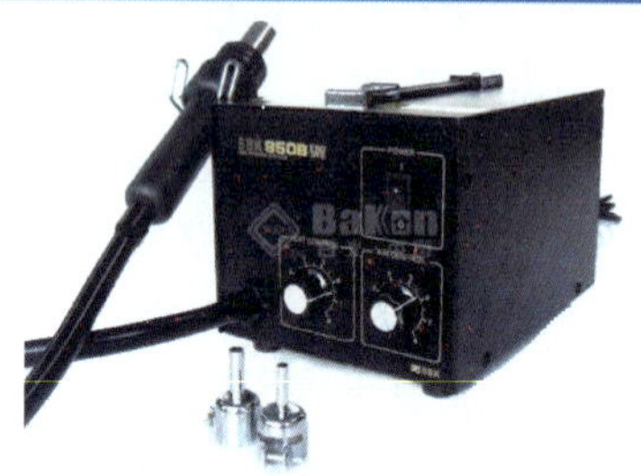


热风枪是利用高温热风加热焊锡膏和电路板及元器件引脚，实现焊接或拆焊的焊接工具。焊接贴片元器件时常使用热风枪。850B 热风枪的外观如左图所示。

### 1. 拆焊、焊接贴片元器件的方法

拆焊小贴片元器件时，一般采用小直径喷头，待温度和气流稳定后，手持热风枪的手柄，在距离拆卸的元器件 2 ~ 3 cm 处，在元器件的上方均匀加热，保持垂直，待元器件周围的焊锡熔化后，用镊子将其取下。

焊接小贴片元器件时，则焊点先上锡，再用镊子夹住元器件放在焊点上。注意要将元器件放正。焊接时，等焊锡全部熔化后再撤离热风枪，等焊锡冷却固定后再拿开镊子。

2. 拆焊、焊接贴片集成电路的方法

拆焊时，首先应在集成电路的表面涂放适量的助焊剂，帮助焊点均匀熔化。由于贴片集成电路的体积相对较大，所以用热风枪拆焊时可采用大直径喷头，在芯片上方 2 ~ 3 cm 处均匀加热，直到芯片底部的锡珠完全熔化为止，再用镊子将整个芯片取下，电路板上的余锡可用烙铁清除。

若焊接芯片，则应先用烙铁在焊盘上涂上焊锡，再用镊子将芯片引脚与电路板焊盘对应，最后用热风枪加热，焊锡全部熔化后先撤离热风枪，待焊锡冷却固定后再拿开镊子。

## 任务实施

### 一、紧固工具旋动螺钉、螺栓和螺母

1. 所需器材

工具：十字螺丝刀、一字螺丝刀、固定扳手、活扳手各一套。

材料：直径不等的螺钉、螺母、外六角螺栓、外六角螺母各五个。

2. 完成内容

用十字、一字螺丝刀分别拧松螺钉、螺母，然后再分别拧紧；用固定扳手、活扳手分别拧松外六角螺栓、外六角螺母，然后再分别拧紧。

### 二、游标卡尺测量极性电容器的高度、引脚直径和钢管外径、内径

1. 所需器材

工具：游标卡尺一把。

材料：直径不等的极性电容器共三个，小直径的钢管两个。

2. 完成内容

用游标卡尺分别测量直径不等的三个极性电容器的高度、引脚直径，再用游标卡尺测量钢管的外径、内径，把测量结果填入表 1-9 中。

表 1-9　游标卡尺的测量结果

| 名称 | 高度 | 引脚直径 | 外径 | 内径 |
| --- | --- | --- | --- | --- |
| 极性电容器 1 | | | — | — |
| 极性电容器 2 | | | — | — |
| 极性电容器 3 | | | — | — |
| 钢管 1 | — | — | | |
| 钢管 2 | — | — | | |

### 三、对绕线器、压接钳、热熔胶枪、热风枪、台钻、锉刀、手电钻的认识

1. 所需器材

不同型号的绕线器、压接钳、热熔胶枪、热风枪、台钻、锉刀、手电钻若干。

2. 完成内容

仔细观察这些工具的外观，能够熟练说出它们的名称。

## 任务评价

基于任务实施内容，进行任务评价，分学生自评和教师评估，将评价分值填入表1-10中。

表1-10　任务评价

| 检测内容 | 分值 | 评分标准 | 学生自评 | 教师评估 |
|---|---|---|---|---|
| 紧固工具旋动螺钉、螺栓和螺母 | 20 | 工具使用方法不正确、工具选用不当、任务没有完成，每一项扣3～5分 | | |
| 剥线钳剥去导线端部绝缘层 | 15 | 工具使用方法不正确、工具选用不当、任务没有完成，每一项扣3～5分 | | |
| 游标卡尺测量极性电容器、钢管 | 25 | 测量方法不正确、读数不正确、任务没有完成，每一项扣3～5分 | | |
| 几种工具的认识 | 10 | 说不出来工具名称，每个扣1分 | | |
| 安全操作 | 10 | 不按照规定操作、损坏工具，扣10分 | | |
| 现场管理 | 10 | 实训中工具摆放乱、找不到工具、结束后没有整理现场，每项扣3～5分 | | |
| 责任心和职业道德 | 10 | 被失败打败，不坚持完成任务，扣5分；弄虚作假，不认真完成任务，扣5分 | | |
| 合计 | | | | |

## 思考与练习

(1)简述指针万用表和数字万用表测量电阻、电压的方法和判断电容、二级管、三级管极性的方法。

(2)如何调试出 $V_{p\text{-}p}=5\ V$，$f=150\ kHz$ 的正弦波？

(3)简述示波器通电前和通电后的调试步骤有哪些。并说明如何根据波形图计算出波形的 $V_{p\text{-}p}$ 和周期。

(4)说明扳手的种类有哪些？如何选用它们？如何使用它们？

(5)简述游标卡尺的使用方法。

(6)试说明电烙铁的种类和相应用途。

## 学习笔记

# 项目二

# 常用电子元器件的识读与检测

电子元器件是组成电子产品整机的基本单元，在电路中具有独立的电气功能，其性能和质量对电子产品整机的质量影响很大。因此，掌握常用电子元器件的性能、识别和检测方法，对提高电子产品的装配质量和可靠性起着重要的作用。本项目主要介绍电阻器、电容器、电感器、三极管、二极管、集成电路、贴片元器件等的识读及检测方法。

## 任务一　阻容感元件的识读与检测

### 任务目标

#### 1. 知识目标

掌握电阻器、电容器、电感器的用途和分类。

#### 2. 技能目标

(1)熟练识读色环电阻器的阻值和误差；

(2)掌握用万用表检测电容器优劣和比较其容量大小的技能。

#### 3. 素养目标

结合阻容感元件的识读与检测，培养学生的专注力。

### 任务描述

电阻器、电容器、电感器是电子产品整机装配中使用最广泛的元件，同类元件可以互换使用。

基于不同种类、不同型号的电阻器、电容器、电感器若干，指针万用表、数字万用表各一块，完成以下任务。

(1)根据阻容感元件标识符号，读出电阻器的电阻值、电容器的电容量、电感器的电感量和它们的允许误差。

(2)分别用指针万用表和数字万用表测量电阻器的电阻值；用指针万用表比较电容器的电容量大小并检测其质量的优劣；用指针万用表检测电感器质量的优劣。

(3)自行绘制表格，并将测试结果记录在表格中。

## 相关知识

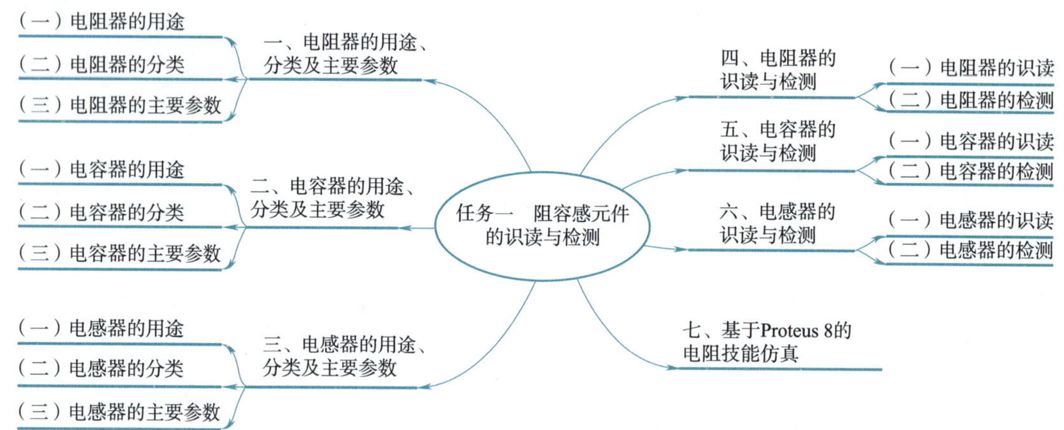


### 一、电阻器的用途、分类及主要参数

#### （一）电阻器的用途

物体对电流通过时的阻碍作用称为电阻，在电路中起阻碍作用的元件称为电阻器，用 R 表示。在电路中，电阻器主要用于分压和分流，以起到稳定和调节电压、电流的作用，有时也作为消耗电能的负载电阻。

#### （二）电阻器的分类

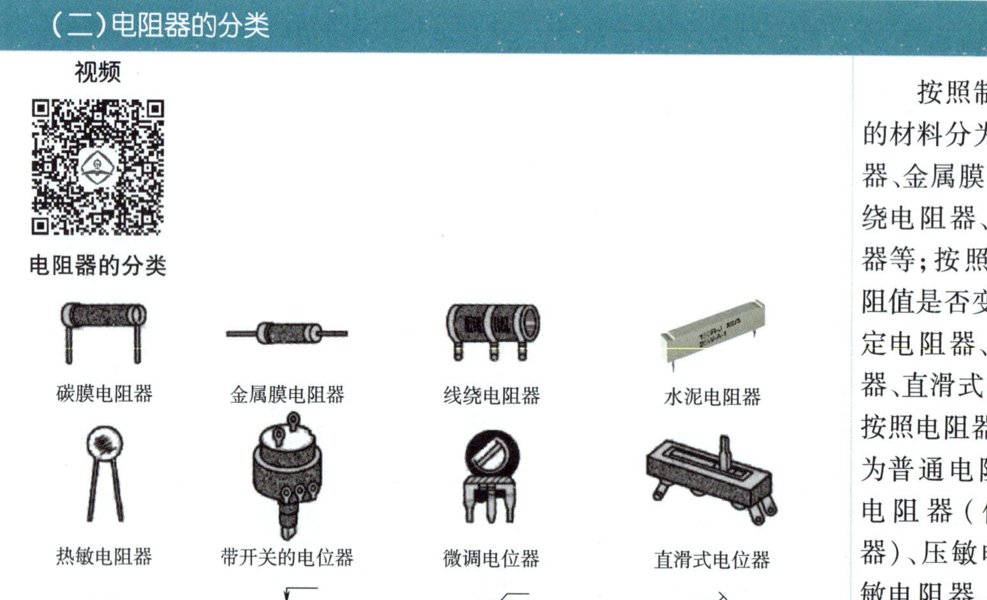


按照制造电阻器的材料分为碳膜电阻器、金属膜电阻器、线绕电阻器、水泥电阻器等；按照电阻器的阻值是否变化分为固定电阻器、微调电位器、直滑式电位器等；按照电阻器的用途分为普通电阻器、熔断电阻器（保险电阻器）、压敏电阻器、热敏电阻器、光敏电阻器等。

#### （三）电阻器的主要参数

##### 1. 标称阻值

电阻器上所标示的名义阻值称为标称阻值。常用的标称阻值有 E24、E12、E6 系列，见下表。

**标称阻值**

| 系列 | 偏差 | 电阻器的标称阻值系列 |
|---|---|---|
| E24 | Ⅰ级 ±5% | 1.0,1.1,1.2,1.3,1.5,1.6,1.8,2.0,2.2,2.4,2.7,3.0,3.3,3.6,3.9,4.3,4.7,5.1,5.6,6.2,6.8,7.5,8.2,9.1 |
| E12 | Ⅱ级 ±10% | 1.0,1.2,1.5,1.8,2.2,2.7,3.3,3.9,4.7,5.6,6.8,8.2 |
| E6 | Ⅲ级 ±20% | 1.0,1.5,2.2,3.3,4.7,6.8 |

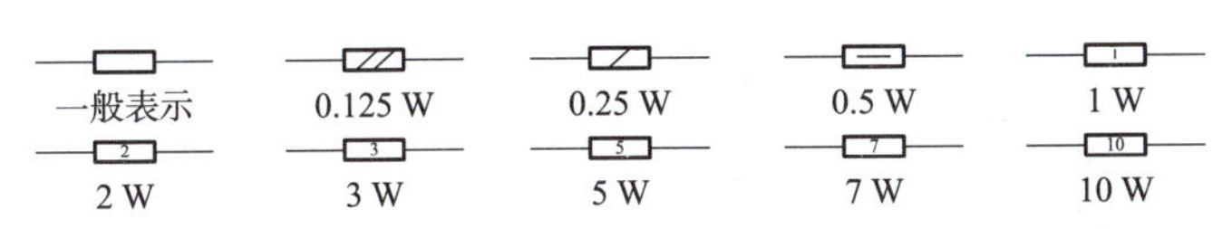


### 2. 额定功率

额定功率是指在规定的环境温度下，电阻器所允许消耗的最大功率，它是电阻器的一个重要参数。电阻器不同额定功率的图形符号标示，如左图所示。

## 二、电容器的用途、分类及主要参数

### （一）电容器的用途

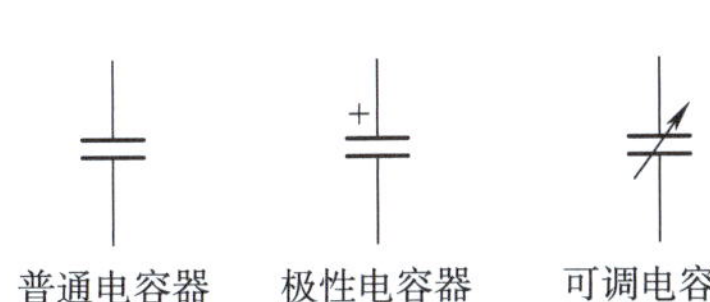


视频

电容器

电容器是一种储能元件，它能把电能转换成电场能储存起来，其主要功能是通交流、隔直流、滤波及谐振，在电路中用 C 表示。图形符号如左图所示。

### （二）电容器的分类

瓷介电容器

电解电容器

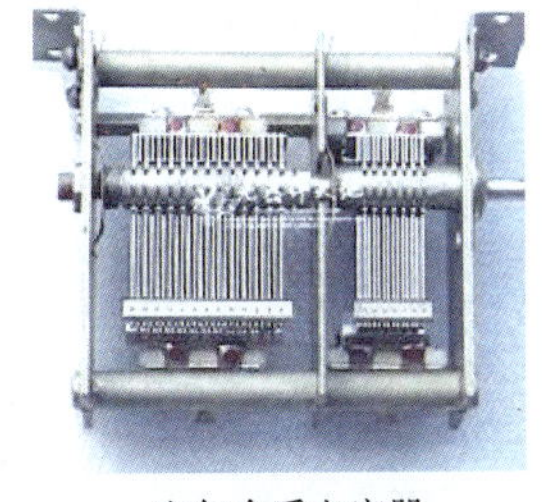

空气介质电容器

电容器按照结构分为固定电容器、可调电容器和预调电容器（微调电容器）；按照绝缘介质分为空气介质电容器、云母电容器、瓷介电容器、涤纶电容器、聚苯乙烯电容器、金属化纸介电容器、电解电容器、玻璃釉电容器、独石电容器等。

### （三）电容器的主要参数

#### 1. 标称容量

电容器储存电荷的能力称为电容量，简称容量。其外壳上标出的容量值称为电容器的标称容量。常用的标称容量系列是 E6、E12、E24，其设置方式类同于常用电阻器的标称阻值系列。

#### 2. 额定电压

额定电压是指在规定的温度范围内，电容器在介质绝缘良好的前提下能够承受的最高电压。这是一个主要参数，若电容器的工作电压大于额定电压，则电容器将被击穿。

## 三、电感器的用途、分类及主要参数

### （一）电感器的用途

电感器俗称电感或电感线圈，用 L 表示，在电路中起阻流、变压和传送信号的作用。电感器的应用范围很广，在调谐、振荡、耦合、匹配、滤波、陷波、延迟、补偿及偏转、聚焦等电路中是必不可少的。具有自感作用的电感器通常称为电感线圈，具有互感作用的电感器通常称为变压器。

### （二）电感器的分类

固定电感器

可调电感器

空心电感器

电感器按电感形式分为固定电感器、可调电感器；按导磁体性质分为空心线圈、铁氧体线圈、铁芯线圈、铜芯线圈；按工作性质分为天线线圈、振荡线圈、扼流线圈、陷波线圈、偏转线圈；按线绕结构分为单层线圈、多层线圈、蜂房式线圈。

### （三）电感器的主要参数

#### 1. 品质因数

品质因数是指电感器在某一频率的交流电压下工作时所呈现的感抗与电感器的总损耗电阻的比值，用 $Q$ 表示。$Q$ 值越高，表明电感器的功率损耗越小，效率越高；反之相反。

#### 2. 标称电流

标称电流是指电感器允许通过的额定电流（mA），常用 A、B、C、D、E 来分别表示 50 mA、150 mA、300 mA、700 mA、1 600 mA。实际应用时，通过电感器的电流不能超过标称电流。

## 四、电阻器的识读与检测

### （一）电阻器的识读

电阻器阻值的单位是欧［姆］，用 Ω 表示。另外，还有千欧（kΩ）和兆欧（MΩ）。其换算关系如下：

$$1\ \mathrm{M\Omega} = 1\ 000\ \mathrm{k\Omega} = 1\ 000\ 000\ \Omega$$

电阻器的识读主要有以下几种方法。

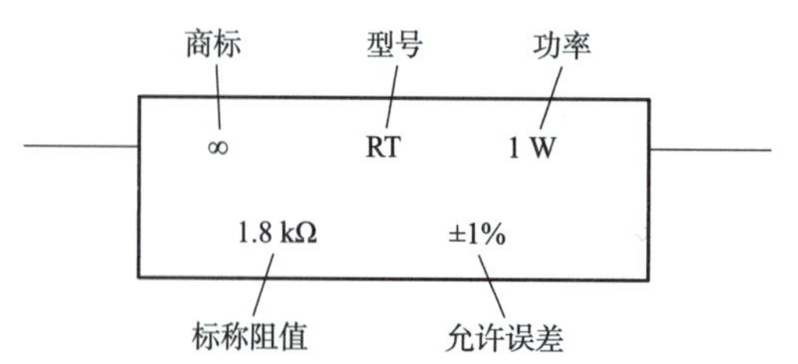


#### 1. 直标法

直标法就是用数字和文字符号在电阻器表面直接标出标称阻值和允许误差。

### 2. 文字符号法

文字符号法就是用数字和文字符号两者有规律的组合来标注标称阻值，其允许误差也用文字符号表示。

表示阻值允许误差的文字符号见下表。

**表示阻值允许误差的文字符号**

| 文字符号 | 允许误差/% | 文字符号 | 允许误差/% | 文字符号 | 允许误差/% | 文字符号 | 允许误差/% |
|---|---|---|---|---|---|---|---|
| E | ±0.001 | U | ±0.02 | D | ±0.5 | K | ±10 |
| X | ±0.002 | W | ±0.05 | F | ±1 | M | ±20 |
| Y | ±0.005 | B | ±0.1 | G | ±2 | N | ±30 |
| H | ±0.01 | C | ±0.2 | J | ±5 | | |

1R5J 1.5 Ω ±5%

2k7M 2.7 kΩ ±20%

R1F 0.1 Ω ±1%

2.2GK 2 200 MΩ ±10%

R15D 0.15 Ω ±0.5%

### 3. 数码法

数码法就是用三位阿拉伯数字表示阻值，其中前两位表示阻值的有效数字，第三位表示有效数字后面零的个数。当阻值小于10 Ω时，用×R×表示(×代表数字)，将R看作小数点，如下图所示。

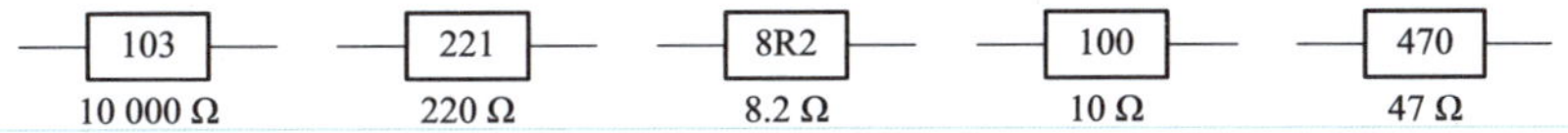


### 4. 色标法

色标法是用不同颜色的色环在电阻器表面标出标称阻值和允许误差的方法。色标法是目前最常用的阻值表示方法。它分为以下两种。

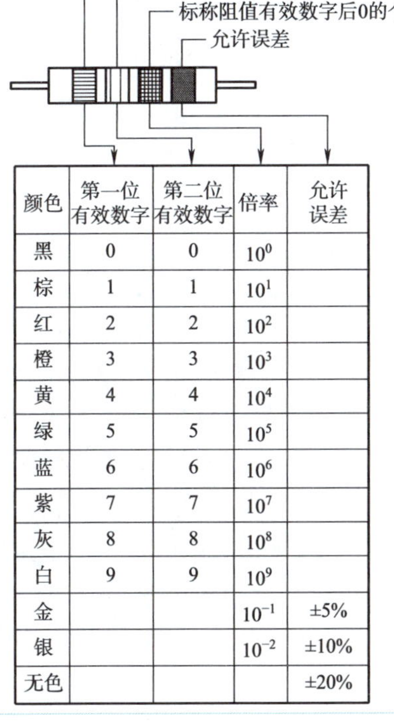


| 颜色 | 第一位有效数字 | 第二位有效数字 | 倍率 | 允许误差 |
|---|---|---|---|---|
| 黑 | 0 | 0 | $10^0$ | |
| 棕 | 1 | 1 | $10^1$ | |
| 红 | 2 | 2 | $10^2$ | |
| 橙 | 3 | 3 | $10^3$ | |
| 黄 | 4 | 4 | $10^4$ | |
| 绿 | 5 | 5 | $10^5$ | |
| 蓝 | 6 | 6 | $10^6$ | |
| 紫 | 7 | 7 | $10^7$ | |
| 灰 | 8 | 8 | $10^8$ | |
| 白 | 9 | 9 | $10^9$ | |
| 金 | | | $10^{-1}$ | ±5% |
| 银 | | | $10^{-2}$ | ±10% |
| 无色 | | | | ±20% |

1)两位有效数字的色标法

普通电阻器用四条色环表示标称阻值和允许误差，其中三条表示标称阻值，一条表示允许误差。例如，电阻器上的色环依次为绿、黑、橙和无色，则其标称阻值为$50\times10^3\ \Omega=50\ \text{k}\Omega$，允许误差是±20%；电阻器上的色环是红、红、黑、金，则其标称阻值为$22\times10^0\ \Omega=22\ \Omega$，允许误差是±5%；电阻器上的色环是棕、黑、金、金，则其标称阻值为$10\times10^{-1}\ \Omega=1\ \Omega$，允许误差为±5%。

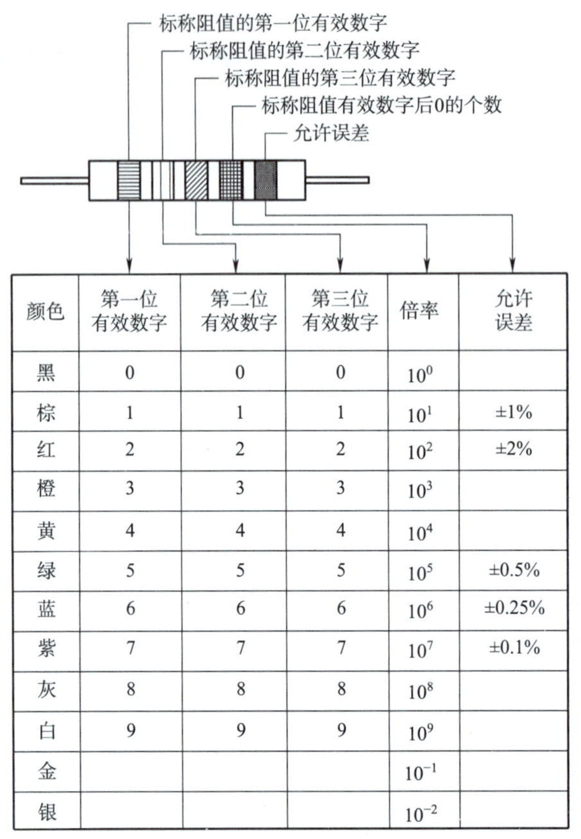


| 颜色 | 第一位有效数字 | 第二位有效数字 | 第三位有效数字 | 倍率 | 允许误差 |
|---|---|---|---|---|---|
| 黑 | 0 | 0 | 0 | $10^0$ | |
| 棕 | 1 | 1 | 1 | $10^1$ | ±1% |
| 红 | 2 | 2 | 2 | $10^2$ | ±2% |
| 橙 | 3 | 3 | 3 | $10^3$ | |
| 黄 | 4 | 4 | 4 | $10^4$ | |
| 绿 | 5 | 5 | 5 | $10^5$ | ±0.5% |
| 蓝 | 6 | 6 | 6 | $10^6$ | ±0.25% |
| 紫 | 7 | 7 | 7 | $10^7$ | ±0.1% |
| 灰 | 8 | 8 | 8 | $10^8$ | |
| 白 | 9 | 9 | 9 | $10^9$ | |
| 金 | | | | $10^{-1}$ | |
| 银 | | | | $10^{-2}$ | |

2）三位有效数字的色标法

精密仪器用五条色环表示标称阻值和允许误差。例如，电阻器上的色环是棕、蓝、绿、黑、棕，表示 $165\times10^0\ \Omega=165\ \Omega$，允许误差为±1%。

## （二）电阻器的检测

视频

电阻器的检测

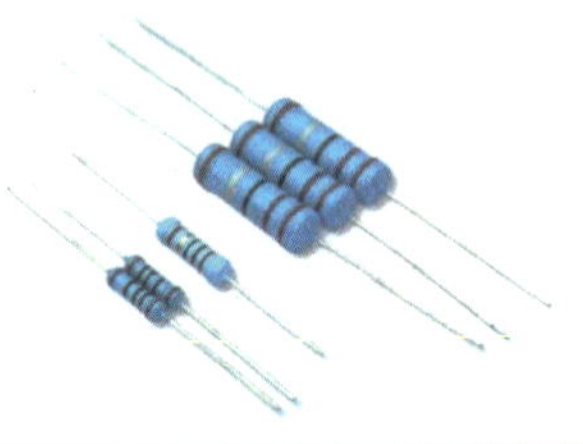

### 1. 外观检测

若外观有引脚折断、电阻体烧焦、开裂等，则表示该电阻器性能已不良或损坏。

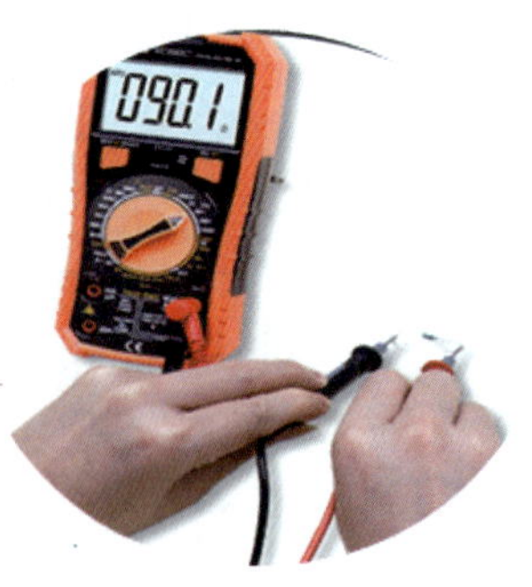


### 2. 万用表检测

用万用表合适的电阻挡位测量电阻器的实际阻值，若其值与标称阻值相差很大，甚至为无穷大，则说明该电阻器出现开路或膜层脱落、烧断等故障；若其值远小于标称阻值，甚至为零，则说明该电阻器已发生短路故障；若其值与标称阻值基本一致，误差在5%或10%以内，则说明该电阻器是良好的。

测量光敏、热敏、可变电阻器时，在光照有无或温度变化、滑动臂旋转时，所测阻值也应该平稳变化，否则说明电阻器性能不良。

## 五、电容器的识读与检测

### （一）电容器的识读

电容器容量的单位为法［拉］，用 F 表示。在实际使用过程中，常用毫法（mF）、微法（μF）、纳法（nF）和皮法（pF）作单位。其换算关系如下：

$$1\ \text{mF} = 10^{-3}\ \text{F}$$

$$1\ \mu\text{F} = 10^{-6}\ \text{F}$$

$$1\ \text{nF} = 10^{-9}\ \text{F}$$

$$1\ \text{pF} = 10^{-12}\ \text{F}$$

#### 1. 直标法

电容器的直标法举例如下图所示。

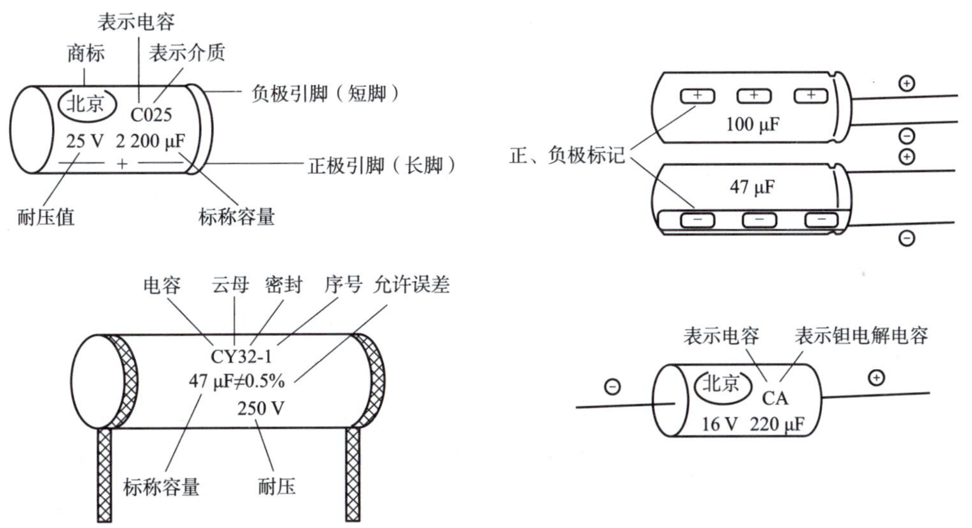


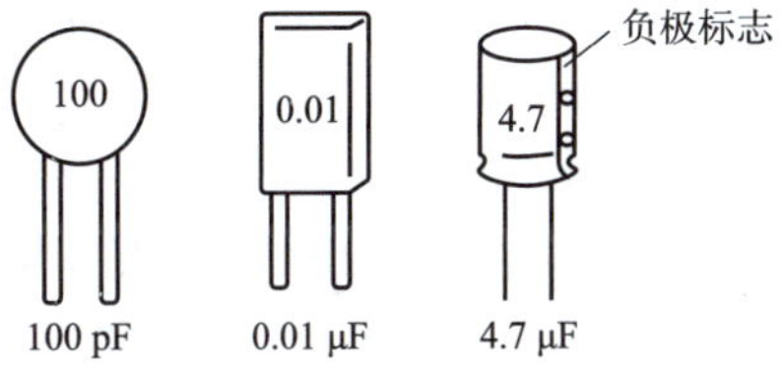


#### 2. 不标单位的直接表示法

不用单位表示时，电解电容器的单位应为 μF。若非电解电容器的容量是 10 的整数倍，则其单位为 pF；若是小数，则其单位为 μF。

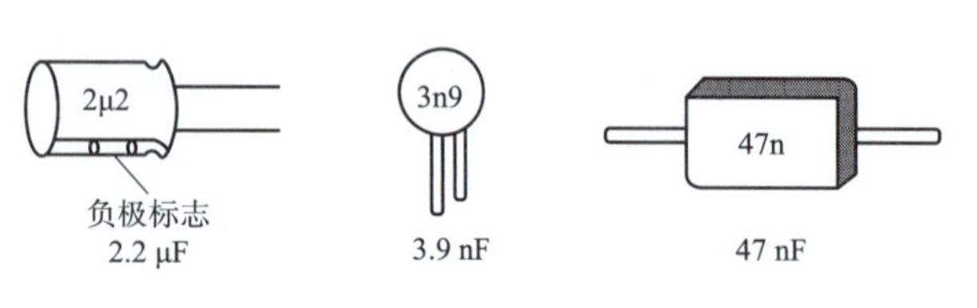


### 3. 文字符号法

文字符号法是指将标称容量的整数部分放在容量单位标志符号的前面,将小数部分放在容量单位标志符号的后面。

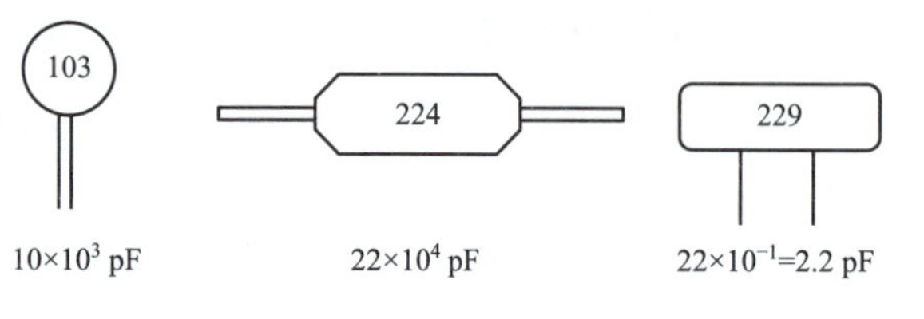


### 4. 数码法

一般可用三位数字表示电容器容量的大小,其单位为 pF。其中第一、二位为有效值数字,第三位表示倍率,即表示有效值后 0 的个数。当第三位数为 9 时,表示 $10^{-1}$。

### 5. 色标法

这种表示法与电阻器的色标法类似,将颜色涂在电容器的一端或从顶端向引脚侧排列,一般只有三种颜色,前两条色环为有效数字(基数),第三条色环为倍率,单位为 pF。具体见下表。

**电容器的色标法**

| 颜色 | 黑 | 棕 | 红 | 橙 | 黄 | 绿 | 蓝 | 紫 | 灰 | 白 |
|---|---|---|---|---|---|---|---|---|---|---|
| 颜色对应的数字 | 0 | 1 | 2 | 3 | 4 | 5 | 6 | 7 | 8 | 9 |
| 第一条色环(基数) | 0 | 1 | 2 | 3 | 4 | 5 | 6 | 7 | 8 | 9 |
| 第二条色环(基数) | 0 | 1 | 2 | 3 | 4 | 5 | 6 | 7 | 8 | 9 |
| 第三条色环(倍率) | $10^0$ | $10^1$ | $10^2$ | $10^3$ | $10^4$ | $10^5$ | $10^6$ | $10^7$ | $10^8$ | $10^9$ |

## (二)电容器的检测

用普通的指针万用表能够判断电容器的质量、电解电容器的极性,并能够定性比较电解电容器的容量大小。

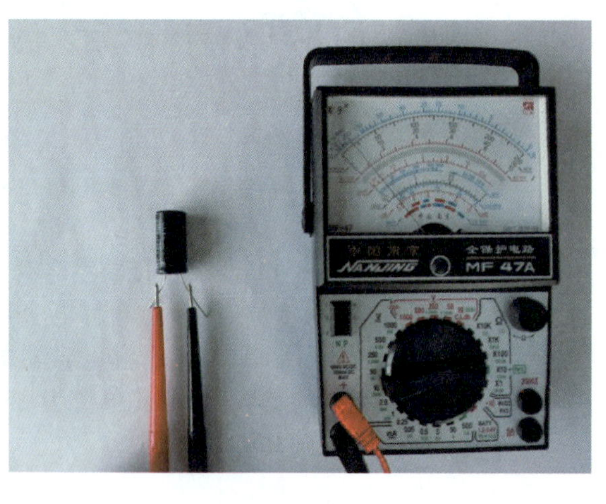


### 1. 质量的判断

用万用表的 R×1k 挡(1~47 μF 的电容器)或 R×100 挡(47 μF 以上的电容器),使红表笔接电容器负极,黑表笔接电容器正极,接触瞬间表头指针应顺时针偏转,然后逐渐逆时针恢复,指针稳定后的读数即电容器的漏电阻,阻值越大,表示电容器的绝缘性能越好。若在检测过程中,指针无摆动,则说明电容器开路;若摆动角度很大,但不恢复,则说明电容器已击穿或严重漏电。

### 2. 极性的判断

对于正、负极标志不明显的电解电容器，可利用上述测量漏电阻的方法加以判断。先任意测一下漏电阻，记下其阻值大小，然后交换表笔再测出一个阻值。两次测试中，漏电阻大的那一次，黑表笔接的是正极，红表笔接的是负极。

### 3. 容量的比较

在上述检测过程中，指针顺时针摆动的角度越大，说明电容器的容量越大；反之，则说明其容量越小。

## 六、电感器的识读与检测

### （一）电感器的识读

电感器是一种储能元件。电感的单位为亨利，简称亨，用 H 表示。比亨小的是毫亨（mH），更小的是微亨（μH）。其换算关系如下：

$$1\ \text{H} = 10^3\ \text{mH} = 10^6\ \mu\text{H}$$

A.I.
22 μH

#### 1. 直标法

电感器的直标法举例如左图所示。

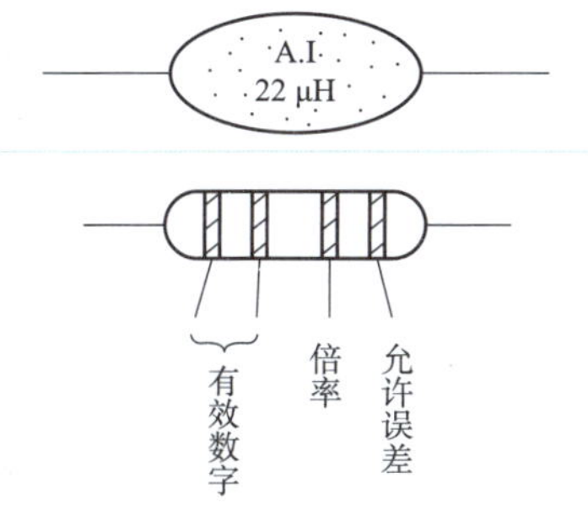


#### 2. 色标法

电感器的色标法举例如左图所示。第一、二条色环表示两位有效数字，第三条色环表示倍率，第四条色环表示允许误差，单位为μH。各色环颜色的含义与色环电阻器相同。

### （二）电感器的检测

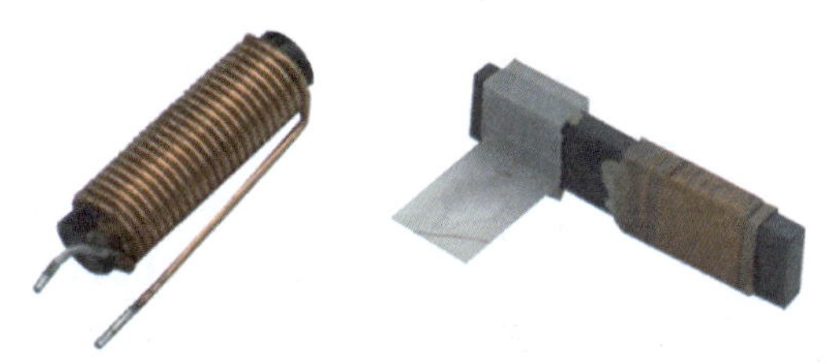

#### 1. 外观检测

观察电感器引脚有无断线、开路、生锈，线圈有无松动、发霉、烧焦等现象，对于带有磁芯的电感器还要看其磁芯有无松动和破损。若有上述现象，则说明电感器存在质量问题，需用万用表进一步检测。

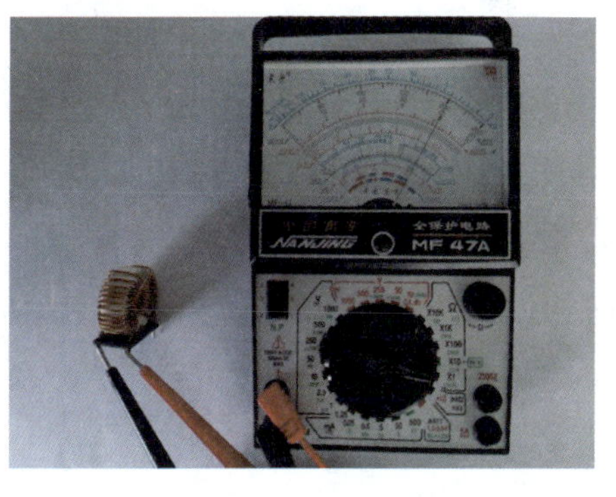


#### 2. 万用表检测

用万用表的 R×1 挡测量电感器线圈的阻值。线圈的匝数多、线径细，阻值就大一些，反之相反。对于有抽头的线圈，各引出脚之间都有一定的阻值，若测得其阻值为无穷大，则说明线圈已开路；若测得其阻值等于零，则说明线圈已短路。另外，线圈局部短路时的阻值比正常值小一些，局部断路时的阻值比正常值大一些。

## 七、基于 Proteus 8 的电阻测量仿真

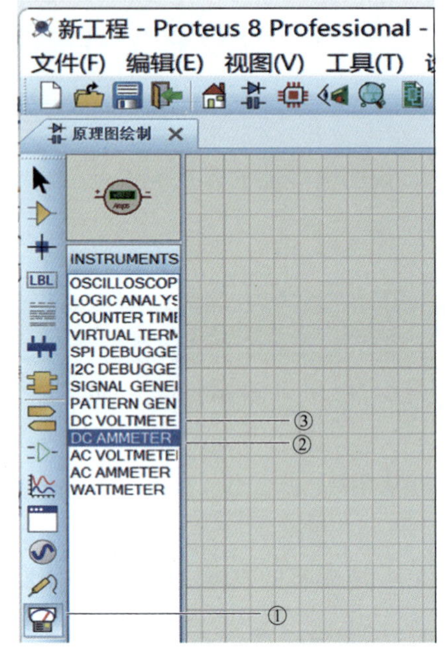


(1)打开 Proteus 8 仿真软件,从左边工具栏中选择虚拟仪表①。

(2)在子工具栏中找出直流电流表②和直流电压表③。

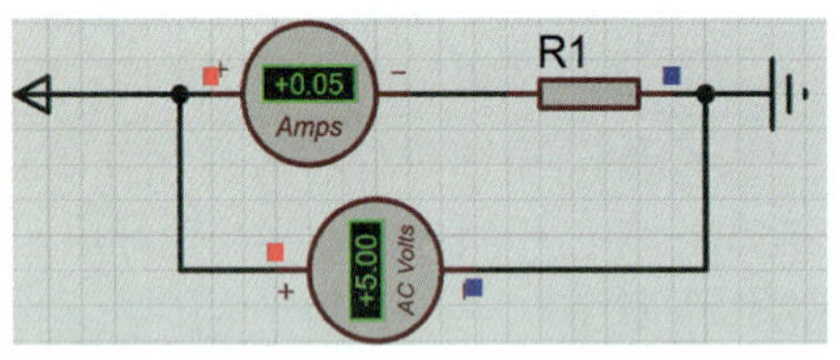


(3)画出仿真图,并运行。

(4)根据欧姆定律可得电阻值。

## 任务实施

### 一、电阻器的识别与质量检测

#### 1. 所需器材

(1)工具:指针或数字万用表一块。

(2)器材:带有直标法、文字符号法、数码法、色标法表示的各种电阻器若干。

#### 2. 完成内容

(1)应用“相关知识”中电阻器的识读知识判读各电阻器的标称阻值和允许误差,并用万用表实测各电阻器的阻值,把结果填入表 2-1 中。

表 2-1 电阻器的识别与测量记录表

| 编号 | 外表标志内容 | 识别结果 | | 万用表实测阻值 | 备注 |
|---|---|---|---|---|---|
| | | 标称阻值 | 允许误差 | | |
| 1 | | | | | |
| 2 | | | | | |

续表

| 编号 | 外表标志内容 | 识别结果 | | 万用表实测阻值 | 备注 |
|---|---|---|---|---|---|
| | | 标称阻值 | 允许误差 | | |
| 3 | | | | | |
| 4 | | | | | |
| 5 | | | | | |
| 6 | | | | | |
| 7 | | | | | |
| 8 | | | | | |
| 9 | | | | | |
| 10 | | | | | |

（2）电阻器的检测。根据给出的各类固定电阻器和热敏电阻器，由两位同学协作，选择几个电阻器用万用表进行检测，并将结果填入表2-2、表2-3中。

表2-2 固定电阻器的检测记录表

| 编号 | 万用表型号 | 欧姆挡量程 | 调零否 | 标称阻值 | 实测值 | 误差比例 | 是否合格 |
|---|---|---|---|---|---|---|---|
| 1 | | | | | | | |
| 2 | | | | | | | |
| 3 | | | | | | | |
| 4 | | | | | | | |
| 5 | | | | | | | |

表2-3 热敏电阻器的检测记录表

| 编号 | 万用表型号 | 欧姆挡量程 | 正常室温下的电阻值 | 用手捏住加热10 s后的电阻值 | 用其他物理方法加热后的电阻值 | 变化率 | 是否合格 |
|---|---|---|---|---|---|---|---|
| 1 | | | | | | | |
| 2 | | | | | | | |
| 3 | | | | | | | |
| 4 | | | | | | | |
| 5 | | | | | | | |

## 二、电容器的识别与质量检测

### 1. 所需器材

（1）工具：指针万用表一块。

（2）器材：电解电容器、瓷片电容器若干。

### 2. 完成内容

（1）应用“相关知识”中电容器的识读知识判读各电容器的标称容量，并把结果填入表2-4中。

表 2-4　电容器的识别记录表

| 编号 | 外表标志内容 | 识别结果 | | 备注 |
|---|---|---|---|---|
| | | 标称容量 | 耐压值 | |
| 1 | | | | |
| 2 | | | | |
| 3 | | | | |
| 4 | | | | |
| 5 | | | | |
| 6 | | | | |
| 7 | | | | |
| 8 | | | | |
| 9 | | | | |
| 10 | | | | |

（2）电容器容量的比较和极性的判断。用纸带把容量大小不一的电解电容器标称容量遮挡住，并标上编号，然后用指针万用表测其漏电阻，同时观察指针的摆动情况，由此比较电解电容器容量的大小，并判断其极性，把结果填入表 2-5 中。

表 2-5　电容器容量的比较和极性的判断记录表

| 电容器编号 | 漏电阻 | 指针摆动情况 | 容量由大到小排序 | 负极标注 |
|---|---|---|---|---|
| 1 | | | | |
| 2 | | | | |
| 3 | | | | |
| 4 | | | | |
| 5 | | | | |

（3）电容器的检测。根据测试的情况填写表 2-6。

表 2-6　电容器的检测记录表

| 电容器类别 | 万用表挡位 | 万用表是否调零 | 漏电阻 | 测量中遇到的问题 | 是否合格 |
|---|---|---|---|---|---|
| 陶瓷电容器 0.1 μF | | | | | |
| 纸介电容器 1 μF | | | | | |
| 电解电容器 100 μF | | | | | |
| 电解电容器 1 000 μF | | | | | |

## 三、电感器的识别与质量检测

### 1. 所需器材

（1）工具：指针或数字万用表一块。

（2）器材：色环电感器、普通电感器若干。

### 2. 完成内容

（1）应用“相关知识”中电感器的识读知识判读各电感器的标称感量，把结果填入表 2-7 中。

表 2-7 电感器的识别记录表

| 编号 | 外表标志内容 | 识别结果 | | 备注 |
|---|---|---|---|---|
| | | 标称感量 | 允许误差 | |
| 1 | | | | |
| 2 | | | | |
| 3 | | | | |
| 4 | | | | |
| 5 | | | | |
| 6 | | | | |
| 7 | | | | |
| 8 | | | | |
| 9 | | | | |
| 10 | | | | |

（2）电感器的检测。根据测试的情况填写表 2-8。

表 2-8 电感器的检测记录表

| 编号 | 电感器型号 | 电感量 | 直流阻值 | 是否合格 |
|---|---|---|---|---|
| 1 | | | | |
| 2 | | | | |
| 3 | | | | |

## 任务评价

基于任务实施内容，进行任务评价，分学生自评和教师评估，将评价分值填入表 2-9 中。

表 2-9 任务评价

| 检测内容 | 分值 | 评分标准 | 学生自评 | 教师评估 |
|---|---|---|---|---|
| 电阻器的识别与检测 | 20 | 识错一个扣 2 分；测错一个扣 3 分 | | |
| 电容器的识别与检测 | 30 | 识错一个扣 2 分；比较容量大小错一处扣 2 分；判别电解电容器极性，测错一个扣 3 分 | | |
| 电感器的识别与检测 | 20 | 识错一个扣 2 分；测错一个扣 3 分 | | |
| 现场管理 | 10 | 结束后没有整理现场，扣 4 ~ 10 分 | | |
| 安全操作 | 10 | 不按照规定操作，损坏仪器，扣 4 ~ 10 分 | | |
| “专注力”的养成 | 10 | 电阻器、电容器、电感器使用时要聚焦其标记的识读。学习过程中没有关注其标记，一次扣 3 ~ 5 分 | | |
| 合计 | | | | |

# 任务二 半导体器件的识读与检测

## 任务目标

### 1. 知识目标

掌握半导体器件(二极管、三极管)的基本知识、选用常识和使用注意事项。

### 2. 技能目标

掌握用万用表检测二极管、三极管的引脚极性和估量其性能优劣的技能。

### 3. 素养目标

结合半导体的识读与检测,培养学生“综合判别”与“系统分析”的能力。

## 任务描述

半导体器件是组成各种电子线路的基础,包括分立元器件和集成电路。分立元器件最为常见的是二极管、三极管等。

基于不同类型的二极管十个、NPN 和 PNP 型三极管各五个、指针万用表一块,完成以下任务。

(1)识读二极管、三极管的种类和常见外形。

(2)按照二极管和三极管的编号顺序,根据外观特征和文字符号判断各引脚名称,并将结果填入相应表格中。

(3)用指针万用表逐个检测二极管和三极管的极性,若与标识判断不一致,请分析原因,重新判断或检测,并将最后结果填入相应表格中。

(4)依据检测结果,判断二极管、三极管的质量好坏。

## 相关知识

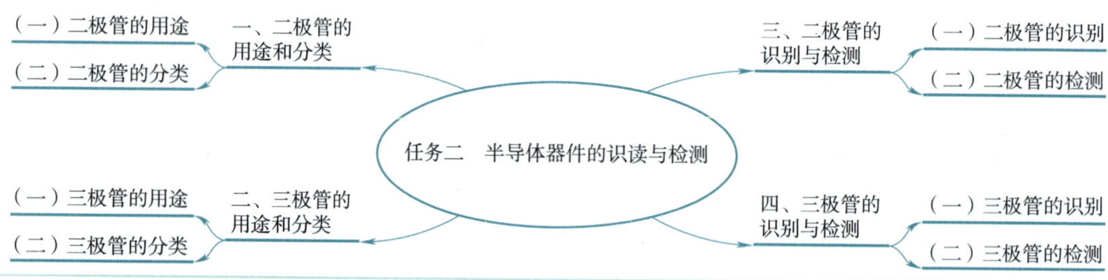


## 一、二极管的用途和分类

### (一)二极管的用途

视频

二极管

二极管的文字符号为 VD,其主要特性是单向导电性,常用于检波、整流、开关、隔离、保护、限幅、稳压、发光、调制等电路中。

### (二)二极管的分类

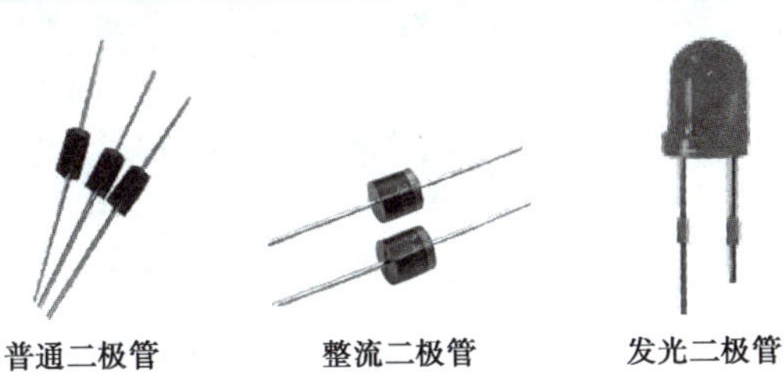


二极管种类繁多,按用途分为整流二极管、检波二极管、稳压二极管、阻尼二极管、开关二极管、发光二极管和光敏二极管等;按所用材料分为锗二极管、硅二极管和砷化镓二极管;按工作原理分为隧道二极管、变容二极管、稳压二极管等。

## 二、三极管的用途和分类

### (一)三极管的用途

三极管的文字符号为 VT,其最主要的功能是电流放大和开关作用。

视频

三极管

### (二)三极管的分类

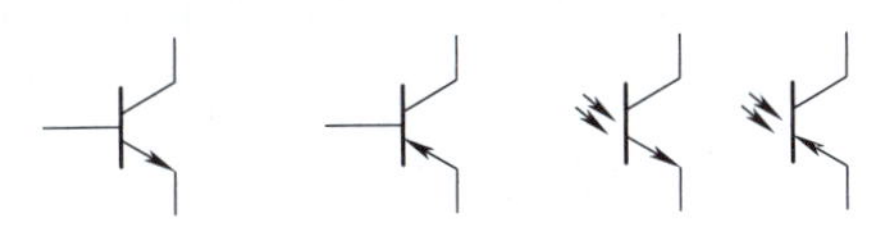


按 PN 结组合分为 NPN 型和 PNP 型;按材料分为锗三极管和硅三极管;按工作频率分为高频管和低频管;按功率分为大功率管、中功率管和小功率管。

## 三、二极管的识别与检测

### (一)二极管的识别

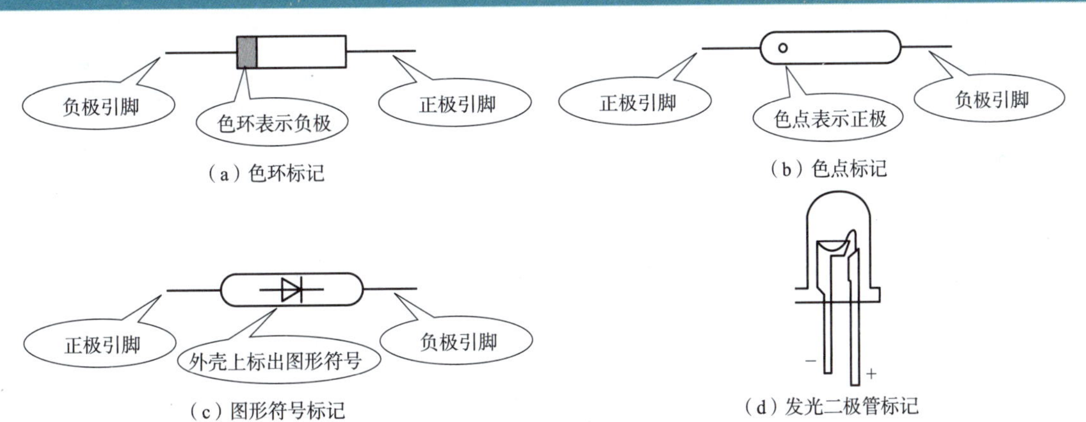


(1)在二极管的负极有一条色环标记。
(2)二极管外壳标有色点的一端表示二极管的正极,另一端则为二极管的负极。
(3)通过二极管外壳上印有的图形符号,判断二极管的极性。

(4)对于发光二极管,因其呈透明状,所以外壳内的电极清晰可见。其内部电极较宽大的为负极,较窄小的为正极。新的发光二极管往往是一个引脚长,一个引脚短。一般引脚长的一端为正极,引脚短的一端为负极。

### (二)二极管的检测

(1)指针万用表挡位的选择。对于一般小功率管使用欧姆挡的 R×100、R×1k 挡,而不使用 R×1 和 R×10k 挡。这是因为万用表 R×1 挡内阻最小,通过二极管的正向电流较大,可能烧毁二极管;万用表 R×10 挡电池的电压较高,加在二极管两端的反向电压也较高,易击穿二极管。对于大功率管,可选欧姆挡的 R×1 挡。

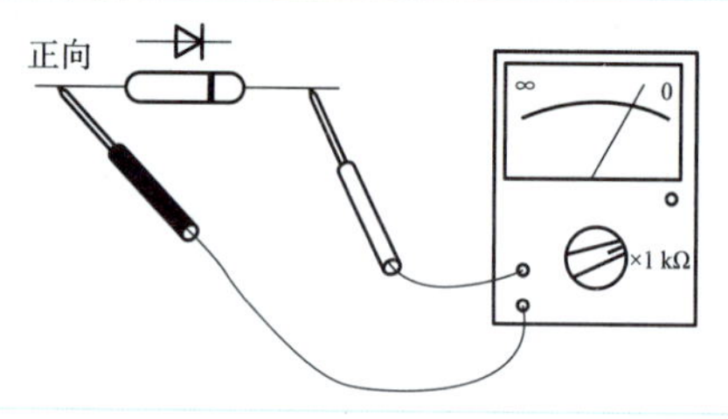


(2)测量步骤。二极管的正向特性测试如左图所示。用万用表测量时,将黑表笔接二极管的正极,红表笔接二极管的负极,此时的阻值一般在 100~500 Ω 之间。当红、黑表笔对调后,阻值应在几百千欧以上。

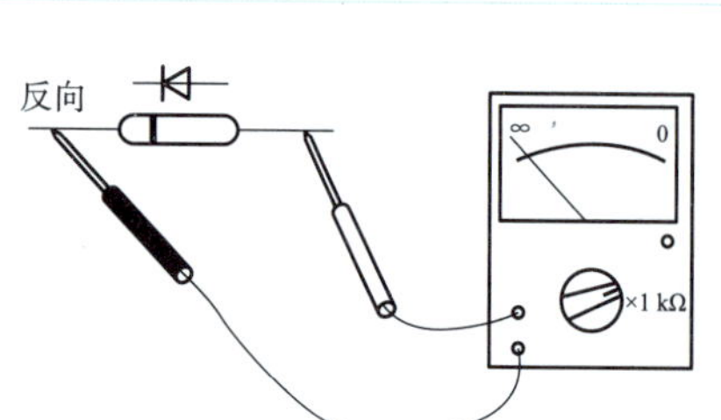


如果不知道二极管的正、负极,也可用上述方法进行判断。用万用表的欧姆挡测量时,若显示阻值很小时,则该阻值为二极管的正向电阻,此时黑表笔所接触的电极为二极管的正极,另一端为负极;若显示阻值很大,则与红表笔相连的一端为正极,另一端为负极。

(3)测试分析。若测得二极管正、反向电阻都很大,则说明其内部断路;若测得二极管正、反向电阻都很小,则说明其内部有短路故障;若两者差别不大,则说明此管失去了单向导电的功能。

## 四、三极管的识别与检测

### (一)三极管的识别

三极管的引脚排列是有规律的,可以通过外观特征直接分辨三极管的引脚名称。常用的几种三极管的引脚排列位置如下。

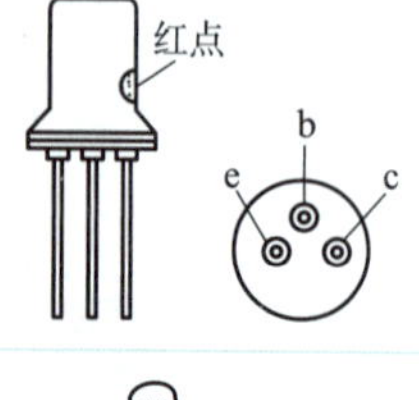


#### 1. 引脚呈等腰三角形排列(金属外壳)

只有一个色点(红色)标记,则等腰三角形顶点是基极,有红色点的一边是集电极,另一边是发射极。

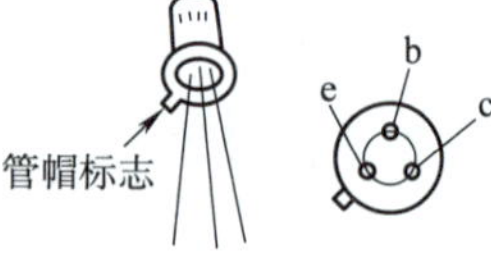


有管帽标志的等腰三角形顶点是基极,管帽边沿凸出的一边是发射极,另一边是集电极。

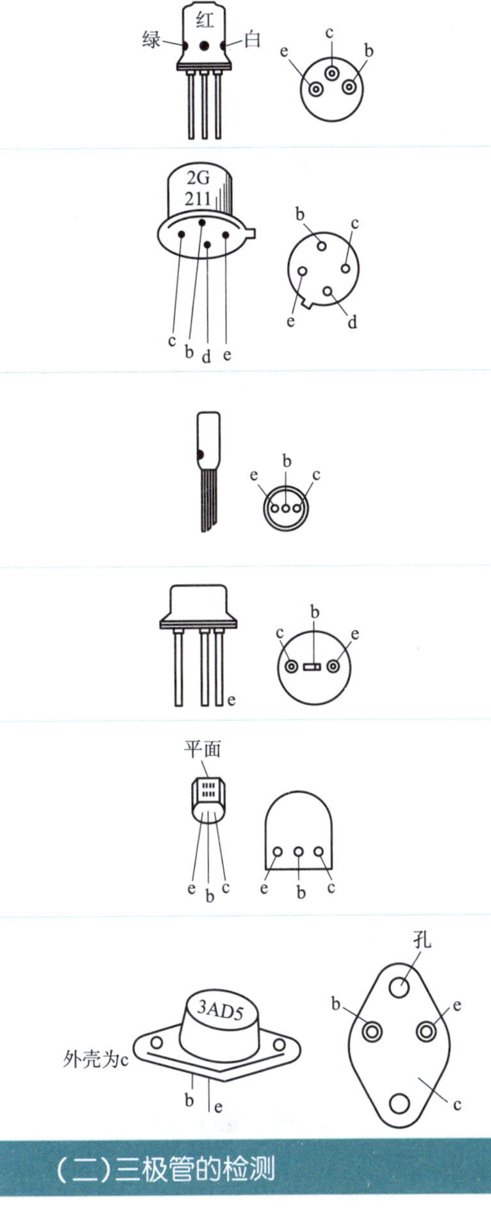


壳体上有绿、红、白三色点标记，则与红色标记相对应的为集电极，与白点相对应的为基极，与绿点相对应的为发射极。

有四个引脚的，d 端与外壳相连，可用万用表测得，其在电路中接地，起屏蔽作用，如电视机的高放管。查出 d 端后，引脚排列如同前面有管帽标记的类型。

### 2. 引脚呈直线排列（塑封外壳）

若引脚排列成一条直线且距离相等，则靠近外壳红色点的是发射极，中间的是基极，剩下的是集电极。

若引脚排列成直线但距离不相等，则距离较近的两引脚之中，靠近外壳的是发射极，中间的是基极，剩下的是集电极。

可把平面朝向自己，引脚朝下，从左至右依次为发射极、基极、集电极。

### 3. 金属外壳大功率管

管底朝向自己，中心线上方左侧为基极，右侧为发射极，金属外壳为集电极。

## （二）三极管的检测

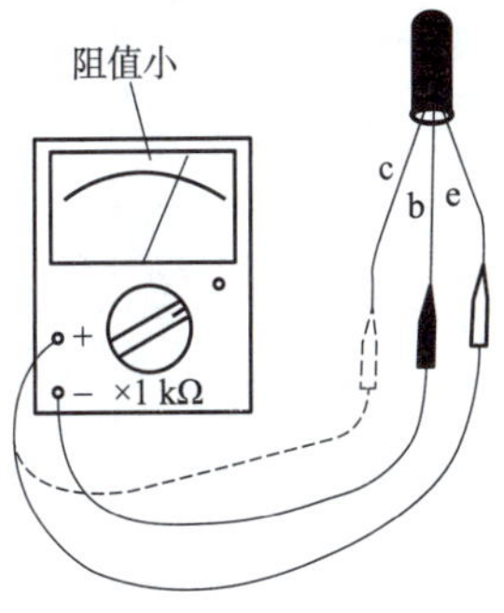


### 1. 中、小功率三极管的检测

1）判定基极

万用表采用 R×1k 挡。先用黑表笔接某一引脚，红表笔分别接另外两引脚，测得两个电阻。再将黑表笔换接另一引脚，重复以上步骤，直至测得的两个电阻都很小，这时黑表笔所接的是基极 b，此三极管为 NPN 型。若黑、红表笔互换，测得两个电阻都很小，即红表笔接的是基极 b，且三极管为 PNP 型。

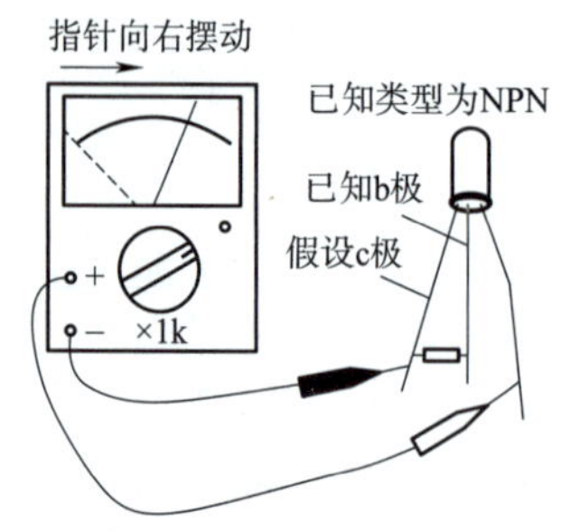

（a）基极与假设的集电极之间连接电阻器

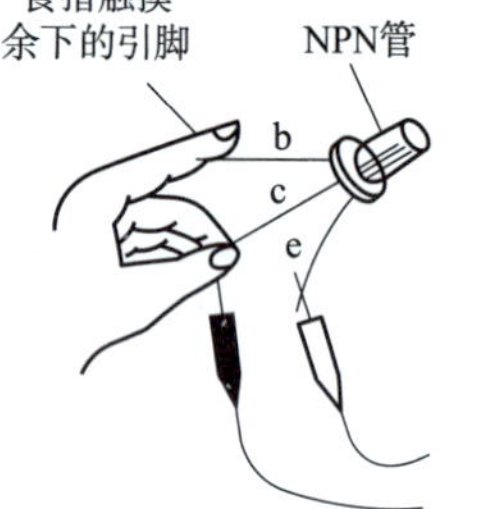

（b）用手指代替基极与假设的集电极之间的电阻器

2)判定集电极和发射极

NPN 型三极管的集电极、发射极检测:分别假设另两个引脚为 e、c 或 c、e,并在假设的集电极与已知的基极之间添加一个电阻器,黑表笔接触假设的集电极,红表笔接触假设的发射极,哪一次指针向右摆动大,则哪一次假设正确。在实际工作中,人们往往用食指和中指把黑表笔和假设的集电极捏在一起,用手指代替基极与假设的集电极之间的电阻器。

对于 PNP 型三极管,把黑、红表笔互换后再按上述方法进行检测即可。

### 2. 大功率三极管的检测

利用万用表检测中、小功率三极管的极性、管型及性能的方法对大功率三极管基本适用,因为其金属外壳为已知(集电极),所以其判别方法较为简单。需要指出的是,由于大功率三极管的体积大,极间电阻相对较小。所以,若像检测中、小功率三极管极间的正向电阻那样,使用万用表的 R×1k 挡,必然使得指针趋向于零,这种情况与极间短路一样,会使检测者难以判断。为了防止误判,在检测大功率三极管 PN 结的正向电阻时,应使用 R×1 挡,同时,测量前万用表应调零。

### 3. 三极管的质量检测

正常情况下,三极管的发射结、集电结的正向阻值小,反向阻值大。若测得正、反向阻值为无穷大,则说明三极管内部已断路;若测得正、反向阻值为零,则说明三极管内部已短路,三极管已损坏。

## 任务实施

## 二极管和三极管的识别与检测

### 1. 所需器材

(1)工具:指针式万用表一块。

(2)器材:不同类型的二极管十个、NPN 和 PNP 型三极管各五个。

### 2. 完成内容

(1)根据外观,说出二极管、三极管的类型,按照编号顺序,逐个根据外观特征和文字符号判断各引脚名称,将结果填入表 2-10 中。

(2)用指针万用表再次逐个检测各个二极管、三极管的极性,若与上述判断不一致,请分析原因，重新判断或检测，并将最后结果填入表 2-10 中。

（3）依据检测结果，判断二极管、三极管的质量好坏。

表 2-10　二极管、三极管的检测记录表

| 编号 | 类型 | 引脚排列 | | 质量判断 | 备注 | 编号 | 类型 | 引脚排列 | | 质量判断 | 备注 |
|---|---|---|---|---|---|---|---|---|---|---|---|
| | | 标识判断 | 检测结果 | | | | | 标识判断 | 检测结果 | | |
| 1 | | | | | | 11 | | | | | |
| 2 | | | | | | 12 | | | | | |
| 3 | | | | | | 13 | | | | | |
| 4 | | | | | | 14 | | | | | |
| 5 | | | | | | 15 | | | | | |
| 6 | | | | | | 16 | | | | | |
| 7 | | | | | | 17 | | | | | |
| 8 | | | | | | 18 | | | | | |
| 9 | | | | | | 19 | | | | | |
| 10 | | | | | | 20 | | | | | |

## 任务评价

基于任务实施内容，进行任务评价，分学生自评和教师评估，将评价分值填入表 2-11 中。

表 2-11　任务评价

| 检测内容 | 分值 | 评分标准 | 学生自评 | 教师评估 |
|---|---|---|---|---|
| 二极管正、反向电阻测试，万用表挡位的选择，极性和质量判断 | 30 | 每个二极管正、反向电阻测试不正确扣 2 分；每次万用表挡位选择不正确扣 1 分；极性判断不正确每只扣 3 分；质量判断不正确每只扣 2 分 | | |
| 三极管引脚判断、万用表挡位的选择及各极间电阻测量、质量判断 | 40 | 引脚判断错误一次扣 3 分；每次万用表挡位选择不正确扣 1 分；质量判断不正确每只扣 3 分 | | |
| 安全操作 | 10 | 不按照规定操作，损坏仪器，扣 4 ~ 10 分 | | |
| 现场管理 | 10 | 结束后没有整理现场，扣 4 ~ 10 分 | | |
| “综合判别”与“系统分析”的能力训练 | 10 | 根据二极管、三极管的检测及引脚的判定，综合分析、判断其质量。判断错误 1 次，扣 3 ~ 5 分 | | |
| 合计 | | | | |

# 任务三 贴片元器件的识读与检测

## 任务目标

### 1. 知识目标

熟悉贴片元器件的种类及其外形标记。

### 2. 技能目标

掌握贴片元器件的识别方法。

### 3. 素养目标

依据对贴片元器件的识读,引申碎片化时间的合理利用。

## 任务描述

贴片元器件又称片状元器件,是无引脚或短引脚的新型微小型元器件,应用于表面安装技术(SMT)。目前,贴片元器件在电子产品中被广泛使用,因此识读和检测贴片元器件十分必要。

基于各种类型的贴片电阻器、贴片电容器、贴片电感器、贴片二极管、贴片三极管若干,万用表一块,完成以下任务。

(1)从各种类型的贴片电阻器、贴片电容器、贴片电感器、贴片二极管、贴片三极管中找出六个贴片电阻器、贴片电容器、贴片电感器、贴片二极管、贴片三极管;判断贴片电容器、贴片二极管、贴片三极管的引脚。

(2)用万用表测量贴片电阻器的阻值和贴片二极管的正反向阻值。

(3)检测贴片电感器、贴片三极管的质量。

## 相关知识

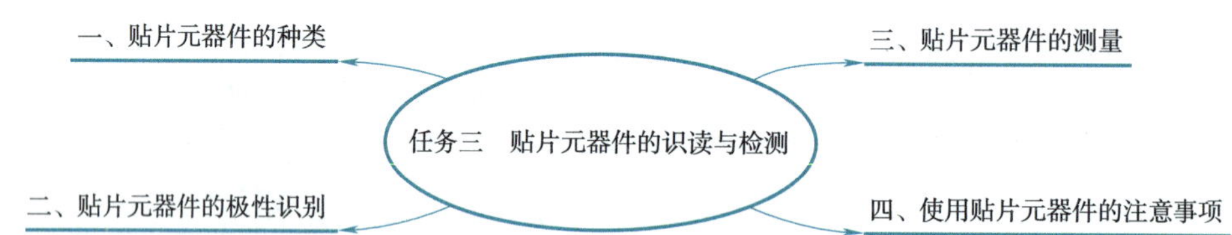


## 一、贴片元器件的种类

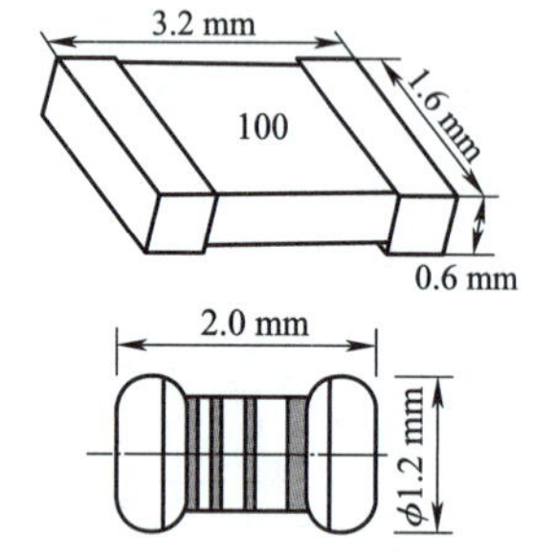


### 1. 贴片电阻器

贴片电阻器的阻值一般直接标记在电阻器的其中一面,黑底白字。通常用三位数表示,前两位数字表示阻值的有效数,第三位表示有效数字后 0 的个数。例如,100 表示 10 Ω,102 表示 1 kΩ。当阻值小于 10 Ω 时,以 ×R× 表示(×代表数字),即将 R 看成小数点,如 8R1 表示 8.1 Ω。起跨接作用的 0 Ω 贴片电阻器,无数字和色环标记,一般用红色或绿色表示,以示区别,其额定电流为 2 A,最大浪涌冲击电流为 10 A。

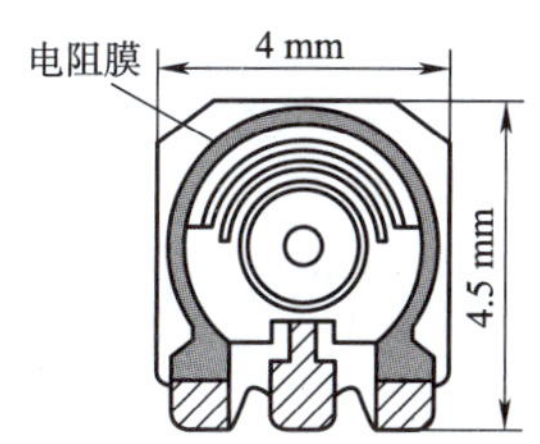


### 2. 贴片电位器

体积小,一般为 4 mm × 5 mm × 2.5 mm。

质量小,仅为 0.1 ~ 0.2 g。

阻值范围大,为 10 Ω ~ 2 MΩ。

高频特性好,使用频率可超过 100 MHz。

额定功率一般有(1/20)W、(1/10)W、(1/8)W、(1/5)W、(1/4)W 和(1/2)W 六种。

最大电刷电流为 100 mA。

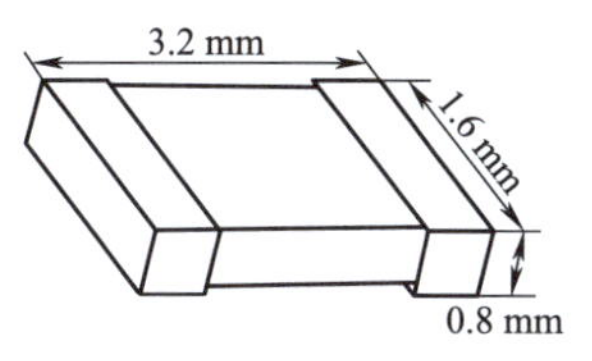


### 3. 矩形贴片电容器

矩形贴片电容器的容量标法与贴片电阻器相同,其容量范围为 1 ~ 4 700 pF,耐压范围为 25 ~ 2 000 V。

矩形贴片电容器都没有印刷标志,贴装时无朝向性,购买或维修时应特别注意。

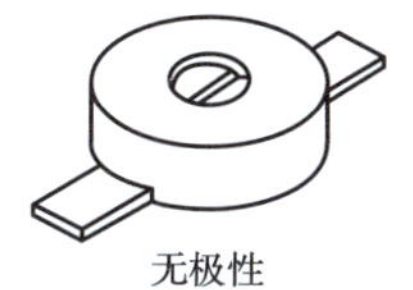


### 4. 陶瓷微调贴片电容器

其容量范围为 1 ~ 15 pF,常用于电子钟表调节定时的快慢。

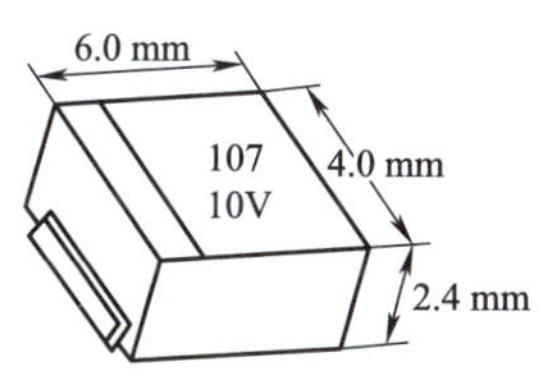


### 5. 贴片电解电容器

贴片电解电容器标志涂印在元器件上,有横标端为正极。

107:表示 $10 \times 10^7$ pF = 100 μF。

10 V:表示耐压值。

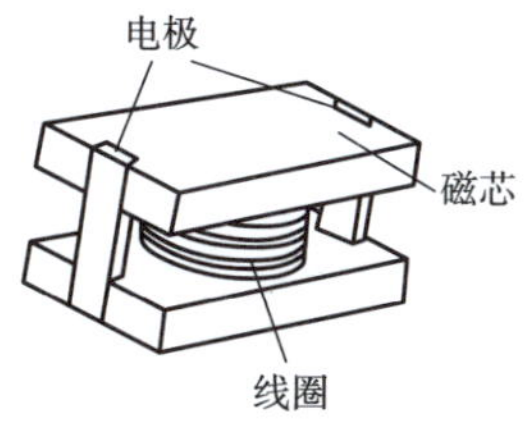


### 6. 贴片线圈电感器

电感器内部采用高导磁性铁氧体磁芯,以提高电感量。其电感量范围为 0.1 ~ 1 000 μH,品质因数为 50 ~ 100;由于线圈的导线极细,所以在使用中应知道电流的大小,以免损坏线圈。

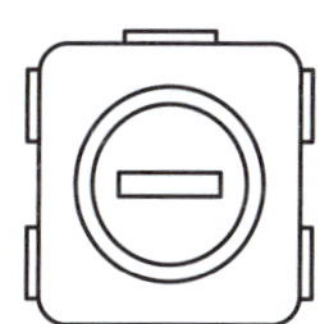

### 7. 贴片电感器

贴片电感器内部结构类似于收音机中的中频变压器,在圆 I 字形铁氧体磁芯上绕上线圈,上面有可调的磁帽,调节磁帽就可以调节电感量的大小。

贴片电感器的电感量范围为 1 ~ 5.6 μH,品质因数为 40 ~ 130。

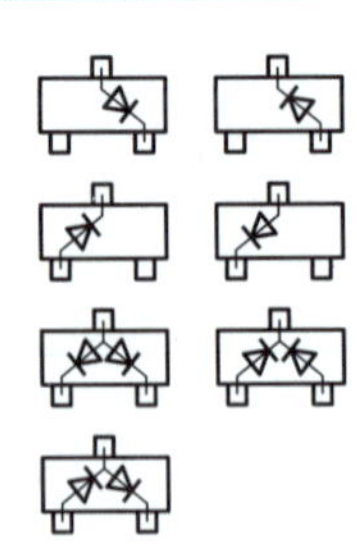

8. 贴片二极管

贴片二极管有三条0.65 mm的短引脚。根据管内所含二极管的数量及连接方式,有单管、对管之分;对管中又分共阳、共阴和串联等方式。

贴片二极管的检测与普通二极管相同,使用万用表测试时,测正、反向电阻宜选择R×1k挡。

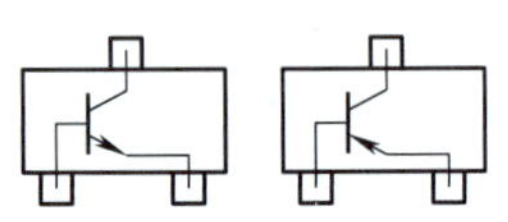

9. 贴片三极管

贴片三极管有普通管、超高频管、高反压管及达林顿管等多种类型。

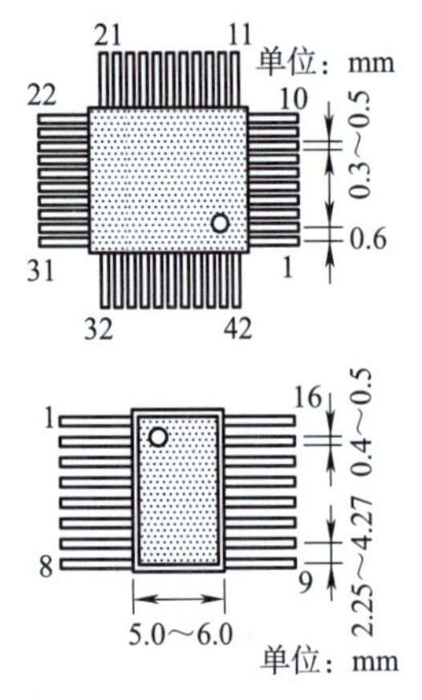


10. 贴片小型集成电路

注意利用标记来确认引脚的排列。

## 二、贴片元器件的极性识别

1. 贴片二极管

为了让人们更好地区分贴片二极管正、负极,在其表面都做了一定的标记,如有缺口、横杠、白色双杠、彩色线等。有这样标记的一端都为负极。也有的在贴片二极管正面用正三角形符号做记号,正三角形箭头所指的方向为负极。对于玻璃管贴片二极管,红色一端为正极,黑色一端为负极。

2. 贴片三极管

贴片三极管的引脚位置一般是固定的,不像插件有bce和ebc之分,贴片三极管的引脚排列全部是bce,其三角形尖向上,最左边的为b极,上边为c极,右边为e极。

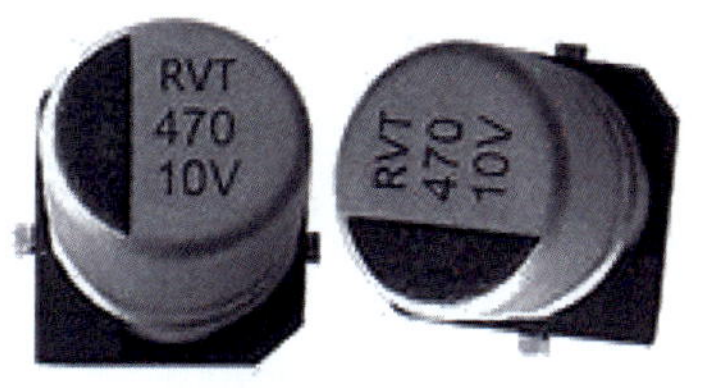


### 3. 贴片电解电容器

贴片钽电解电容器标有横杠的一端为正极；贴片圆形铝电解电容器标有横杠的一端为负极。

### 4. 贴片集成电路

贴片集成电路一般在其表面的一个角标注一个向下凹陷的小圆点，或在一端标注小缺口表示起点，其引脚排列顺序为逆时针方向。

## 三、贴片元器件的测量

贴片元器件的测量与传统元器件的测量基本一致，需要说明的是大多贴片电容器由于电容量太小，所以用万用表测不出来，应用电容测试仪进行测量。

## 四、使用贴片元器件的注意事项

(1)要根据系统和电路的要求选择贴片元器件，并综合考虑供应商所能提供的规格、性能和价格等因素。例如，钽和铝电解电容器主要用于电容量大的场合，散装贴片元器件用于手工贴装场合，盒式包装的适合夹具式贴片机使用，编带包装的适合全自动贴片机使用。

(2)从厂家购买的贴片元器件库存时间一般不超过两年；对具有防潮要求的贴片元器件，打开封装后应一周内使用完毕。

(3)操作人员拿取有极性的贴片元器件时应戴好防静电腕带；在运输、分料、检验、手工贴装等操作时尽量使用吸笔拿取；使用镊子时，要注意不要碰伤贴片元器件的引脚，以防引脚翘曲变形。

## 任务实施

### 贴片元器件的识别与检测

#### 1. 所需器材

(1)工具：指针或数字万用表一块。

(2)器材：各种类型的贴片电阻器、贴片电容器、贴片电感器、贴片二极管、贴片三极管若干。

#### 2. 完成内容

1)贴片电阻器的识别与检测

在贴片元器件中找出六个贴片电阻器，并按要求填写表2-12。

表 2-12 贴片电阻器的识别与检测记录表

| 电阻器编号 | 形状 | 颜色 | 标称阻值 | 实测阻值 | 电阻器编号 | 形状 | 颜色 | 标称阻值 | 实测阻值 |
|---|---|---|---|---|---|---|---|---|---|
| 1 | | | | | 4 | | | | |
| 2 | | | | | 5 | | | | |
| 3 | | | | | 6 | | | | |

2)贴片电容器的识别与检测

在贴片元器件中找出六个贴片电容器,并按要求填写表 2-13。

表 2-13 贴片电容器的识别与检测记录表

| 电容器编号 | 形状 | 颜色 | 极性 | 容量 | 电容器编号 | 形状 | 颜色 | 极性 | 容量 |
|---|---|---|---|---|---|---|---|---|---|
| 1 | | | | | 4 | | | | |
| 2 | | | | | 5 | | | | |
| 3 | | | | | 6 | | | | |

3)贴片电感器的识别与检测

在贴片元器件中找出六个贴片电感器,并按要求填写表 2-14。

表 2-14 贴片电感器的识别与检测记录表

| 电感器编号 | 形状 | 颜色 | 标称值 | 检测质量 | 电感器编号 | 形状 | 颜色 | 标称值 | 检测质量 |
|---|---|---|---|---|---|---|---|---|---|
| 1 | | | | | 4 | | | | |
| 2 | | | | | 5 | | | | |
| 3 | | | | | 6 | | | | |

4)贴片二极管的识别与检测

在贴片元器件中找出六个贴片二极管,并按要求填写表 2-15。

表 2-15 贴片二极管的识别与检测记录表

| 二极管编号 | 形状 | 颜色 | 正负极 | 正向电阻 | 反向电阻 | 二极管编号 | 形状 | 颜色 | 正负极 | 正向电阻 | 反向电阻 |
|---|---|---|---|---|---|---|---|---|---|---|---|
| 1 | | | | | | 4 | | | | | |
| 2 | | | | | | 5 | | | | | |
| 3 | | | | | | 6 | | | | | |

5)贴片三极管的识别与检测

在贴片元器件中找出六个贴片三极管,并按要求填写表 2-16。

表 2-16 贴片三极管的识别与检测记录表

| 三极管编号 | 形状 | 颜色 | 极性 | 检测质量 | 三极管编号 | 形状 | 颜色 | 极性 | 检测质量 |
|---|---|---|---|---|---|---|---|---|---|
| 1 | | | | | 4 | | | | |
| 2 | | | | | 5 | | | | |
| 3 | | | | | 6 | | | | |

##  任务评价

基于任务实施内容，进行任务评价，分学生自评和教师评估，将评价分值填入表2-17中。

表2-17　任务评价

| 检测内容 | 分值 | 评分标准 | 学生自评 | 教师评估 |
|---|---|---|---|---|
| 贴片电阻器的识别与检测 | 10 | 挑选错误一个扣2分；标称阻值读错一个扣1分；实测值错误一个扣1分 | | |
| 贴片电容器的识别与检测 | 15 | 挑选错误一个扣2分；极性判断错一个扣1分；容量读（测）错一个扣1分 | | |
| 贴片电感器的识别与检测 | 15 | 挑选错误一个扣2分；标称值读错一个扣1分；检测质量错误一个扣1分 | | |
| 贴片二极管的识别与检测 | 15 | 挑选错误一个扣2分；极性判断错一个扣1分；检测质量错误一个扣1分 | | |
| 贴片三极管的识别与检测 | 15 | 挑选错误一个扣2分；极性判断错一个扣1分；检测质量错误一个扣1分 | | |
| 安全操作 | 10 | 不按照规定操作，损坏仪器，扣4～10分 | | |
| 现场管理 | 10 | 结束后没有整理现场，扣4～10分 | | |
| “碎片化时间”的利用 | 10 | 贴片元器件是把碎片化的空间整理在一起，压缩了体积，给人们携带、使用电子产品等都带来了便利。任务实施过程中，充分利用“碎片化时间”，若让教师让提醒一次，扣3～5分 | | |
| 合计 | | | | |

##  思考与练习

（1）试问怎样确认色环电阻的第一环？

（2）电阻器、电容器、电感器的主要技术参数有哪些？

（3）如何判断电位器的质量好坏？

（4）用万用表如何判断二极管、三极管的极性和性能优劣？

（5）如何识别集成电路的引脚？

（6）常用的贴片元器件有哪些？

# 项目三

# 常用电子材料的加工与应用

电子整机产品装配不仅需要使用电子元器件,还要用到各种电子材料。掌握常用电子材料的加工方法和工艺,了解各种电子材料的分类、特点和性能参数,对正确加工和合理使用常用电子材料,改善电子整机产品性能至关重要。本项目主要介绍电子整机生产中常用的导线、绝缘材料、紧固件、小五金杂片及一些辅助材料的加工方法和使用技能。

## 任务一　导线的加工与应用

### 任务目标

**1. 知识目标**

说出导线的分类、命名方法和用途。

**2. 技能目标**

(1)完成绝缘导线的端头加工;

(2)完成屏蔽电缆线的端头加工。

**3. 素养目标**

(1)树立工作责任心,养成良好的职业道德;

(2)加强团队协作、交流组织管理技能;

(3)分享解决问题、分析问题技巧。

### 任务描述

导线是电子产品中必不可少的线材,大多数电气连接都是由各种规格的导线来实现的。有些电子整机产品的质量问题,往往是由于导线线头加工不良而引起的。

按照导线加工的工艺要求,利用适量的多股普通绝缘导线、屏蔽电缆线,剥线钳、剪刀、电工刀、电烙铁、松香、焊锡、镊子等,以及绑扎线绳、焊片、竹竿(筷子)等,完成以下任务。

(1)绝缘导线的端头加工。

(2)屏蔽电缆线的端头加工。

(3)练习起始线扣、中间线扣和终端线扣的系法,完成线扎的加工。

## 相关知识

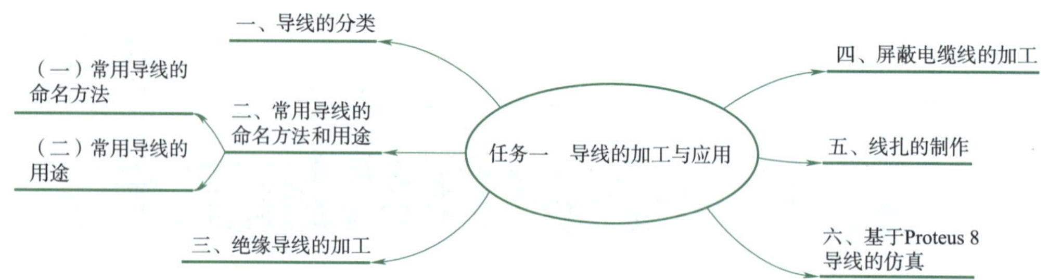


## 一、导线的分类

导线是能够导电的金属线，是电能的传输载体，大多数由铜、铝等高导电金属制成圆形截面，少数按照特殊要求制成矩形或其他形状的截面。电子产品中使用的大多是铜线。

### 1. 裸线

裸线是指没有绝缘层的单股或多股铜线，大部分作为电线电缆的导电线芯使用，少部分则直接使用。

### 2. 电磁线

电磁线是指有绝缘层的铜线，其绝缘方式有在铜线表面涂漆或外缠纱、丝等，主要用于绕制电机、变压器、电感线圈等的绕组，因此又称绕组线。

### 3. 绝缘线

绝缘线是指在裸线表面裹以不同种类的绝缘材料，主要用于电子产品的电气连接。它根据用途和导线结构分为固定敷设电线、绝缘软电线和屏蔽线。

### 4. 排线

排线又称扁平电缆，一般用于数字电路中。

排线与插头和插座的尺寸、导线根数一一对应，并且不用焊接就能实现可靠的连接，也不容易产生导线错位。目前使用较多的排线为单根导线内是 0.1 × 7 的线芯，即导线截面积为 0.1 $mm^2$，共 7 根导线。导线根数还有 8、12、16、20、24、28、32、37、40 等规格。排线外皮一般都为聚氯乙烯。

### 5. 电线电缆

电线电缆主要由芯线、绝缘层、屏蔽层、护套等部分组成。

下图中①是芯线，又称导体。在电子设备中，其材料为铜丝或铜绞丝。②是绝缘层，用于隔离相邻芯线或防止芯线之间发生接触，要求有良好的绝缘性能和适当的机械物理性能。③和④是屏蔽层，用于抑制电路内外电场的干扰。屏蔽层一般用金属带丝包裹或用细金属绕制而成，也有采用多层复合屏蔽、镀膜屏蔽和管状导体的。⑤是护套，包裹在电线电缆和屏蔽外表面的保护层，起防潮和机械保护作用。其常用的材料有聚氯乙烯管（带）、尼龙编织套等。

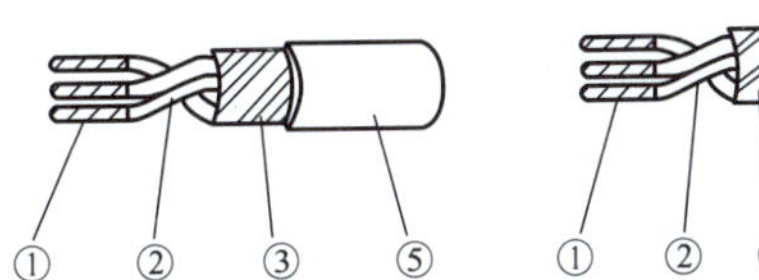


## 二、常用导线的命名方法和用途

### （一）常用导线的命名方法

常用导线的命名方法和射频电缆的命名方法见下表。

**常用导线的命名方法**

| 分类 | | 绝缘 | | 护套 | | 派生 | |
|---|---|---|---|---|---|---|---|
| 符号 | 意义 | 符号 | 意义 | 符号 | 意义 | 符号 | 意义 |
| A | 安全线缆 | V | 聚氯乙烯 | V | 聚氯乙烯 | P | 屏蔽 |
| B | 布电线 | F | 氟塑料 | H | 橡套 | R | 软 |
| F | 飞机用低压线 | Y | 聚乙烯 | B | 编织套 | S | 双绞 |
| R | 日用电器用软线 | X | 橡皮 | L | 腊克 | B | 平行 |
| Y | 一般工业移动电器用线 | ST | 天然丝 | N | 尼龙套 | D | 带型 |
| | | B | 聚丙烯 | | | | |
| T | 天线 | SE | 双丝包 | SK | 尼龙丝 | T | 特种 |

**射频电缆的命名方法**

| 分类 | | 绝缘 | | 护套 | | 派生 | |
|---|---|---|---|---|---|---|---|
| 符号 | 意义 | 符号 | 意义 | 符号 | 意义 | 符号 | 意义 |
| S | 射频同轴电缆 | Y | 聚乙烯实心 | V | 聚氯乙烯 | P | 屏蔽 |
| SE | 射频对称电缆 | YF | 发泡聚乙烯半空气 | F | 氟塑料 | Z | 综合式 |
| ST | 特种射频电缆 | YK | 纵孔聚乙烯半空气 | B | 玻璃丝编织浸有硅漆 | D | 镀铜屏蔽层 |
| SJ | 强力射频电缆 | X | 橡皮 | | | | |
| SG | 高压射频电缆 | D | 聚乙烯空气 | H | 橡套 | | |
| SZ | 延迟射频电缆 | F | 氟塑料实心 | VZ | 阻燃聚氯乙烯 | | |
| SS | 电视电缆 | U | 氟塑料空气 | Y | 聚乙烯 | | |

## (二)常用导线的用途

常用导线的用途见下表。

常用裸线的用途

| 分类 | 名称 | 型号 | 主要用途 |
| --- | --- | --- | --- |
| 裸单线 | 圆铝线(硬、半硬、软) | LY,LYB,LR | 用于电线电缆及电气设备制品(电机、变压器等),硬圆铜线可用于电力及通用架空线路 |
| | 圆铜线(硬、软) | TY,TR | |
| | 镀锡软圆铜单线 | TRX | |
| 裸绞线 | 铝绞线 | LT | 用于高、低压输出线路 |
| | 铜芯铝绞线 | LGJ,LGJQ,LGJJ | |
| 软接线 | 铜电刷线(铜、软铜) | TS,TSR | 用于电机、电器线路连接电刷 |
| | 纤维编软电刷线(铜、软铜) | TSX,TSXR | |
| | 裸铜软绞线 | TRJ,TRJ-124 | 用于移动电器、连接线 |
| 型线 | 扁铜线(硬、软) | TBY,TBR | 用于电机、电器、安装配电设备及其他电工方面 |
| | 铜带(硬、软) | TDY,TDR | |
| | 铜母线(硬、软) | TMY,TMR | |
| | 铝母线(硬、软) | LMY,LMB | |
| | 空心导线(铜、铝) | TBRK,LBRK | 用于水内冷电机、变压器,作为绕组线圈的芯线 |

常用电磁线的用途

| 分类 | 名称 | 型号 | 主要用途 |
| --- | --- | --- | --- |
| 漆包线 | 油性漆包线 | Q | 中高频线圈及仪表、电器的线圈 |
| | 缩醛漆包铜线(圆、扁) | QQ-1 ~ QQ 3,QQB | 普通中小电机绕组、油浸变压器线圈、电器仪表用线圈 |
| | 聚氨酯漆包圆铜线 | QA-1,QA-2 | 要求品质因数稳定的高频线圈、电视用线圈和仪表用微细线圈 |
| | 聚酯漆包扁铜线 | QZ-1,QZ-2 | 中小型电器和仪表用线圈 |
| | 改性聚酯亚胺漆包圆、扁铜线 | QZY-1,QZY-2,QZYHB | 高温电机、制冷电机绕组,干式变压器线圈、仪表用线圈 |
| | 耐冷冻漆包圆铜线 | QF | 空调设备和制冷设备电机的绕组 |
| 绕包线 | 纸包铜线(圆、扁) | Z,ZB | 油浸变压器线圈 |
| | 双玻璃丝包铜线(圆、扁) | SBEC,SBECB | 中、大型电机的绕组 |
| | 聚酰胺薄膜绕包线 | Y,YB | 高温电机和特种场合用电机的绕组 |
| 特种电磁线 | 换位导线 | QQLBH | 大型变压器线圈 |
| | 聚乙烯绝缘尼龙护套湿式潜水电机绕组线 | QYN,SYN | 潜水电机的绕组 |

常用通信电缆的用途

| 名称 | 型号 | 主要用途 |
| --- | --- | --- |
| 橡皮广播电缆 | SBPH | 用于无线广播、录音和留声机设备,固定安装或移动式电气设备的连接。使用温度:-50 ~ +50 ℃ |
| 橡皮软电缆 | YHR | |
| 橡皮安装电缆 | SBH,SBHP | |

续表

| 名称 | 型号 | 主要用途 |
| --- | --- | --- |
| 聚氯乙烯绝缘同轴射频电缆 | SYV | 用作固定式无线电装置。使用温度：-40 ~ +60 ℃ |
| 空气-聚乙烯绝缘同轴射频电缆 | SIV-7 | |
| 耐高温射频电缆 | SFB | 用作耐高温的无线电设备连接线，可传输高频信号。使用温度：-55 ~ +250 ℃ |
| 铠装强力射频电缆 | SJYYP | 适用于传输高频电能。使用温度：-40 ~ +60 ℃ |
| 双芯高频电缆 | SBVD | 适用于电视接收天线引线（馈线）。使用温度：-40 ~ +60 ℃ |
| 聚氯乙烯安装电缆 | AVV | 适用于野外线路及仪表的固定安装。使用温度：-40 ~ +60 ℃ |

**常用绝缘电线电缆的用途**

| 分类 | 名称 | 型号 | 主要用途 |
| --- | --- | --- | --- |
| 固定敷设电线 | 橡皮绝缘电线 | BXW，BLXW，BXY，BLXY | 适用于交流500 V以下的电气设备和照明装置的固定敷设。长期工作温度不超过65 ℃ |
| | 聚氯乙烯绝缘电线 | BV，BLV，BVR，BLVV，BV-105 | 适用于交流电压450 V/750 V及以下的动力装置的固定敷设 |
| 绝缘软电线 | 聚氯乙烯绝缘软电线 | RV，RVB（平行连接软线），RVS（双绞线），RWB，RV-105 | 适用于交流额定电压450 V/750 V及以下的家用电器、小型电动工具、仪器仪表及动力照明等装置。长期工作温度低于50 ℃，RV-105低于105 ℃ |
| | 橡皮绝缘编织软电线 | RXS，RX，RXH | 适用于交流额定电压300 V及以下的室内照明灯具、家用电器和工具等。长期工作温度不超过65 ℃ |
| | 橡皮绝缘平软型电线 | RXB | 适用于各种移动式的额定电压250 V及以下的电气设备、无线电设备及照明灯具等。长期工作温度不超过60 ℃ |
| 户外用聚氯乙烯绝缘电线 | 铜芯聚氯乙烯电线 | BVW | 适用于交流额定电压450 V/750 V以下的户外架空固定敷设电线。<br>长期允许工作温度为-20 ~ +70 ℃ |
| | 铝芯聚氯乙烯绝缘电线 | BLVW | |
| 铜芯聚氯乙烯绝缘安装电线 | 聚氯乙烯绝缘安装电线 | AV | 适用于交流电压250 V以下或直流电压500 V以下的弱电流仪表或电信设备电路的连接。使用温度为-60 ~ +70 ℃ |
| | 聚氯乙烯绝缘软电线 | AVR | |
| | 聚氯乙烯屏蔽绝缘安装软线 | AVRP | |
| | 纤维聚氯乙烯绝缘安装线 | ASTV，ASTVR，ASTVRP | 适用于电气设备、仪表内部及仪表之间的固定安装用线。使用温度为-40 ~ +60 ℃ |
| 专用绝缘电线 | 绝缘低压电线 | QVR，QFR | 适用于汽车、拖拉机中电器、仪表连接及低压电线 |
| | 绝缘高压电线 | QGV，QGXV，QGVY | 适用于汽车、拖拉机等发动机、高压点火器的连接线 |
| | 航空导线与特殊安装线 | FVL，FVLP，FVN，FVNP | 适用于飞机上的低压线的安装 |
| 电力电缆 | 油浸纸绝缘电缆 | ZLL，ZL，ZLQ，ZLLF，ZLQQ，ZLDF，ZLCY | 1 ~ 35 kV级，用于在电网中传输电能 |
| | 塑料绝缘电缆 | VLV，VV，YLV | 110 kV级，防腐性能好 |
| | | YJLV | 6 ~ 220 kV级 |
| | 橡皮绝缘电缆 | | 0.5 ~ 35 kV级，用作发电厂、变电站等的连接线 |
| | 气体绝缘电缆新型电缆（低湿超导） | | 用于220 ~ 500 kV级电网中 |

## 三、绝缘导线的加工

视频

绝缘导线的加工

### 1. 选材

根据工艺文件的要求，选取型号、尺寸、颜色等完全符合条件的导线，并进行标号。

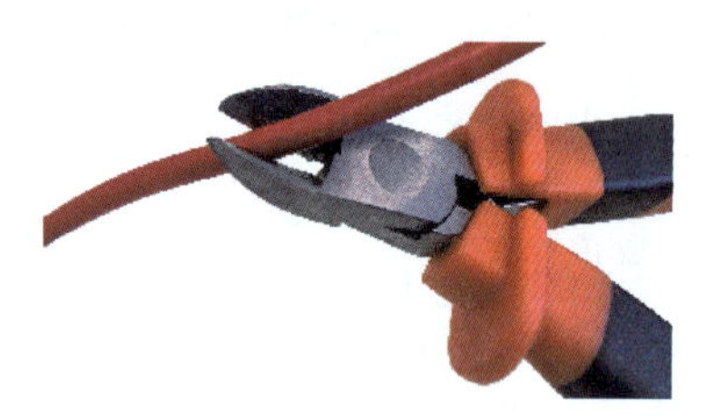

### 2. 剪裁

导线的剪裁加工应遵循先长后短的顺序，即先剪长导线，后剪短导线，这样可以节约线材。手工剪裁导线时要拉直后再剪，一般应用剪刀、钢丝钳、斜口钳等钳口工具按照工艺文件的导线加工表的要求进行剪裁。大批量生产用导线应用自动剪切机剪裁。

### 3. 剥头

剥头是将导线的两端去掉一段绝缘层面而露出芯线的过程。其目的是使导线首、尾端能够上锡，以便同接点连接，并使接点处具有良好的导电性能。剥头时不应该损坏芯线(断股)。剥头长度应符合工艺文件对导线的加工要求，其常见尺寸有2 mm、5 mm、8 mm、10 mm 等，实际尺寸视具体工艺要求而定。

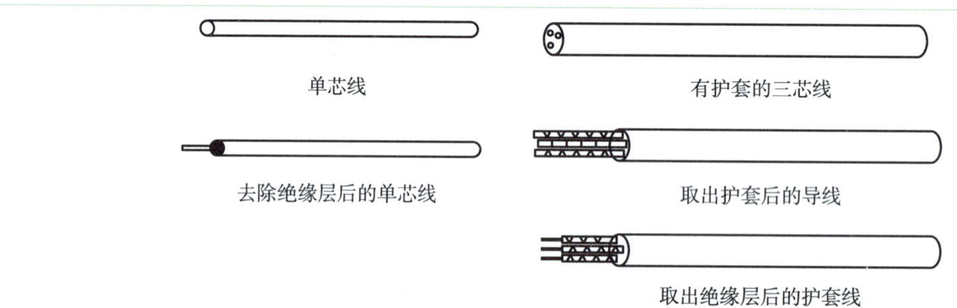


1)剥头的一般原则

(1)导线和电缆外表有多层绝缘和护套。剥线时应由外向内剥去。剥线的长度也应按照最外层剥去长度最长，内层要短一些的层次进行，最内层的长度最短。

(2)使用和调节所有剥头工具时，要注意不使刀具刃口切割到导线芯线。

(3)剥头时不要损伤芯线表面的镀层，以保持可焊性和连接的可靠性。

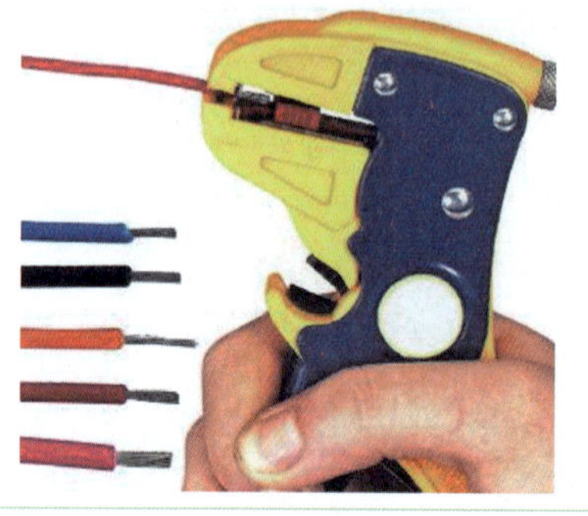

2)剥头方法

(1)刃剪法。常用的工具有自动剥线钳、剪刀和钢丝钳等。使用剥线钳比较方便，其具体操作步骤如下：

①左手握着待剥导线，右手握着钳柄。

②按照规定长度把导线插入钳内相应的刃口内。

③右手用力压紧剥线钳，刀刃切入绝缘层。

④右手松开剥线钳，夹爪夹着导线，绝缘层脱离。

⑤拉出剥下的绝缘层。

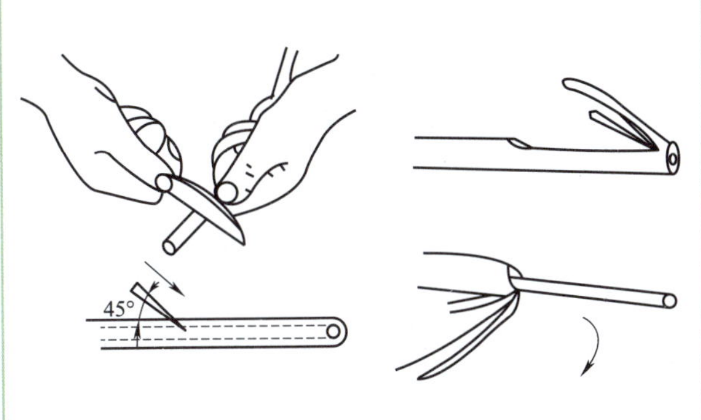


对于规格较大的导线,也可以用电工刀剖削绝缘层。

从左图中可以看到,在导线规定的长度处,首先用刃口以45°倾斜角切入导线绝缘层;然后使刀面与线芯保持15°左右的角度,再用力向外削出一条缺口,将绝缘层剥离线芯。最后将导线反方向扳转,用电工刀将导线切口的绝缘层切齐即可。

(2)热剪法。利用通电热阻丝(如电烙铁的热量)加热导线,待四周绝缘层熔断后即可剥去绝缘层。该方法操作简单,不损伤芯线。但由于绝缘材料受热会产生有毒气体,所以应在通风条件下操作。

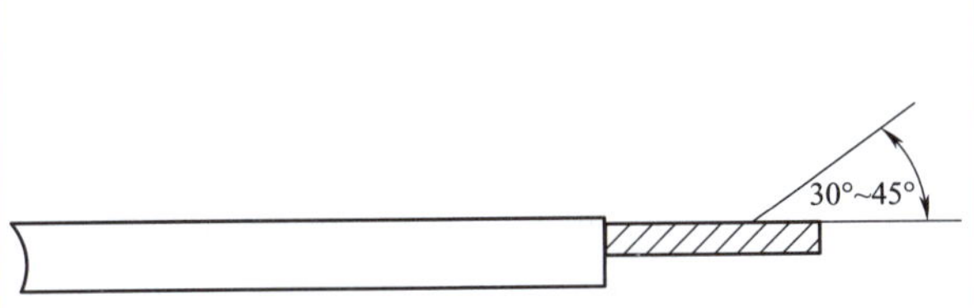


### 4. 捻头

捻头是针对多股导线而言的,这是因为剥去绝缘层后多股导线的芯线容易松开,如不经处理就上锡加工,线头直径会变大,影响装接使用。捻头时,应按芯线原来的合股方向扭紧。捻头的角度一般为30°~45°。

### 5. 清洁

普通导线的端头在浸锡前应进行清洁处理,以便去除芯线表面的氧化层。对较粗的单股芯线可采用刮、砂的方法;对较细的多股芯线应采用化学方法处理,如选用酒精擦洗。

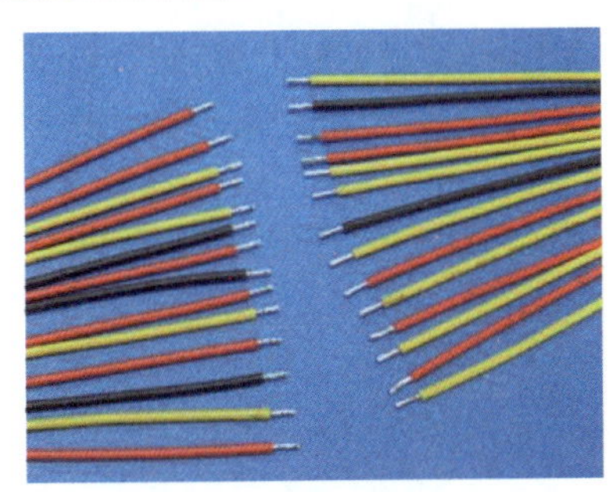

### 6. 浸锡

导线经过剥头、捻头和清洁工序后,应及时浸锡,以防氧化。浸锡后,线芯表面光洁、均匀,不允许有毛刺;绝缘层不能起泡、烫焦或破裂等。

## 四、屏蔽电缆线的加工

屏蔽电缆线是指单股或多股绝缘导线外层套上一层由铜或铝制作的金属屏蔽层后的导线,它可以抑制外界环境的电磁场干扰。在电子产品装配中,常用屏蔽电缆线连接单元电路间的信号。

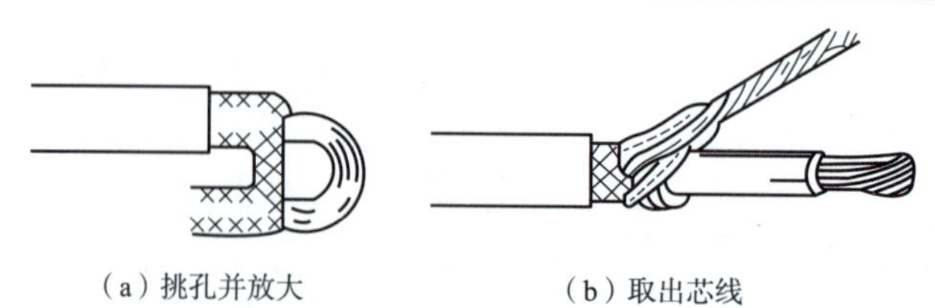

（a）挑孔并放大　（b）取出芯线

### 1. 屏蔽电缆线的抽头工艺

屏蔽电缆线的加工除包含一般导线的加工工艺外，还需要将金属屏蔽层与线芯分开，俗称屏蔽层的抽头。

抽头时，应先剥离金属屏蔽层。注意剥离的长度不宜过长，否则会影响屏蔽效果。剥离的长度应根据工作电压而定，如 600 V 以下电压时的抽头长度取 10～20 mm。工作电压越高，抽头长度越长。抽头的具体操作工艺如下：

（1）将金属屏蔽层的铜网放松，用划针在铜网适当距离处挑出一个小孔，并用镊子把小孔扩大。

（2）弯曲金属屏蔽层，从孔中取出芯线。

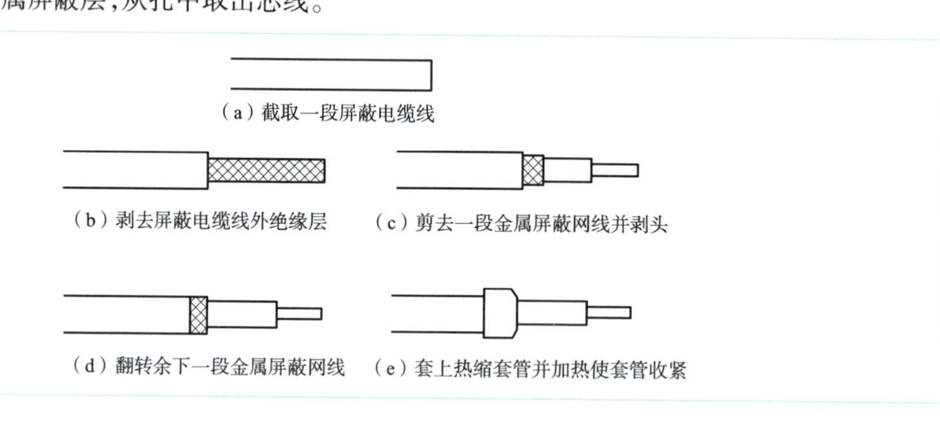

（a）截取一段屏蔽电缆线

（b）剥去屏蔽电缆线外绝缘层　（c）剪去一段金属屏蔽网线并剥头

（d）翻转余下一段金属屏蔽网线　（e）套上热缩套管并加热使套管收紧

### 2. 屏蔽电缆线的端头加工

屏蔽电缆线的端头加工方法分为不接地线端头加工和接地线端头加工两种。

（1）屏蔽电缆线不接地线端头加工。首先按照工艺要求截取一段屏蔽电缆线；其次用刃剪法或热剪法剥去屏蔽电缆线外绝缘层；第三，剪去一段金属屏蔽网线并剥头；第四，翻转余下一段金属屏蔽网线；第五，套上热缩套管并加热使套管收紧。

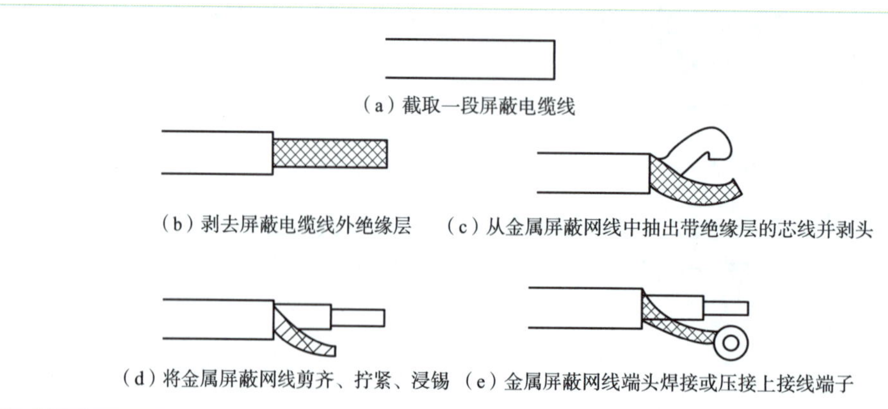

（a）截取一段屏蔽电缆线

（b）剥去屏蔽电缆线外绝缘层　（c）从金属屏蔽网线中抽出带绝缘层的芯线并剥头

（d）将金属屏蔽网线剪齐、拧紧、浸锡　（e）金属屏蔽网线端头焊接或压接上接线端子

(2)屏蔽电缆线接地线端头加工。首先按照工艺要求截取一段屏蔽电缆线;其次用刃剪法或热剪法剥去屏蔽电缆线外绝缘层;第三,从金属屏蔽网线中抽出带绝缘层的芯线并剥头;第四,将金属屏蔽网线剪齐、拧紧、浸锡;第五,在金属屏蔽网线端头焊接或压接上接线端子。

## 五、线扎的制作

一件电子产品,尤其是大、中型产品,电路连接所用的导线既多又复杂,如果不加以整理,就会显得十分混乱,并且势必影响整机的空间美观,给检测、维修带来麻烦。为解决这个问题,常常用线绳或线扎搭扣把各种导线扎制成各种不同形状的线扎。

### 1. 线束绑扎

绑扎线束的线绳有棉线、亚麻线、尼龙线等。绑扎前应先把它们放在温度不高的石蜡中浸一下,以增加绑扎的涩性,使线扣不易松脱。下图(a)所示是起始线扣的结扣方法,即先绕一圈,拉紧再绕第二圈,第二圈与第一圈靠紧;下图(b)所示为绕一圈后的结扣方法;下图(c)所示为绕两圈后的结扣方法;下图(d)所示为终端线扣的结扣方法,即先绕一个中间线扣,再绕一圈固定扣。

(a) 起始线扣的结扣方法

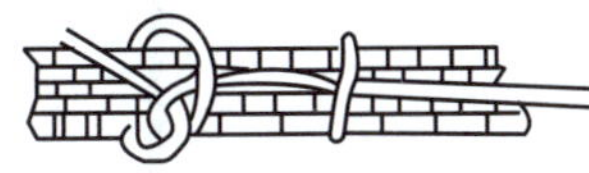

(b) 绕一圈后的结扣方法

(c) 绕两圈后的结扣方法

(d) 终端线扣的结扣方法

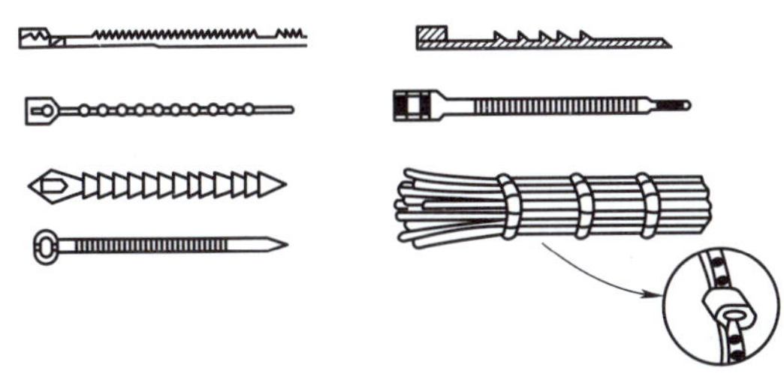

### 2. 线扣绑扎

线扣绑扎比较简单易行,但只能一次性使用。线扣有多种式样,其式样及绑扎示意图如左图所示。

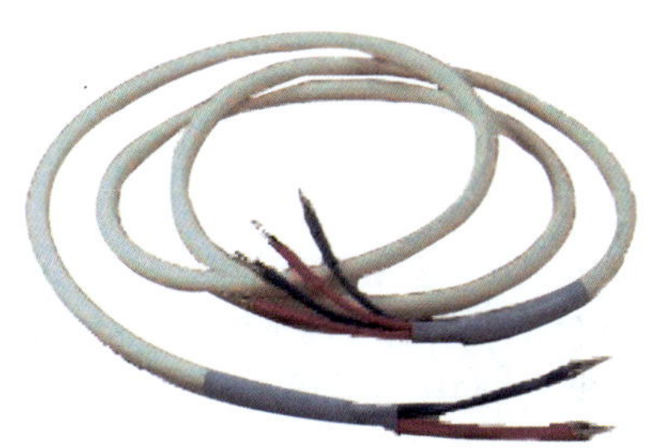

### 3. 装套管

套管可以不用绑扎而将数股导线约束成线扎。

常用的套管有热缩套管、可换套管和拉链套管三种。其中热缩套管的使用方法最简单,只要选择相应直径的热缩套管,按照工艺要求剪切成一定长度,将导线一一穿过套管,整理导线束后,加热即成为一定形式的线扎。

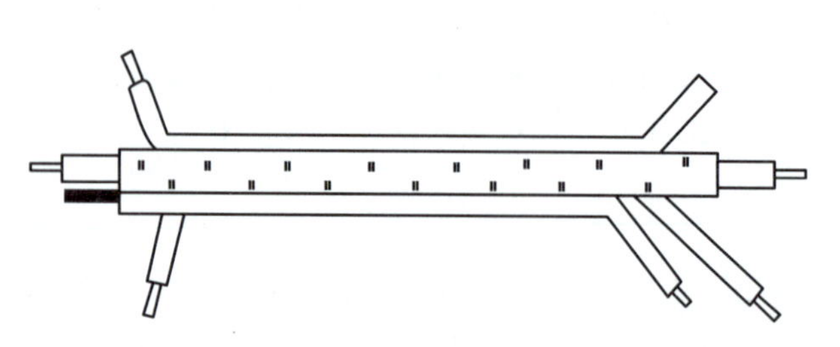

#### 4. 黏合剂黏合

导线很少时，可用黏合剂将导线黏合成线束。

常用的黏合剂是四氢呋喃。使用时用平头毛笔蘸少许涂在导线束表面上，2～3 min 后黏合剂便可凝固。

## 六、基于 Proteus 8 导线的仿真

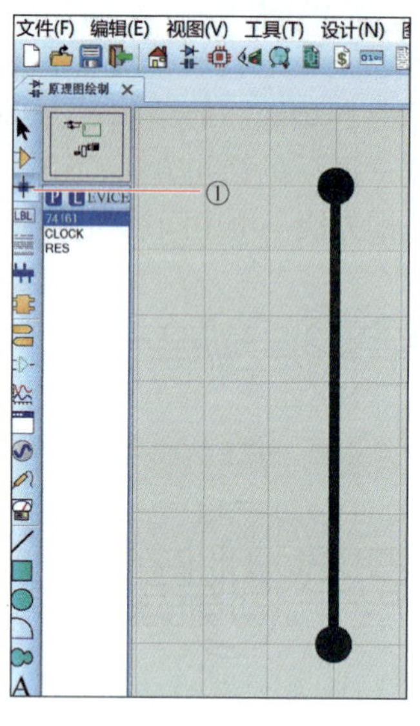


（1）打开 Proteus 8 仿真软件，选择①节点模式。

（2）画出仿真图。

（3）结果如左图所示。

## 任务实施

## 一、绝缘导线、屏蔽电缆线的端头加工

### 1. 所需器材

（1）工具：剥线钳、剪刀、电工刀、电烙铁、松香、焊锡、镊子等。

（2）器材：适量的多股普通绝缘导线、屏蔽电缆线。

### 2. 完成内容

1）绝缘导线的端头加工

（1）截取五段 100 mm 长的多股绝缘导线，如图 3-1（a）所示。

（2）用刃剪法分别剥去导线两端的绝缘层 5 mm 和 10 mm，如图 3-1（b）所示。

（3）按要求捻紧并拉直芯线，如图 3-1（c）所示。

（4）将捻紧的芯线放在松香表面，待电烙铁加热后蘸上焊锡，适当用力将烙铁头压在芯线表面，然后慢慢移动烙铁头，并转动导线，重复几次，使芯线表面均匀浸锡。绝缘导线的上锡示意图如图 3-2 所示（图中数字 1、2 表示操作顺序）。

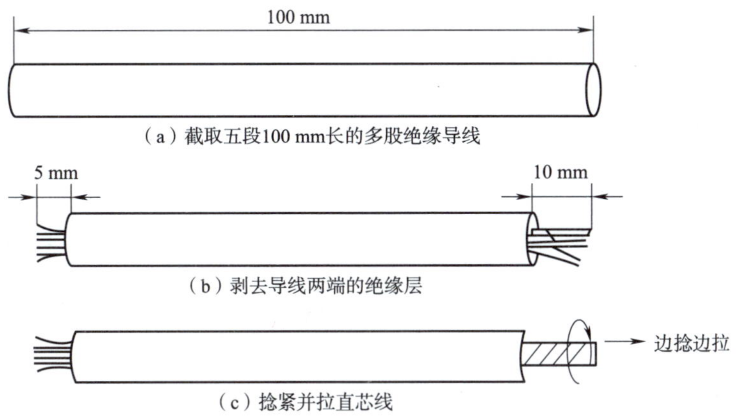


图 3-1　绝缘导线的端头加工示意图

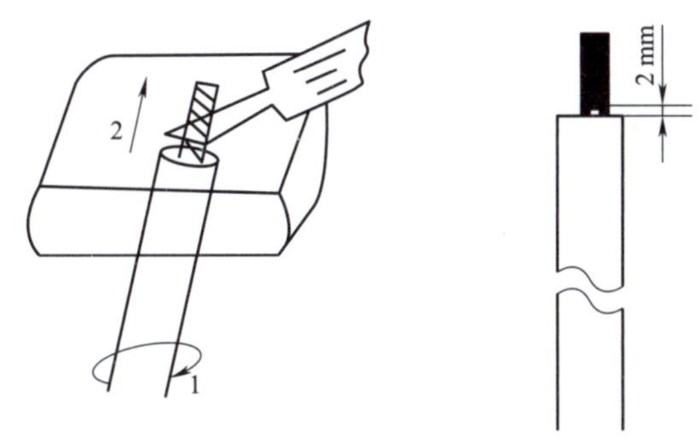


图 3-2　绝缘导线的上锡示意图

2）屏蔽电缆线的端头加工

（1）截取五段 150 mm 长的屏蔽电缆线，如图 3-3（a）所示。

（2）用刃剪法分别剥去导线两端的绝缘层 20 mm 和 30 mm，如图 3-3（b）所示。

（3）从金属编织套中抽出芯线，如图 3-3（c）所示。操作时可用镊子在编织层上拨开一个小孔，弯曲金属屏蔽层，从孔中取出芯线。

（4）对芯线端头分别剥头 10 mm 和 15 mm，如图 3-3（d）所示。若用刃剪法，应先形成横向切口，然后边拉边转动芯线绝缘层，最后即可捻紧并拉直芯线，如图 3-3（e）所示。

（5）将金属编织套捻紧成线状，并对捻紧的芯线、编织线浸锡。

## 二、线束绑扎

### 1. 所需器材

（1）工具：剪刀、镊子各一把。

（2）器材：绑扎线绳、焊片、导线、竹竿（筷子）适量。

### 2. 完成内容

1）模拟练习

先利用竹竿按照线束绑扎的方法练习起始线扣、中间线扣和终端线扣的系法。

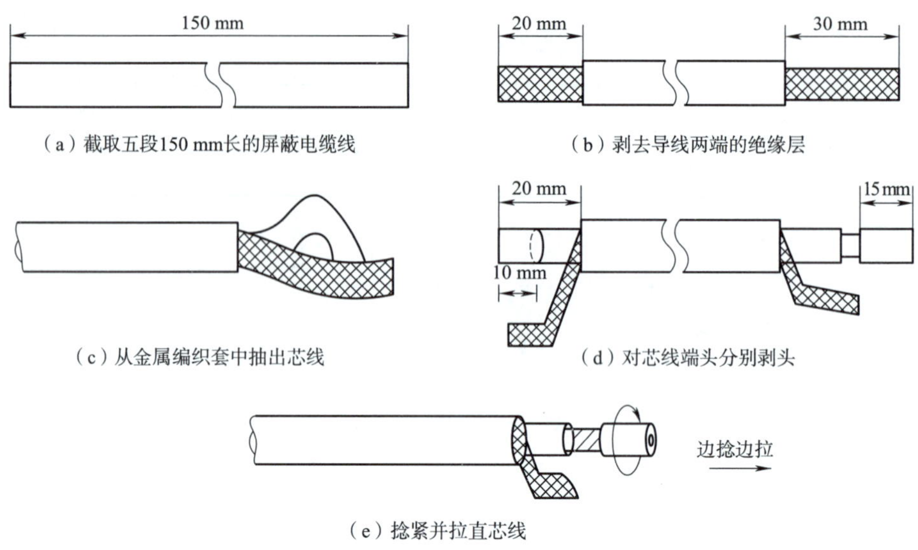


（a）截取五段150 mm长的屏蔽电缆线　（b）剥去导线两端的绝缘层

（c）从金属编织套中抽出芯线　（d）对芯线端头分别剥头

（e）捻紧并拉直芯线

图 3-3　屏蔽电缆线的端头加工示意图

2）实训操作

依据图 3-4 提供的线扎加工工艺图，先简单后复杂地进行线扎加工的练习。线扎细节处理示意图如图 3-5 所示。

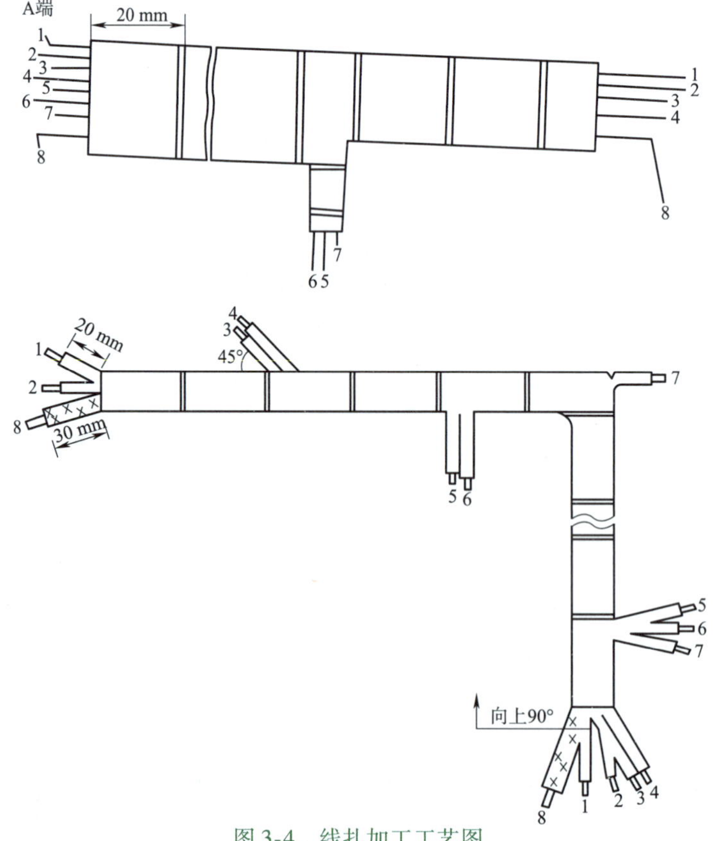


图 3-4　线扎加工工艺图

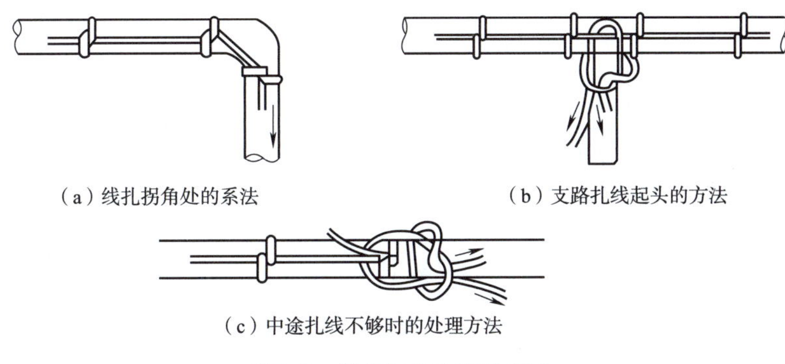


图 3-5 线扎细节处理示意图

## 任务评价

基于任务检测内容,进行任务评价,分学生自评和教师评估,将评价分值填入表 3-1 中。

表 3-1 任务评价

| 检测内容 | 分值 | 评分标准 | 学生自评 | 教师评估 |
|---|---|---|---|---|
| 工具使用 | 10 | 各种工具用途不明确,扣 4 ~ 10 分;各种工具使用方法不正确,扣 4 ~ 10 分 | | |
| 导线的剪裁 | 10 | 全长允许误差为 5% ~ 10%,出现负误差,每根扣 2 分 | | |
| 剥头 | 10 | 绝缘层破裂,每根扣 2 分;损伤芯线扣 3 分;线头超长扣 2 分 | | |
| 捻头 | 10 | 松散、断股,每根扣 3 分 | | |
| 上锡 | 15 | 浸锡不光滑,每头扣 1 分;烙铁损伤绝缘层,扣 3 分 | | |
| 线束绑扎 | 15 | 扎线松散,每处扣 2 分;不符合工艺要求,扣 3 分 | | |
| 安全操作 | 10 | 不按照规定操作,损坏仪器,扣 4 ~ 10 分 | | |
| 现场管理 | 10 | 结束后没有整理现场,扣 4 ~ 10 分 | | |
| 责任心、团队协作、解决问题能力 | 10 | 缺少责任心,缺乏团队协作、解决问题能力,而没有达到基本要求,每项扣 3 ~ 5 分 | | |
| 合计 | | | | |

# 任务二 绝缘材料的加工与应用

## 任务目标

### 1. 知识目标

掌握绝缘材料的分类、主要性能及用途。

### 2. 技能目标

掌握热缩套管的使用方法。

### 3. 素养目标

培养学生在工作过程中视品质为生命、以精确严谨为导向的工匠精神。

## 任务描述

绝缘材料是指具有高电阻率、能够隔离相邻导体或防止导体间发生接触的材料，又称电介质。它不仅具有较高的绝缘电阻和耐压强度，还具有良好的耐热性、导热性、防霉耐潮性、较高的机械强度及可加工性等特点。

绝缘材料常常与导线配合使用，主要用于导线的包扎、衬垫、护套等。

本任务利用电缆线、热缩套管、喷灯、剥线钳、尖嘴钳、电缆屏蔽线、PVC 胶带、金属内衬管、清洁剂、砂布，按照热缩套管的封装操作方法及标准要求完成热缩套管对电缆接头封合。

## 相关知识

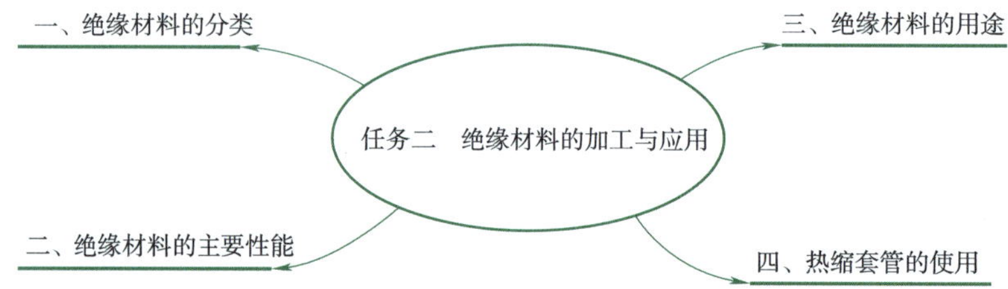


## 一、绝缘材料的分类

### 1. 按化学性质不同分

(1)有机绝缘材料。有机绝缘材料有树脂、棉纱、纸、麻、蚕丝、人造丝等，大多用来制造绝缘漆、绕组导线的被覆绝缘物等。其特点是密度小、易加工、柔软，但耐热性不高、化学稳定性差、容易老化。

(2)无机绝缘材料。无机绝缘材料有云母、石棉、陶瓷、玻璃、大理石、硫黄等，主要用作电机、电器的绕组绝缘、开关底板和绝缘子的制造材料等。其特点与有机绝缘材料相反。

(3)混合绝缘材料。混合绝缘材料是以上两种材料经加工后制成的各种成型绝缘材料，一般用作电器底座、外壳等。

### 2. 按物质形态分

(1)气体绝缘材料，如空气、氮气、氢气、六氟化硫等。

(2)液体绝缘材料，如电容油、变压器油、开关油、硅油等。

(3)固体绝缘材料，如电容器纸、聚苯乙烯、云母、陶瓷、玻璃等。

## 二、绝缘材料的主要性能

### 1. 绝缘电阻

绝缘材料的电阻率很高，但在一定的电压作用下，总会有极微弱的漏电流流过。绝缘电阻是其最基本的绝缘性能指标，可用兆欧表测定。

### 2. 耐压强度

绝缘材料在电场强度增大到某一极限值时，会使绝缘层击穿，从而失去绝缘性能。在电子产品中，绝缘材料必须满足耐压要求。

### 3. 机械强度

绝缘材料的机械强度一般是指抗张强度，即每平方厘米所能够承受的拉力。不同用途的绝缘材料对机械强度的要求不同。

### 4. 耐热等级

耐热等级是指绝缘材料允许的最高工作温度，以保证电工产品的使用寿命，避免使用时温度过高而加速绝缘材料的老化。

绝缘材料的耐热等级可分为7级，见下表。

**绝缘材料的耐热等级**

| 级别代码 | 最高温度/℃ | 主要材料 | 级别代码 | 最高温度/℃ | 主要材料 |
| --- | --- | --- | --- | --- | --- |
| Y | 90 | 棉丝、丝、纸 | F | 155 | 树脂黏合剂或浸渍的无机材料 |
| A | 105 | 棉丝、丝、纸经浸渍 | H | 180 | 有机硅、树脂、漆及无机材料 |
| E | 120 | 有机薄膜、有机磁漆 | C | >200 | 硅塑料、聚氯乙烯、云母、陶瓷等材料的组合 |
| B | 130 | 云母、玻璃纤维、石棉 | | | |

## 三、绝缘材料的用途

### 1. 介质材料

介质材料用作电容器的介质，要求介电常数大、损耗小。

### 2. 装置和结构材料

装置和结构材料用作开关、接线柱、线圈骨架、印制电路板及一些机械结构件，要求有较高的机械强度。对高频应用的材料还要求其介质损耗和介电常数小，以减少耗损和分布电容。

### 3. 浸渍、灌封材料

浸渍、灌封材料要求有良好的电性能及黏度小、化学稳定性高、吸水性小、阻燃性好、无毒等。

### 4. 涂覆材料

涂覆材料要求有良好的附着性。

常用绝缘材料的主要用途可参考下表。使用时应根据产品的电气性能和环境条件要求，合理选用绝缘材料。

**常用绝缘材料的主要用途**

| 名称 | 牌号 | 特性及用途 |
| --- | --- | --- |
| 电缆纸 | K-08，K-12，K-17 | 适用于35 kV的电力电缆、控制电缆、通信电缆及其他电缆绝缘纸 |
| 电容器纸 | DR-Ⅲ | 在电子设备中用于变压器的层间绝缘 |

续表

| 名称 | 牌号 | 特性及用途 |
| --- | --- | --- |
| 黄漆布与黄漆绸 | 2010(平放),2210 | 适用于一般电动机、电器的衬垫或线圈绝缘 |
| 黄漆管 | 2710 | 有一定的弹性,适用于电器仪表、无线电器件和其他电器装置的导线连接保护和绝缘 |
| 环氧玻璃漆布 | | 适用于包扎环氧树脂浇注的特种电器线圈 |
| 软聚氯乙烯 | | 用于电器绝缘及保护,颜色有灰、白、天蓝、紫、红、橙、棕、黄、绿等 |
| 聚四氟乙烯电容器薄膜、聚四氟乙烯电容器绝缘薄膜 | SMF-1<br>SMF-3 | 用于电容器及电气仪表中的绝缘,适用温度为 -60 ~ +25 ℃ |
| 酚醛层压纸板 | 3021,3023 | 3023 具有低的介质耗损,适用于无线电电信设备 |
| 酚醛层压布板 | 3025 | 有较高的机械性能和一定的介电性能,适用于在电气设备中作为绝缘结构零部件 |
| 环氧酚醛玻璃布板 | 3240 | 有较高的机械性能、介电性能和耐水性,适用于在潮湿环境下作为电气设备结构零部件 |

## 四、热缩套管的使用

绝缘材料有多种,都用于电器的绝缘保护,其使用方法简单。其中热缩套管应用较普遍。下面以导线接头的绝缘封合为例介绍热缩套管的使用方法。

第一步:选择大小适当的热缩套管如下图(a)所示。热缩套管的直径一般要比导线的直径大1.5~2.0倍,否则导线接头处会塞不进去,但也不要过大。

第二步:选取热缩套管的适合长度,不要太短,之后将导线穿进热缩套管中,如下图(b)所示。

第三步:线头接好后,可以用吹风机对着热缩套管吹热风,或是用打火机点火加热,直到热缩套管完全收缩。

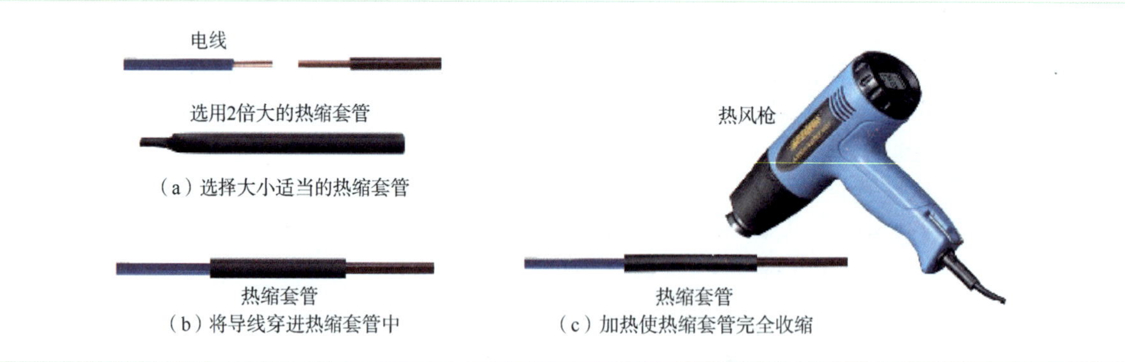


(a) 选择大小适当的热缩套管

(b) 将导线穿进热缩套管中

(c) 加热使热缩套管完全收缩

## 任务实施

### 电缆接头热缩套管封装训练

#### 1. 所需器材

(1)工具:喷灯、剥线钳、尖嘴钳各一个。

(2)器材:电缆线、热缩套管、电缆屏蔽线、PVC 胶带、金属内衬管、清洁剂、砂布适量。

### 2. 完成内容

(1)用剥线钳、尖嘴钳把两根电缆芯线连接在一起,之后在电缆接头处安装专用屏蔽线,示意图如图 3-6 所示。

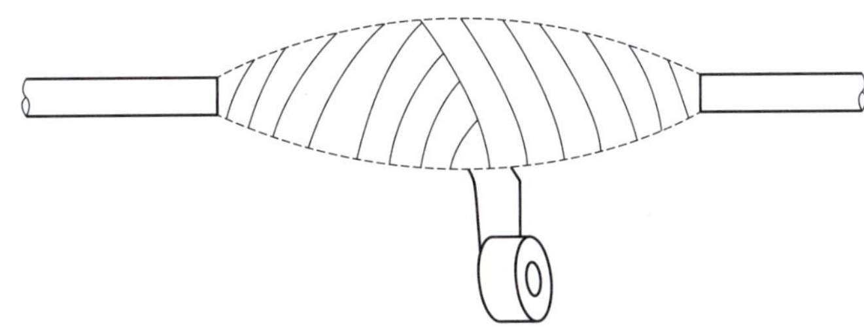

图 3-6 在电缆接头处安装专用屏蔽线的示意图

(2)在电缆接头处安装金属内衬管的示意图如图 3-7 所示。把纵剖面拼缝用铝箔条或用 PVC 胶带黏接固定。

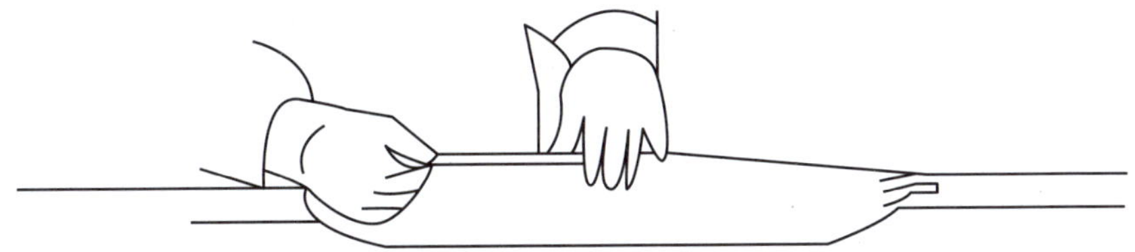

图 3-7 在电缆接头处安装金属内衬管的示意图

(3)用 PVC 胶带缠包内衬管两端的示意图如图 3-8 所示。

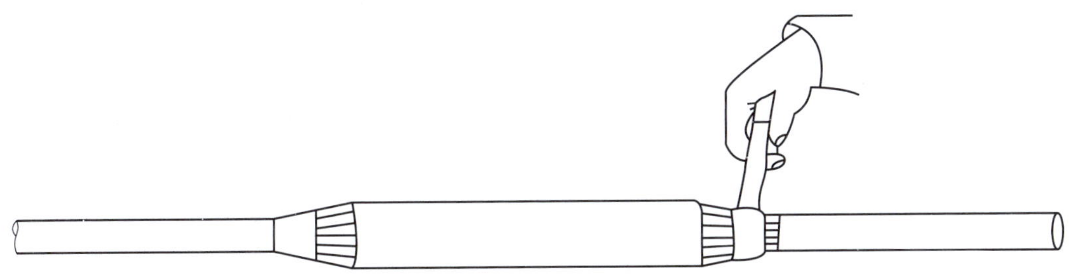

图 3-8 用 PVC 胶带缠包内衬管两端的示意图

(4)用清洁剂清洁内衬管两端电缆外护套的示意图如图 3-9 所示,清洁长度为 200 mm。

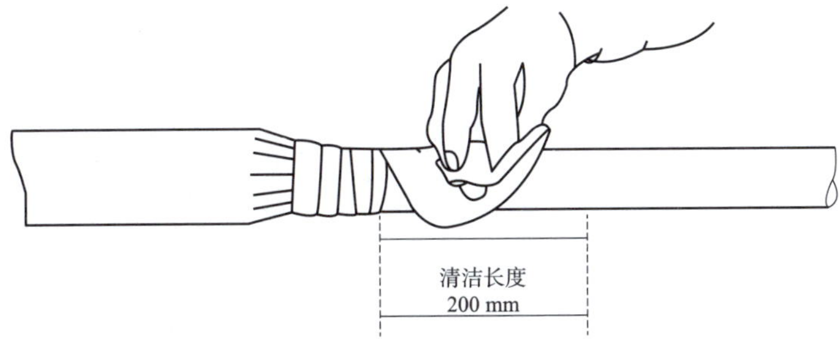


图 3-9 清洁内衬管两端电缆外护套的示意图

(5)用砂布条打磨电缆清洁部位的示意图如图 3-10 所示。

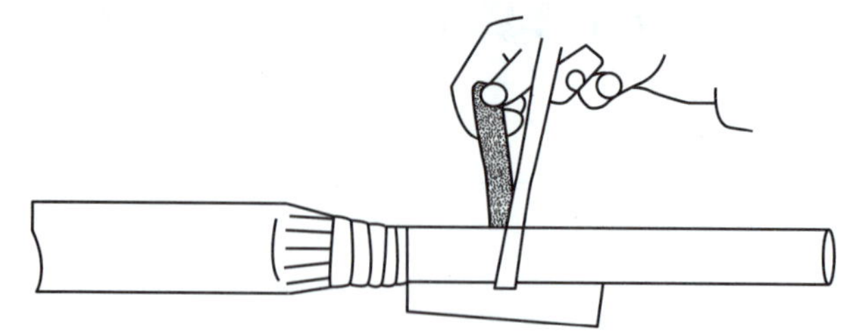

图 3-10　用砂布条打磨电缆清洁部位的示意图

(6)在热缩套管两侧向内侧 20 mm 处的电缆护套划上标记,把隔热铝箔贴缠在电缆所划的标记外部,如图 3-11 所示。

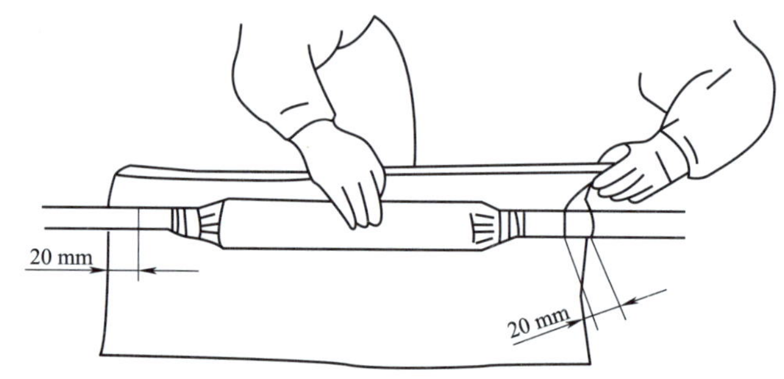


图 3-11　用隔热铝箔贴缠电缆的示意图

(7)将热缩套管居中装在接头上,如遇有分歧电缆时,应装上分歧夹。电缆套装热缩套管的示意图如图 3-12 所示。

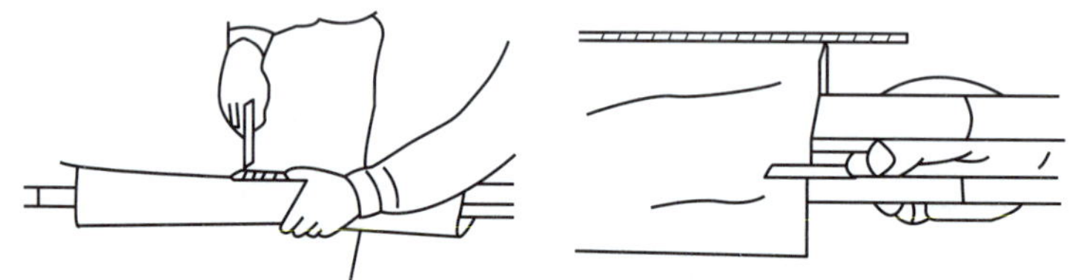

图 3-12　电缆套装热缩套管的示意图

(8)在分歧电缆一端,距热缩套管 150 mm 处用扎线永久绑扎固定后,方可进行加温烘烤。绑扎分歧电缆的示意图如图 3-13 所示。

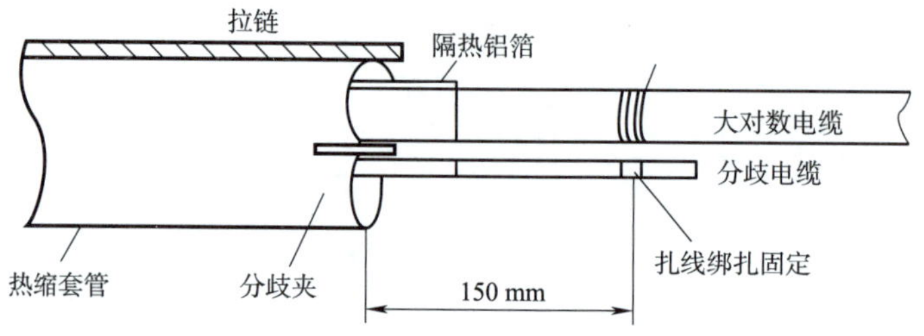


图 3-13　绑扎分歧电缆的示意图

(9)首先用喷灯对热缩套管拉链(夹条)两侧进行加热,使热缩套管拉链两侧先收缩;然后从热缩套管中下方加热,如图3-14所示。

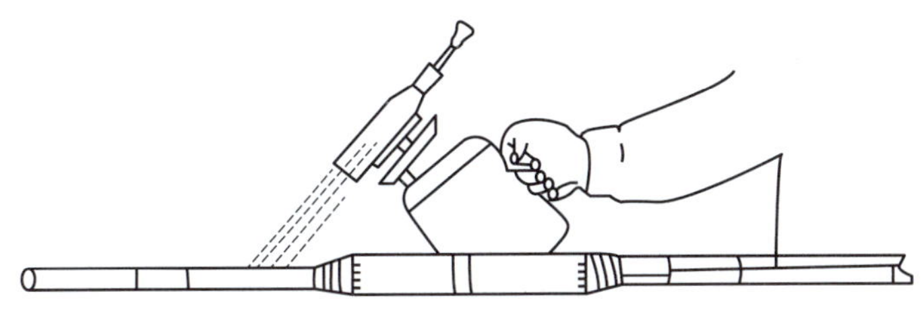

图3-14 喷灯加热热缩套管的示意图1

(10)待热缩套管下方加温收缩后,先用喷灯向两端(先从任一端)圆周移动加热,温度指示漆均应变色,直至完全收缩;再把喷灯移到另一端,仍然是圆周移动加热,直至整个热缩套管收缩成型为止,如图3-15所示。

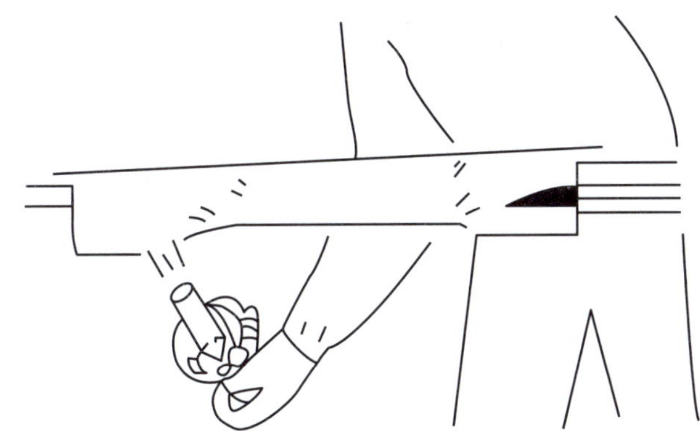

图3-15 喷灯加热热缩套管的示意图2

(11)待整个热缩套管加热成型后,先对整个拉链两侧均匀加热约1 min;然后用锤子柄轻轻敲打热缩套管两端弯头处的拉链,使热缩套管拉链与内衬管紧密黏合,如图3-16所示。

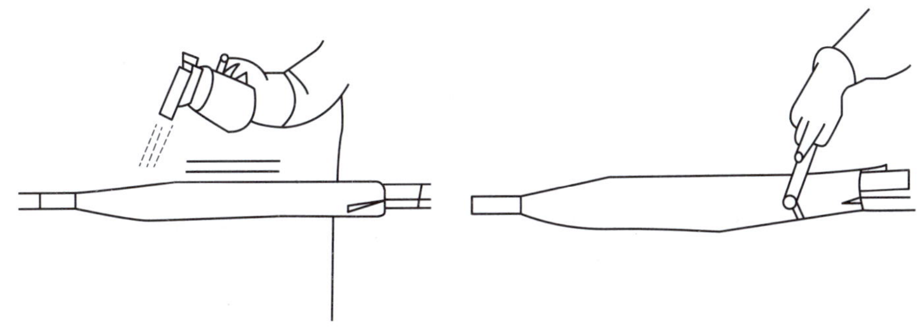

图3-16 喷灯加热热缩套管的示意图3

## 任务评价

基于任务实施内容,进行任务评价,分学生自评和教师评估,将评价分值填入表3-2中。

表 3-2 任务评价

| 检测内容 | 分值 | 评分标准 | 学生自评 | 教师评估 |
|---|---|---|---|---|
| 工具使用 | 10 | 各种工具用途不明确,扣 4 ~ 10 分;各种工具使用方法不正确,扣 4 ~ 10 分 | | |
| 材料剪切 | 10 | 全长允许误差为 5% ~10% ,出现负误差,每项扣 2 分 | | |
| 热缩套管的套装 | 10 | 不符合工艺要求,每处扣 2 分 | | |
| 喷灯的使用 | 20 | 喷灯使用不熟练扣 10 分;对热缩套管加热不符合工艺要求,每处扣 4 分 | | |
| 热缩套管封装成型 | 20 | 封装的热缩套管不平整,每处扣 1 ~ 2 分;有烧焦现象,每处扣 3 ~ 5 分 | | |
| 安全操作 | 10 | 不按照规定操作,损坏仪器,扣 4 ~ 10 分 | | |
| 现场管理 | 10 | 结束后没有整理现场,扣 4 ~ 10 分 | | |
| 实操严谨、精确度 | 10 | 操作过程中有不规范使用工具、选取材料精确度等,酌情扣 4 ~ 10 分 | | |
| 合计 | | | | |

# 任务三 其他材料的选择与应用

## 任务目标

### 1. 知识目标

了解小五金杂件的分类与用途。

### 2. 技能目标

拆卸、组装小五金杂件。

### 3. 素养目标

结合螺钉、螺母的使用,培养学生的人生追求:只有合适的,才是最好的。

## 任务描述

电子产品整机装配过程中常用的材料除了前述的线材、绝缘材料外,还有紧固件、小五金杂件和磁性材料等。

本任务利用废旧稳压电源(或具有垫片、散热片等的其他大功率电器)、螺丝刀、香蕉水、Q98-1 胶水、小瓷盘、玻璃棒、电烙铁等,完成紧固件、垫圈、散热片、压片等小五金杂件的拆装。

## 相关知识

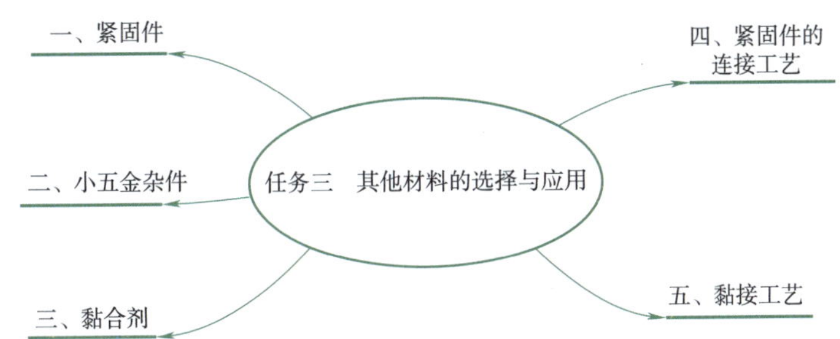


### 一、紧固件

#### 1. 螺钉

螺钉的种类很多，目前广泛使用的是十字槽平圆头螺钉和自攻螺钉，如左图所示。

#### 2. 垫圈

常用垫圈的外形和名称如下图所示。

（a）圆垫圈

（b）弹簧垫圈

（c）止动垫圈

#### 3. 铆钉、销钉

常用铆钉、销钉的形状和名称如下图所示。

（a）空心铆钉

（b）平圆头铆钉

（c）灯头铆钉

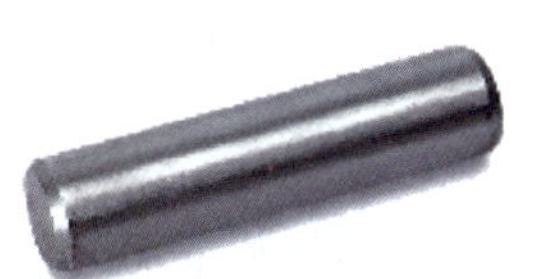
（d）圆柱销钉

### 二、小五金杂件

#### 1. 散热器

为使功率消耗较大的元器件所产生的热量尽快释放出去，降低元器件的温度，常常在元器件上固定金属翼片，称为散热器。目前，散热器常用散热较好的铝铜等金属制造而成。常见的散热器如左图所示。

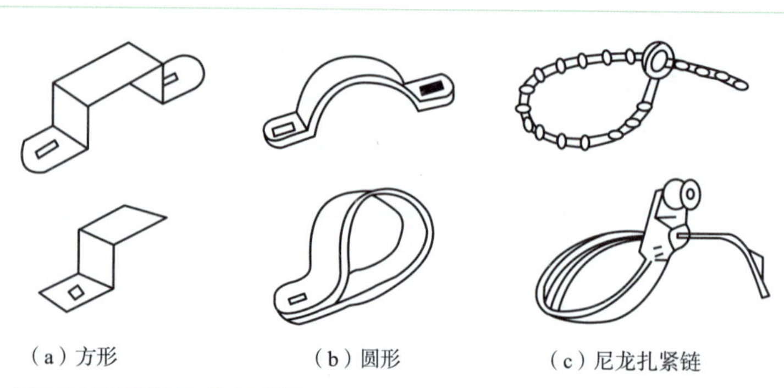

（a）方形　（b）圆形　（c）尼龙扎紧链

### 2. 压片和卡子

压片和卡子主要用来把线束、电缆和零部件固定在整机的机壳、底板等处，防止在振动时脱落，并使导线布局整齐美观。常用的压片和卡子如左图所示。

用塑料制成的尼龙扎紧链常用在电子设备中捆扎线束。

## 三、黏合剂

黏合剂又称胶，用于同类或不同类材料的胶接。常用黏合剂的特性和应用见下表。

**常用黏合剂的特性和应用**

| 牌号名称 | 组分 | 固化条件 | 应用 |
|---|---|---|---|
| 101 胶水 | 甲、乙双组分 | 室温时为 5 ~ 6 h，100 ℃时为 1.5 ~ 2 h，130 ℃时为 30 min | 纸张、皮面、木材、一般材料、金属的胶合 |
| XY-401 橡胶 | 单组分立体胶：丁（烷）基酚甲醛树脂 | 室温时为 24 h，80 ~ 90 ℃时为 2 h | 橡胶之间，橡胶与金属、玻璃、木材的胶合 |
| 501、502 瞬干胶 | 单组分 | 室温下仅为几秒至几分钟 | 金属、陶瓷、玻璃、塑料（除聚乙烯、聚四氟乙烯外），橡胶本身及相互间的胶合 |
| Q98-1 硝基胶 | 单组分 | 常温时为 24 h | 织物、木材、纸的胶合；镀层补涂覆 |
| G98-1 过氯乙烯胶 | 单组分，过氯乙烯树脂 | 常温时为 24 h | 聚氯乙烯自身及其与金属、织物之间的胶合 |
| 白胶水 | 单组分，聚乙酸乙烯树脂 | 常温时为 24 h | 织物、木材、纸、皮革自身或相互间的胶合 |
| X98-1 缩醛胶 | 单组分 | 60 ℃时为 8 h，80 ~ 100 ℃时为 2 ~ 4 h | 金属、陶瓷、玻璃、塑料（除聚氯乙烯、聚乙烯外）自身及相互间的胶合 |
| 压敏胶 | 单组分，氯丁橡胶 | 室温时无固化期 | 轻质金属、纸、塑料薄膜、标牌的胶合 |
| 204 耐高温胶 | 单组分，酚醛-缩醛-有机硅 | 180 ℃时为 2 h | 各种金属、玻璃钢、耐热酚醛板自身及相互间的胶合 |
| 环氧胶 | 多组分，环氧树脂为基体 | 不同固化剂的不同比例有不同固化条件 | 柔韧型用于橡胶与塑料；刚性型多作为结构胶使用，用于金属、玻璃、陶瓷、胶木的胶合 |

## 四、紧固件的连接工艺

在电子产品整机装配中，部件的连接、部件的组装、部分元器件的固定及锁紧、定位等常常用到金属标准零件，如螺钉、垫圈、铆钉及销钉等。

### 1. 连接工艺

用螺钉、螺母及垫圈将各种元器件和零件、部件、整件之间紧固地安装在整机各个位置上的过程称为螺钉连接安装工艺。螺钉连接要紧固，安装要按工艺顺序进行，被安装件的形状方向或电子元器件的标称值方向应符合图样的规定。当安装部位全是金属件时，应使用钢垫圈；用两个螺钉安装元器件时，应将安装件摆正位置后再对两个螺钉进行均匀紧固，绝对不能把其中一个拧紧后再安装另一个；用四个螺钉安装元器件时，可先按对角线的顺序分别半紧固，再均匀拧紧。

### 2. 防止连接松动的措施

(1)利用两个螺母互锁,常在机箱接线板上使用。

(2)用弹簧垫圈防止螺钉松动,常用于紧固部位为金属的元器件。

(3)靠加弹簧垫圈止动,同时在螺孔内涂紧固漆。

(4)靠橡皮垫圈起止动作用。

(5)靠加工开口的销钉止动,多用于有特殊要求器件的大螺母上。

## 五、黏接工艺

用黏合剂将零件、材料或元器件黏连在一起的过程称为黏接。黏接的简单工艺过程为:黏合剂的合理选用→黏接表面的清理→调胶→涂胶→黏合→固化(加温或加压)。

工艺过程中每道工序、每项工作的质量都直接影响黏接质量,特别是黏合剂的合理选用,往往需要经过多次试验才能确定。黏接前对黏接物品的表面要进行认真清理,而且经过清理的表面还必须在规定的时间内进行黏接。不同种类、型号黏合剂的调胶、涂胶、黏合、固化,各有不同的规定和要求,黏接时应严格按照黏接工艺规定进行。

## 任务实施

### 紧固件和小五金杂件的应用

#### 1. 所需器材

(1)工具:螺丝刀、小瓷盘、玻璃棒、电烙铁各一个(套)。

(2)器材:废旧稳压电源(或具有垫片、散热片等的大功率电器)、香蕉水、X98-1 缩醛胶水各一件(块)。

#### 2. 完成内容

(1)按照工艺要求,选择合适的螺丝刀把稳压电源外壳打开。拆卸螺钉时,先按对角线的顺序分别半松螺钉,再均匀卸掉。

(2)卸掉外壳后仔细寻找并观察电路主板上的散热片、压片或卡子(线夹)等;再用螺丝刀和电烙铁把电源开关管等与散热片拆离。

(3)首先清洁卸下的螺钉、螺母,然后按照连接工艺,重新把电源开关管等固定到散热片上。

(4)为了防止螺钉的松动,应把香蕉水与黏合剂(X98-1 缩醛胶)按 1:9的比例在瓷盘内搅拌均匀后,在螺钉或螺母的下端滴入 1 ~2 滴。

(5)把电路板恢复原状,按照连接工艺重新把稳压电源外壳装配紧固。

## 任务评价

基于任务实施内容,进行任务评价,分学生自评和教师评估,将评价分值填入表 3-3 中。

表 3-3 任务评价

| 检测内容 | 分值 | 评分标准 | 学生自评 | 教师评估 |
|---|---|---|---|---|
| 工具使用 | 10 | 各种工具用途不明确,扣 4 ~ 10 分;各种工具使用方法不正确,扣 4 ~10 分 | | |

续表

| 检测内容 | 分值 | 评分标准 | 学生自评 | 教师评估 |
| --- | --- | --- | --- | --- |
| 拆卸稳压电源外壳 | 10 | 不符合工艺要求,扣 4 ~ 10 分 | | |
| 寻找观察散热片、压片等 | 15 | 每少找到一个,扣 3 分 | | |
| 元器件与散热片的拆离和固定 | 15 | 少拆离一个或少固定一个,扣 2 分;拆离或固定时不符合工艺要求,每处扣 2 分 | | |
| 调制和使用黏合剂 | 10 | 不符合工艺要求,扣 4 ~ 10 分 | | |
| 固定稳压电源外壳 | 10 | 不符合工艺要求,扣 4 ~ 10 分 | | |
| 安全操作 | 10 | 不按照规定操作,损坏仪器,扣 4 ~ 10 分 | | |
| 现场管理 | 10 | 结束后没有整理现场,扣 4 ~ 10 分 | | |
| 选取材料的精准度 | 10 | 根据选取材料的精准度,有不合适的,酌情扣 3 ~ 10 分 | | |
| 合计 | | | | |

## 思考与练习

(1)电子产品装配中,常用线材有哪些?其作用如何?

(2)简述导线的加工工序。

(3)什么是绝缘材料?分为哪几类?其主要性能指标有哪些?

(4)紧固件的连接有何工艺要求?

(5)举例说明黏合剂的用途。

## 学习笔记

# 项目四
# 印制电路板的设计与制作

印制电路板又称印刷电路板、印刷线路板，简称印制板，英文简称为PCB(printed circuit board)或PWB(printed wiring board)。印制电路板由绝缘底板、连接导线、焊盘三部分组成，具有导电线路和绝缘底板的双重作用，是电子设备中极其重要的组装部件。采用印制电路板的优点很多：它可以实现电路中各个元器件的电气连接，代替复杂的布线，减少了传统方式下的接线工作量，简化了电子产品的装配、焊接、调试工作；缩小了整机体积，降低了产品成本，提高了电子设备的质量和可靠性；具有良好的产品一致性，可以采用标准化设计，有利于在生产过程中实现机械化和自动化；将整块经过装配调试的印制电路板作为一个备件，便于整机产品的互换和维修。所以，印制电路板已经广泛应用于收音机、录音机、电视机、通信设备、计算机、仪器仪表等各种电子产品的生产制造中。

## 任务一　印制电路板的设计

### 任务目标

1. 知识目标

(1)阐述印制电路板的作用、种类及特点；

(2)归纳印制电路板的设计过程和制作过程；

(3)撰写手工制作印制电路板的过程。

2. 技能目标

(1)完成印制电路板的设计与绘制；

(2)拟定印制电路板的设计步骤和设计要求；

(3)灵活运用手工设计简单印制电路板电路的技术；

(4)模仿贴片元器件的印制电路板设计。

3. 素养目标

(1)树立工作责任心，养成精益求精的工匠精神；

(2)加强团队协作，树立持之以恒的信心。

### 任务描述

印制电路板的设计是根据设计人员的意图，将电路原理图转换成印制电路板图的过程。它包括选择印制电路板材质、确定整机结构；考虑电气、机械、元器件的安装方式、位置和尺寸；决定印制导线的宽度、间距和焊盘的直径、孔径；设计印制插头或连接器的结构；根据电路要求设计布线草图；准备印制电路板生产必需的全部资料和数据。

印制电路板的设计通常有两种方式：一种是人工设计，另一种是计算机辅助设计。无论采取哪种方式，都必须符合原理图的电气连接和产品电气性能、机械性能方面的要求，并要考虑印制电路板加工工艺和电子装配工艺的基本要求。

基于铅笔、橡皮、三角板、坐标纸、简易的稳压电源电路图一份和相应的电阻器、电容器、二极管、三极管等，完成以下任务。

（1）根据稳压电源电路图，选定印制电路板的材料、厚度和板面尺寸。

（2）测量、估算电子元器件的尺寸。

（3）由原理图绘制印制电路板图。

## 相关知识

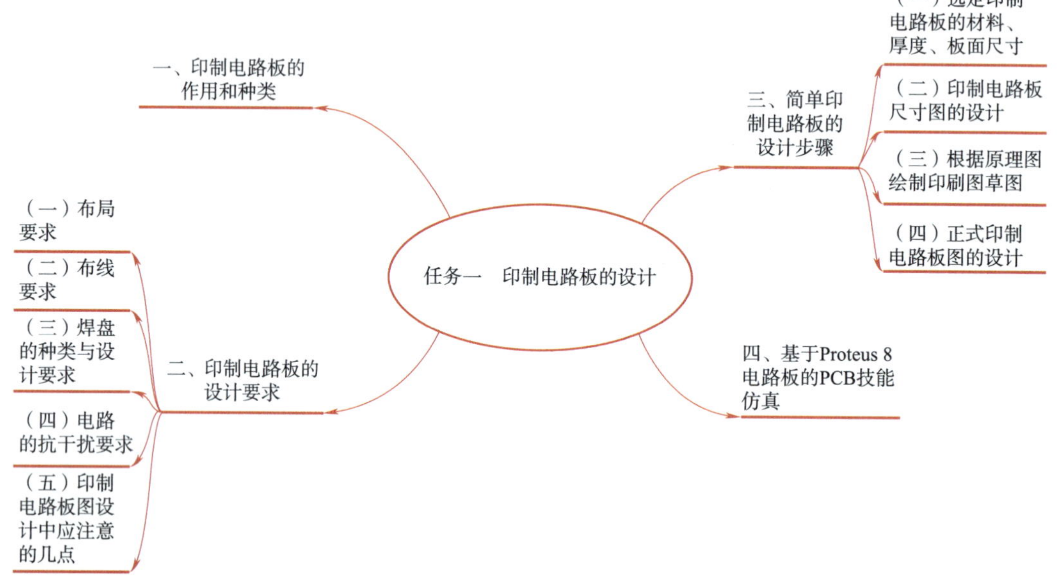


## 一、印制电路板的作用和种类

印制电路板以绝缘底板为基材，切成一定尺寸，其上至少附有一个导电图形，并布有孔（如元器件孔、紧固孔、金属化孔等），用来代替以往装置电子元器件的底盘，并实现电子元器件之间的相互连接。由于这种板是采用电子印刷术制作的，故被称为印刷电路板。习惯称印制电路板为印制电路是不确切的，因为在印制电路板上并没有印制元件，而仅有布线。印制电路板是重要的电子部件，是电子元器件的支撑体。

### 1. 印制电路板的作用

（1）提供各种电子元器件的固定、装配的机械支撑。

（2）实现各种电子元器件之间的电气连接。

（3）提供阻焊图形和丝印图形。

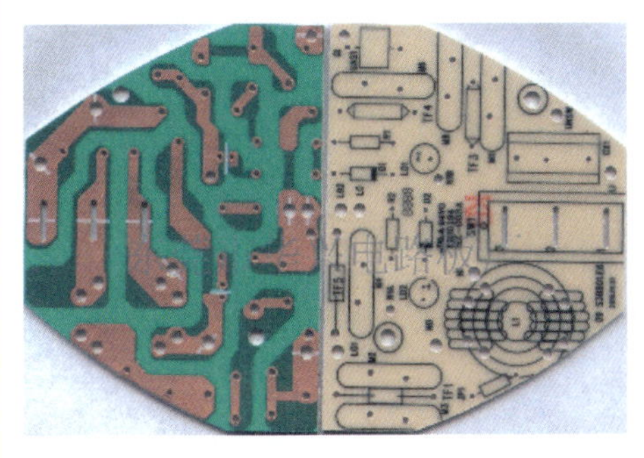

## 2. 印制电路板的种类

1)单面印制电路板

在印制电路板上,若元器件集中在其中的一面,印制导线集中在另一面,则这种印制电路板叫作单面印制电路板。因为单面印制电路板在设计线路时有许多严格的限制(因为只有一面,布线不能交叉而必须绕行自己单独的路径),所以它适合一些要求不高或简单的制作电路。

2)双面印制电路板

若绝缘底板两面均敷有铜箔,则可在底板的两面制成印制电路。也就是说,这种电路板的两面都有布线,不过要想用上两面的导线,必须在两面间有适当的电路连接才行,连接两面间电路的桥梁叫作导孔。导孔是在印制电路板上充满或涂上金属的小孔,它可以与两面的导线相连接。因为双面印制电路板的布线面积比单面印制电路板的布线面积大了一倍,而且布线可以相互交错,布线密集度较高,所以能减小产品的体积。它更适合用在比较复杂的电路上,如计算机的主板、电子仪器。

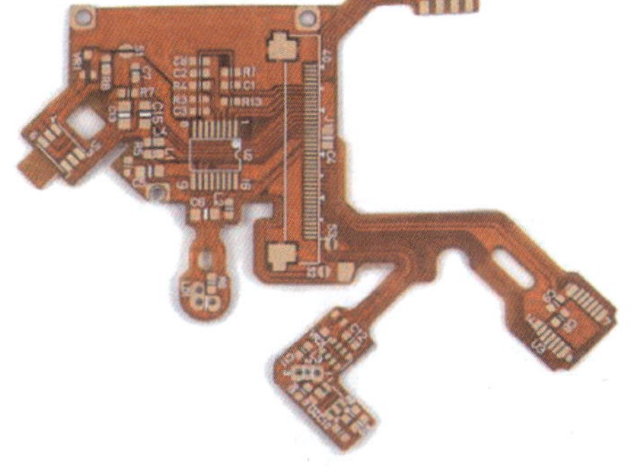

3)柔性印制电路板

柔性印制电路板是以聚酰亚胺或聚酯薄膜为基材制成的一种具有高度可靠性、绝佳可挠性的印制电路板,简称软板或 FPC。它具有配线密度高、质量小、厚度薄、配线空间限制较少、灵活度高等优点,完全符合电子产品轻、薄、短、小的发展趋势。柔性印制电路板主要使用在手机、笔记本计算机、PDA(个人数字助理)、数字照相机、LCM(液晶显示模块)等多种产品上。

4)多层印制电路板

在绝缘底板上制成三层以上电路的印制电路板称为多层印制电路板。它由几层较薄的单面印制电路板或双面印制电路板黏合而成。层与层之间可以通过埋孔和盲孔进行电路连接。多层印制电路板适合超级计算机和大型电路使用。

### 3. 印制电路板的主要优点

(1)由于印制电路板的图形具有重复性(再现性)和一致性,所以减少了布线和装配的差错,节省了设备的维修、调试和检查时间。

(2)设计上可以标准化,利于互换。

(3)布线密度高,体积小,质量小,利于电子设备的小型化。

(4)利于机械化、自动化生产,提高了劳动生产率,降低了电子设备的造价。

## 二、印制电路板的设计要求

### (一)布局要求

首先要考虑印制电路板的尺寸大小。当印制电路板的尺寸过大时,印制线条长,阻抗增加,抗噪声能力下降,成本也增加;若其尺寸过小,则散热不好,且邻近线条易受干扰。在确定了印制电路板的尺寸后,再确定特殊元器件的位置。最后,根据电路的功能单元,对电路的全部元器件进行布局。

在确定特殊元器件的位置时要遵守以下原则。

(1)尽可能缩短高频元器件之间的连线,设法减少它们的分布参数和相互间的电磁干扰;易受干扰的元器件间不能挨得太近,输入和输出元器件应尽量远离。

(2)某些元器件或导线之间可能有较高的电位差,因此应加大它们之间的距离,以免放电引起意外短路;带高电压的元器件应尽量布置在调试时手不易触及的地方。

(3)质量超过 15 g 的元器件应当用支架加以固定,然后焊接;那些又大又重、发热量多的元器件,不宜装在印制电路板上,而应装在整机的机箱底板上,且应考虑散热问题;热敏元器件应远离发热元器件。

(4)对于电位器、可调电感器、可变电容器、微动开关等可调元器件的布局,应考虑整机的结构要求:若是机内调节,则应放在印制电路板上方便调节的地方;若是机外调节,则其位置要与调节旋钮在机箱面板上的位置相适应。

(5)应留出印制电路板定位孔及固定支架所占用的位置。

根据电路的功能单元,对电路的全部元器件进行布局时,要符合以下原则。

(1)按照电路的流程,安排各个功能电路单元的位置,使布局便于信号流通,并使信号尽可能保持一致的方向。

(2)以每个功能电路的核心元器件为中心,围绕它来进行布局。元器件应均匀、整齐、紧凑地排列在印制电路板上,且应尽量减少和缩短各元器件之间的引线和连接。

(3)在高频下工作的电路,要考虑元器件之间的分布参数。一般的电路应尽可能使元器件平行排列,这样不但美观,而且装焊容易,易于批量生产。

(4)位于印制电路板边缘的元器件,离印制电路板边缘的距离一般不小于 2 mm。印制电路板的最佳形状为矩形,其长宽比为3:2或4:3。当印制电路板板面尺寸大于200 mm×150 mm 时,应考虑印制电路板所受的机械强度。

## (二)布线要求

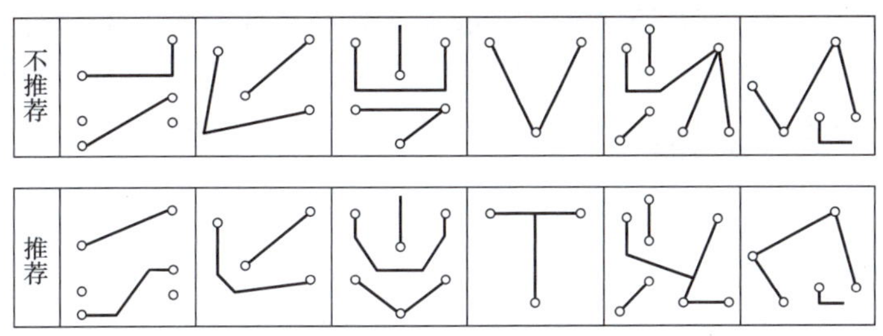


(1)输入、输出端用的导线应尽量避免相邻平行,最好加线间地线,以免发生反馈耦合。

(2)印制导线的最小宽度主要由导线与绝缘底板间的黏附强度和流过它们的电流值决定。当铜箔厚度为0.05 mm、宽度为1~15 mm时,通过2 A的电流,其温度不会高于3 ℃,因此,导线宽度为1.5 mm可满足要求。对于集成电路,尤其是数字电路,通常选0.02~0.3 mm的导线宽度。当然,只要允许,应尽可能使用宽线,尤其是电源线和地线。导线的最小间距主要由最坏情况下的线间绝缘电阻和击穿电压决定。对于集成电路,尤其是数字电路,只要工艺允许,可使导线的间距为5~8 mm。

(3)印制导线拐弯处一般取圆弧形,因为直角或夹角在高频电路中会影响电气性能。此外,应尽量避免使用大面积铜箔,否则当其长时间受热时,易发生铜箔膨胀和脱落现象。必须用大面积铜箔时,最好用栅格状,这样有利于排除铜箔与基板间黏合剂受热产生的挥发性气体。

## (三)焊盘的种类与设计要求

1)焊盘的种类

(1)岛形焊盘。焊盘与焊盘之间的连线合为一体,犹如水上小岛,因此称为岛形焊盘。岛形焊盘常用于元器件的不规则排列,特别是当元器件采用立式不规则固定时更为普遍。岛形焊盘适用于元器件的密集固定,可大量减少印制导线的长度与数量,并能在一定程度上抑制分布参数对电路造成的影响。焊盘与印制导线合为一体后,铜箔的面积加大,焊盘和印制导线的抗剥离强度增加,能降低覆铜板的档次,降低产品成本。

(2)圆形焊盘。焊盘与引线孔是同心圆。焊盘的外径一般为孔径的2~3倍。设计时,如果板面的密度允许,焊盘就不宜过小,因为太小的焊盘在焊接时容易脱落。在同一块板上,除个别大元器件需要大孔以外,一般焊盘的外径应取为一致,这样不仅美观,而且容易绘制。圆形焊盘多在元器件规则排列方式中使用,双面印制电路板也多采用圆形焊盘。

(3)方形焊盘。当印制电路板上的元器件体积大、数量少且线路简单时,多采用方形焊盘。这种形式的焊盘设计制作简单,精度要求低,容易实现。在一些手工制作的印制电路板中常采用这种方式,因为只需用刀刻断或刻掉一部分铜箔即可。在一些大电流的印制电路板上也多采用这种形式,因为它可以获得大的载流量。

2)焊盘的设计要求

焊盘中心孔要比元器件引脚孔径稍大一些,但太大易形成虚焊。焊盘的外径 $D$ 一般不小于 $(d+1.2)$ mm,其中 $d$ 为引脚孔径。对于高密度的数字电路,焊盘最小直径可取 $(d+1.0)$ mm。

## (四)电路的抗干扰要求

1)电源线的设计

应根据印制电路板电流的大小,尽量加粗电源线宽度,减少环路电阻。同时,应使电源线、地线的走向和数据传递的方向一致,这样有助于增强抗噪声能力。

2)地线的设计

地线设计的原则如下。

(1)数字"地"与模拟"地"分开。若印制电路板上既有逻辑电路又有线性电路,则应使它们尽量分开。低频电路的"地"应尽量采用单点并联接"地",实际布线有困难时可部分串联后再并联接"地"。高频电路宜采用多点串联接"地",且地线应短而粗,高频元器件周围应尽量采用栅格状大面积地箔。

(2)接地线应尽量加宽。若接地线用过窄的线条,则接地电位会随电流的变化而变化,使抗噪性能降低。因此应将接地线加宽,使它能通过三倍于印制电路板上的允许电流。如果有可能,接地线的宽度应在 2 mm 以上。

(3)接地线构成闭环路。由数字电路组成的印制电路板,其接地电路布成闭环路大多能提高抗噪声能力。

## (五)印制电路板图设计中应注意的几点

1)布线方向

从焊接面看,组件的排列方位应尽可能与原理图相一致,布线方向最好与电路图走线方向一致。因为生产过程中通常需要在焊接面进行各种参数的检测,故这样做便于生产中的检查、调试及检修。

2)各组件的排列

分布要合理和均匀,力求整齐、美观、结构严谨。

3)电阻器、二极管的放置方式

(1)平放。在电路组件数量不多,而且电路板尺寸较大的情况下,采用平放较好。平放 1/4 W 以下的电阻器时,两个焊盘的间距一般取 4/10 英寸(1 英寸 =2.54 cm);平放 1/2 W 的电阻器时,两个焊盘的间距一般取 5/10 英寸。平放二极管时,如 1N400X 系列整流管,两个焊盘的间距一般取 3/10 英寸,而 1N540X 系列整流管一般取 4/10 ~5/10 英寸。

(2)竖放。在电路组件数量较多,而且电路板尺寸不大的情况下,一般采用竖放,竖放时两个焊盘的间距一般取 1/10 ~2/10 英寸。

4)电位器、IC 座的放置原则

(1)电位器。在稳压器中,电位器用来调节输出电压,因此设计电位器时应满足顺时针调节时输出电压升高,逆时针调节时输出电压降低的要求;在可调恒流充电器中,电位器用来调节充电电流的大小,因此设计电位器时应满足顺时针调节时电流增大的要求。

电位器的安放位置应当满足整机结构安装及面板布局的要求，因此应尽可能将其放置在印制电路板的边缘，旋转柄朝外。

(2)IC 座。设计印制电路板图时，在使用 IC 座的场合下，一定要特别注意 IC 座上定位槽放置的方位是否正确，并注意各个 IC 脚位是否正确，如第 1 脚只能位于 IC 座的右下角或者左上角，而且紧靠定位槽(从焊接面看)。

5)进出接线端的布置

(1)相关联的两引线端不要距离太大，一般为 2/10 ~ 3/10 英寸较合适。

(2)进出接线端应尽可能集中在 1 ~ 2 个侧面，不要太过离散。

6)引脚排列顺序的设计

设计布线图时要注意引脚排列顺序，且组件的引脚间距要合理。

7)导线设计

在保证电路性能要求的前提下，设计时应力求走线合理，少用外接跨线，并按一定的顺序要求走线，力求直观，便于安装和检修。而且在设计布线图走线时应尽量少拐弯，力求线条简单明了。

8)间距要求

布线条宽窄和线条间距要适中，电容器两焊盘间距应尽可能与电容器引脚的间距相符。

9)设计顺序

设计应按一定的顺序方向进行，如按照由左往右和由上而下的顺序进行。

## 三、简单印制电路板的设计步骤

### (一)选定印制电路板的材料、厚度、板面尺寸

(1)确定板材。印制电路板的底板材料不同，其机械性能与电气性能也有很大的差别。目前，国内常见覆铜板的种类有覆铜酚醛纸质层压板、覆铜环氧纸质层压板、覆铜环氧玻璃布层压板等。

确定板材的主要依据是整机的性能要求、使用条件及销售价格，同时还必须考虑性价比。

对于印制电路板的种类，一般应该选用单面板或双面板。分立元器件的引脚少，排列位置便于灵活变换，其电路常用单面板。双面板多用于采用集成电路较多的电路。

在印制电路板的选材中，不仅要了解覆铜板的性能指标，还要熟悉产品的特点，只有这样才可能在确定板材时获得良好的性能价格比。

(2)印制电路板的形状。印制电路板的形状由整机结构和内部空间的大小决定。其外形应尽量简单，一般为矩形，应避免采用异形板。

(3)印制电路板的尺寸。印制电路板的尺寸应该接近标准系列值，要由整机的内部结构和板上元器件的数量、尺寸、安装及排列方式来决定。元器件之间要留有一定间距，特别是在高压电路中，更应该留有足够的间距；要注意发热元器件安装的散热片占用面积的尺寸；印制电路板的净面积确定后，还要向外扩出 5 ~ 10 mm，便于印制电路板在整机中安装固定。

(4)印制电路板的厚度。在确定印制电路板的厚度时,主要考虑元器件的承重和振动冲击等因素。如果印制电路板的尺寸过大或印制电路板上的元器件过重,都应该适当增加其厚度或采取加固措施,否则印制电路板容易产生翘曲。按照电子行业的标准,覆铜板材的标准厚度有0.2 mm、0.5 mm、0.7 mm、0.8 mm、1.5 mm、1.6 mm、2.4 mm、3.2 mm、6.4 mm等。当印制电路板对外通过插座连线时,插座槽的间隙一般为1.5 mm。若板材过厚,则插不进去;若过薄,则容易造成接触不良。

## (二)印制电路板尺寸图的设计

对于元器件较多或要求较高的手工印制电路板,可以借助坐标纸来设计,借助坐标格正确地表达印制电路板上印制图的位置。在设计绘制电路板尺寸图时,应根据电路原理图绘制,并考虑元器件布局和布线的要求,即哪些元器件在板内,哪些元器件需要加固、散热、屏蔽,需要多大尺寸;哪些元器件在板外,需要多少板外连线,引出端的位置如何等。

(1)典型元器件的尺寸。典型元器件是指全部要安装的元器件中在几何尺寸上具有代表性的元器件,它是布置元器件时的基本单元。估计完典型元器件的尺寸后,再估计一下其他大元器件的尺寸,这样就可以估算出整个印制电路板需要多大尺寸。在估算印制电路板的尺寸时,阻容元件、晶体管等应尽量使用标准的跨接接法,这样有利于元器件的成型。

(2)若使用坐标纸,则各元器件安装孔的圆心应在坐标格的交点上;若原理图的元器件较少,则可以直接绘制印刷图草图。

## (三)根据原理图绘制印刷图草图

(1)选定排版方向及主要元器件的位置。排版方向是指印制电路板上电路从前级向后级电路总的走向,如从左到右或从右至左,这是绘制印制电路板和布线首先要解决的问题。在设计印制电路板时,要给电路板设计统一的电源线和地线,它们与晶体管最好保持一个最佳的位置,并且它们之间的引线要尽量短。

当排版的方向确定以后,应首先确定单元电路及其主要元器件,如集成电路、晶体管等的布局;然后是特殊元器件的布局、对外连接的方式和位置等;最后是体积较小的阻容元件的布局。

(2)绘制不交叉单线草图。原理图的绘制一般以信号流经过程及反映元器件在图中的作用为原则,因此原理图中的交叉现象很多,这对读图毫无影响。但在印制电路板中,交叉现象是绝对不允许的,因此在排版时,首先要绘制不交叉单线草图。线路交叉问题可以通过重新排列元器件的位置和方向来解决,也可以通过元器件引脚间的空间来解决。绘制不交叉单线草图如下图所示。在复杂的电路中,有时完全不交叉也是不现实的,此时可用飞线解决。

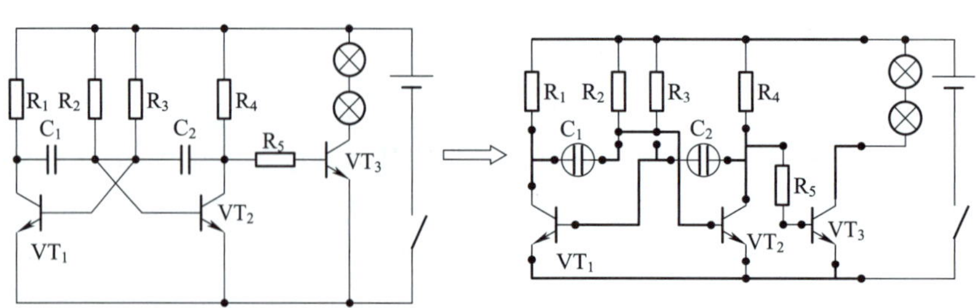

飞线是指在设计印制电路板遇到交叉情况时，可在交叉处切断一根线，从板的元器件面用一根短接线连接。但是，这种飞线过多会影响印制电路板的质量，因此只有在不得已的情况下才偶尔使用。在设计简单的印制电路板时，一般用不到飞线，而复杂的印制电路板设计目前几乎都是通过计算机辅助设计软件来完成的。

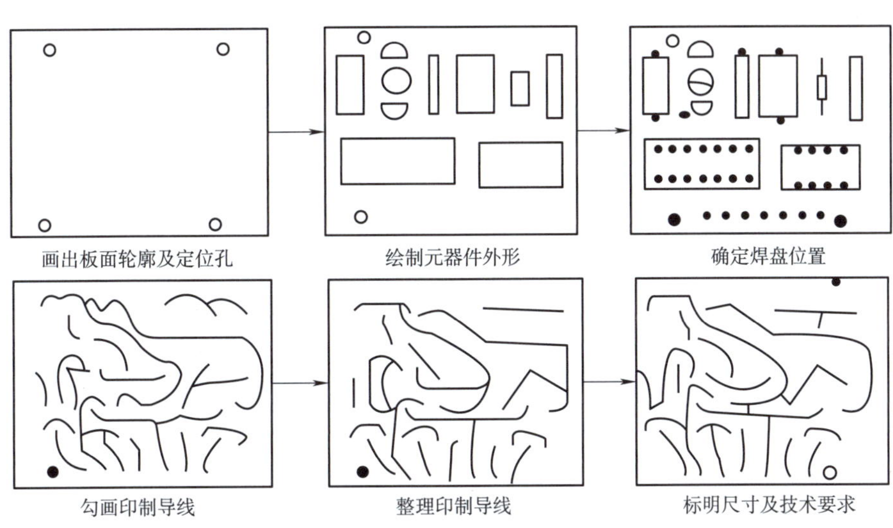


(3)绘制印刷图草图。根据简单的不交叉单线草图，按照元器件的大小，在方格纸上绘出的图称为印刷图草图。它包括元器件实际引脚的位置、有关外接引线的焊盘位置、导线的位置、印制电路板的尺寸和有关安装孔等，它是绘制各种正式图纸的主要依据。

## (四)正式印制电路板图的设计

设计正式印制电路板图时，应该根据绘制出的排版设计草图绘制。绘制过程中，首先要考虑元器件的封装。元器件的封装可以从元器件手册中查找，也可以根据实物测量。然后，根据得到的元器件的实际封装修改草图中元器件的位置和方向，并进一步确定元器件的外轮廓，以保证给组装留有充分的余量。对于有精度的封装（如集成电路、电解电容器等），一定要注意其精度，否则会给将来的组装带来很大麻烦，甚至设计出的印制电路板没法使用，同时还要注意附加元器件的尺寸大小，如大功率管的散热片等。对于没有尺寸要求的，应尽量使元器件均匀排列。根据草图的设计确定焊盘的大小和印制导线的宽度和走向。在设计简单印制电路板时，印制导线不要做得太细，否则将来在做板时极易出现断线。根据印制电路板的尺寸和安装孔的尺寸确定印制电路板的外轮廓。最后根据 1∶1 的比例将所设计的印制电路板图绘出备用即可。

因为印制电路板最终将用于具体的电子产品，所以应根据产品的实际情况来考虑印制电路板的设计目标。在设计印制电路板时通常需要注意以下事项。

1）正确性

准确实现电路原理图的连接关系，避免出现短路和断路这两个简单而致命的错误，这是设计印制电路板最基本、最重要的要求。

2）可靠性

印制电路板的可靠性是影响电子整机产品可靠性的一个重要因素，这是印制电路板设计中较高的一个要求。连接正确的印制电路板不一定可靠性好，如板材选择不合理、板材及安装固定不正确、元器件布局不当，这些都可能导致印制电路板不能可靠地工作。从可靠性的角度讲，印制电路板的结构越简单，使用元器件越少，板层数越少，可靠性越高。

3）合理性

一个印制电路板组件，从印制电路板的制造、检验、装配、调试到整机装配、调试，直到维修，都与印制电路板设计的合理与否息息相关。例如，若板子形状选得不好，则加工困难；若引脚孔太小，则装配困难；若没留测试点，则调试困难；若板外连接选择不当，则维修困难等。每一个困难都可能导致成本增加，工时延长，而每一个造成困难的原因都源于设计人员的失误。没有绝对合理的设计，只有不断合理化的过程。这需要设计人员在实践中不断总结、积累经验。

4）经济性

印制电路板的经济性与上述几方面内容密切相关。可以从生产制造的角度，根据成本分析来选择覆铜板的板材、质量、规格和印制电路板的工艺技术。对于相同的制板面积来说，双面板的制造成本是单面板的3～4倍，而多层板至少要比单层板贵20倍以上。通常希望厂家印制电路板的制造成本在整机成本中只占有很小的比例。

## 四、基于 Proteus 8 电路板的 PCB 技能仿真

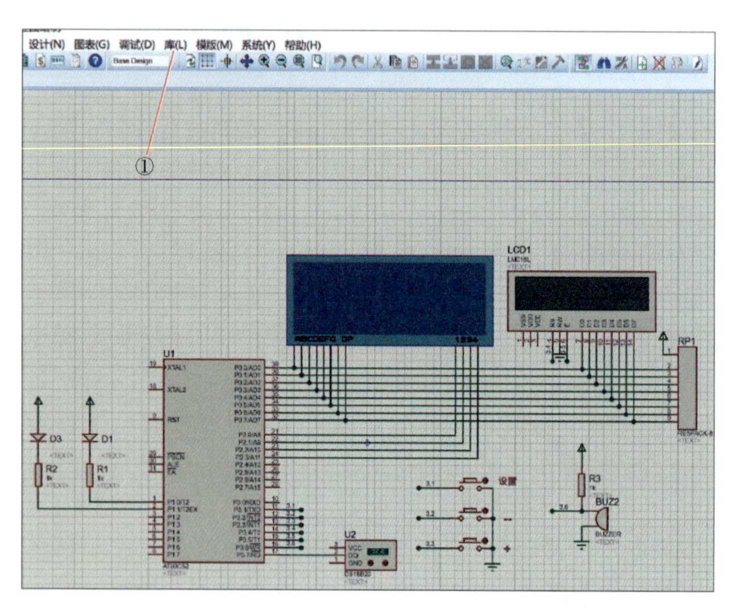


（1）打开 Proteus 8 仿真软件，从上方工具栏中选择库①。

（2）从库①中选择带有封装的电路图元器件并放置。

（3）画出电路图。

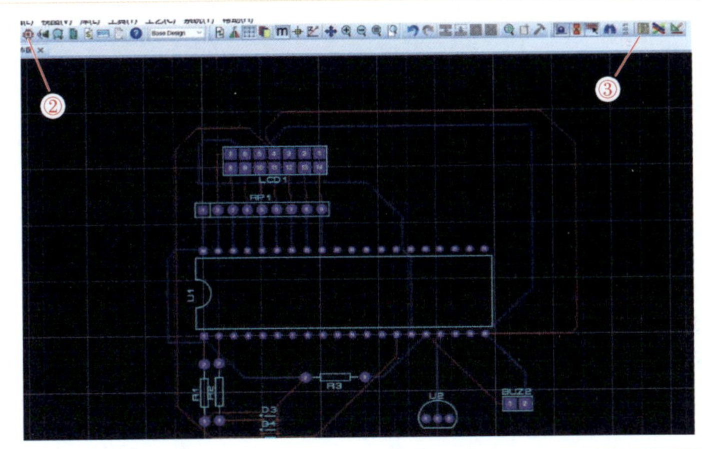


(4)选择②PCB 布局。

(5)选择③自动布局,结果如左图所示。

## 任务实施

### 印制电路板的绘制

#### 1. 所需器材

(1)工具:铅笔、橡皮、三角板、坐标纸各一个(张)。

(2)器材:设计好的稳压电源电路图一份。

#### 2. 完成内容

(1)识读原理图,读懂电路图的电气连接方式。

(2)选择印制电路板。

(3)对照原理图,绘制印制电路板的草图。

(4)测量元器件的外观尺寸。

(5)绘制 1∶1的正式印制电路板图。

## 任务评价

基于任务实施内容,进行任务评价,分学生自评和教师评估,将评价分值填入表 4-1 中。

表 4-1 任务评价

| 检测内容 | 分值 | 评分标准 | 学生自评 | 教师评估 |
|---|---|---|---|---|
| 识读原理图 | 10 | 部分读不懂视情况,扣 3 ~ 10 分 | | |
| 选择合适的板材 | 10 | 能选择合适的板材,得 10 分 | | |
| 绘制印制电路板草图 | 20 | 少一个元器件,扣 5 分;连接错误一处,扣 5 分 | | |
| 元器件尺寸的测量 | 10 | 一个元器件尺寸错误,扣 5 分 | | |
| 正式印制电路板的绘图 | 20 | 错误一处,扣 5 分 | | |
| 安全操作 | 10 | 不遵守课堂秩序,扣 3 ~ 10 分 | | |
| 现场管理 | 10 | 结束后没有整理现场,扣 4 ~ 10 分 | | |
| 责任心和团队协作 | 10 | 任务实施过程中,发现责任心不够、团队不协作,酌情扣 3 ~ 10 分 | | |
| 合计 | | | | |

# 任务二 印制电路板的制作

## 任务目标

### 1. 知识目标

(1)概述印制电路板机械加工的特点及分类;

(2)撰写印制电路板孔加工的方法及特点;

(3)设计印制电路板的外形加工程序。

### 2. 技能目标

完成印制电路板的制作。

### 3. 素养目标

(1)培养工作责任心、职业道德;

(2)培养团队协作、组织管理能力;

(3)培养解决问题、分析问题的能力。

## 任务描述

在电子产品样机设计尚未成型的实验阶段,或当电子技术爱好者进行业余制作时,经常需要制作少量印制电路板以进行产品分析。如果按照正规的生产印制电路板的工艺和步骤,绘制出印制板电路,再到印制电路板的专业制板厂进行加工制作,这样加工出的印制电路板质量固然很高,但成本比较昂贵,并且加工周期长。因此,学会手工制作印制电路板是电子专业的学生应该掌握的一项基本技能。

本任务利用鸭嘴笔(或毛笔)、容器(小盆)、筷子、小型手电钻、印制电路板原理图、印制电路板、三氯化铁、油漆(或涂改液)、温水、细砂纸、香蕉水等,按照以下步骤完成印刷电路板的手工制作。

(1)拓图、描图。

(2)腐蚀印制电路板。

(3)去漆。

(4)打孔(钻孔)。

## 相关知识

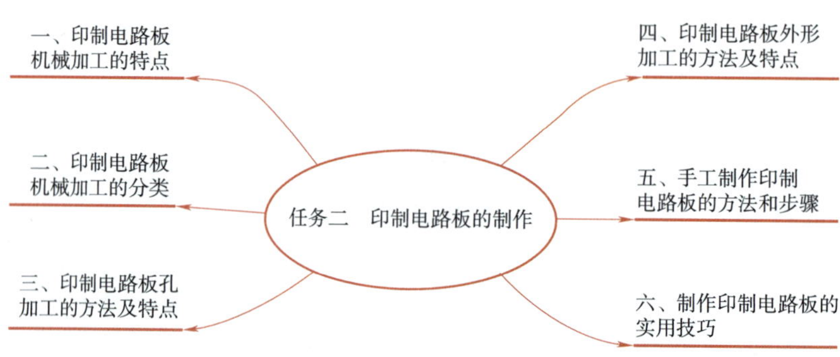

## 一、印制电路板机械加工的特点

印制电路板机械加工的对象是覆铜箔层压板。覆铜箔层压板是采用胶黏剂热度绝缘材料和铜箔制成的。绝缘材料主要有两种:一种是玻璃布,另一种是纸基。目前在印制电路行业中使用最多的是环氧玻璃布板。无论是纸基板还是玻璃布板,其机械加工性能都比较差。从它们的结构组成可以看出:它们都具有脆性和明显的分层性,硬度较高,对机械加工的刀具磨损大,板内含有未完全固化的树脂,加工过程中的机械摩擦产生的热会使未完全固化的树脂软化呈黏性,增加摩擦阻力,折断刀具,同时产生腻污,影响加工质量。因此为了提高加工质量,需要采用硬质合金刀具。

## 二、印制电路板机械加工的分类

### 1. 孔加工

一般圆形孔的加工有冲和钻两种方法,异形孔的加工有冲、铣和排钻等方法。

冲孔加工需要由冲模来保证,由于冲模成本较高,一次性的先期投入较大,所以冲孔一般只适用于无小孔、孔径精度要求不高、不需要金属化孔的大批量单面印制电路板。手工钻孔一般适用于精度不高、品种多、批量小的印制电路板加工。数控钻孔加工的精度高,适用于大部分印制电路板的加工,可以加工 0.1 mm 以上孔径的小孔,但是数控钻孔的设备及加工成本高。

### 2. 外形加工

外形加工有毛坯加工和精加工。毛坯加工一般采用剪和锯。精加工用于印制电路板成品的外形加工,加工的方法有剪、锯、冲、铣。

在精加工中,剪和锯的成本最低,适用于多品种小批量、精度要求低的场合;冲在大批量生产时是最经济的加工方法,适用于精度要求不高、元器件安装密度不高的单面印制电路板及一些对外形精度要求不高的双面和多层印制电路板。

在选择印制电路板加工方法时,必须根据实际情况综合考虑印制电路板的质量要求及经济性,以在保证印制电路板质量的基础上追求最大的经济利益。

## 三、印制电路板孔加工的方法及特点

### 1. 对被冲孔的结构要求

对于被冲的孔,必须力求使其产生的缺陷最少。结构工艺最好的孔是圆形孔,其次是椭圆孔。

印制电路板被冲孔的结构工艺性还取决于孔间距离和孔与印制电路板周边的距离。一般孔间距为板厚的 2/3,孔与印制电路板周边的距离为板厚的 1/3。冲制大量的印制电路板孔时应力求使边距、孔间距尺寸大一些;当孔间距接近最小值时,必须在模具结构上采取措施,以减少层压板冲孔时分层的产生。

### 2. 材料的预热

如果将纸基板材料在冲压前预热至 80 ~ 90 ℃,就会改善印制电路板的表面冲切质量。通常在红外线烘箱中预热,加热时间与材料厚度有关,每毫米加热 5 ~ 8 min。若加热过度,则材料会把凹模孔堵死而造成故障。环氧玻璃布板不需要加热。

### 3. 钻孔

印制电路板上各种形状的孔都可以通过钻孔来加工。钻孔的方法有很多种，手工操作的单轴钻床钻孔和数控钻床钻孔都是可供选择的方法。但是无论选用哪种方法，都必须保证孔的质量。通常金属化孔的质量要求更高，应满足如下要求。

(1)孔壁应光滑，无毛刺，孔边缘无翻边，基材无分层。

(2)钻出的孔与焊盘应保证一定的公差，且钻出的孔必须在焊盘中心位置上，如果位置不准确，就有可能造成电路图形对位不准，严重时甚至产生断路或短路。

(3)对多层板的金属化孔有更高的要求，除了满足(1)外，还要求金属化铜层均匀完整，镀层不允许有严重氧化现象，不能留有杂物。

## 四、印制电路板外形加工的方法及特点

### 1. 剪切加工

这种加工方法是采用剪床进行的。剪切加工既可用于下料，也可用于外形加工。用剪床加工印制电路板的外形，是以边框线作为加工基准的。剪切加工只能加工直线外形，异形部分可用冲床和铣床加工。对于品种多、数量少、对外形尺寸要求不高的印制电路板常采用这种方法，它的缺点是精度差，有时加工后还需要用砂纸磨光。

### 2. 冲压加工

根据冲床落料所加工印制电路板的厚度、外形尺寸合理地设计冲头和凹模之间的间隙，可得到具有一定精度的外形尺寸。

若采用一次冲孔落料模，则可以采用复合模结构。冲压加工的生产效率高，加工印制电路板的一致性好，适合于大批量生产。冲压加工通常要求定位精度高。

### 3. 铣床加工

这种加工方式比较灵活，适用于自动化生产。由于铣刀是圆柱形的，所以在设计印制电路板的外形和异形孔时，必须允许转角处的过渡圆弧大于或等于最小铣刀半径。用数控铣床加工印制电路板的外形，加工精度高，可加工出各种形状、尺寸的印制电路板。数控铣床加工适用于生产批量大、形状复杂、精度要求高的印制电路板的铣削。工作台或转轴的移动由程序自动控制，操作者只需按印制电路板的外形尺寸编制程序和往数控工作台上装卸印制电路板即可。

## 五、手工制作印制电路板的方法和步骤

手工制作印制电路板的方法有描图法、雕刻法、贴图法、热转印法等。描图法手工制作印制电路板的步骤如下。

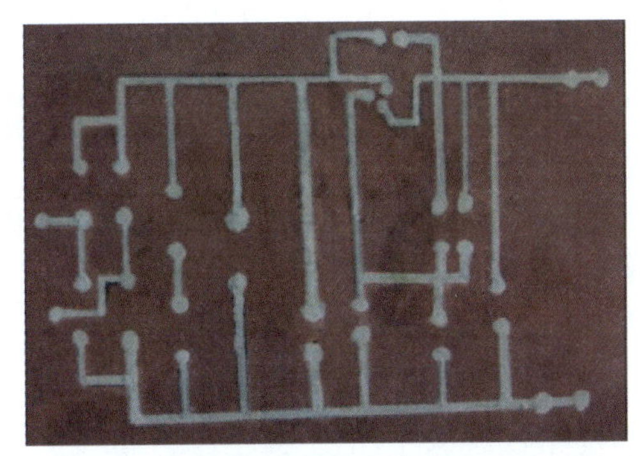

### 1. 腐蚀前的准备

剪板：按照实际尺寸剪裁覆铜板。

清板：去除板四周的毛刺，清除板面污垢。

拓图：用复写纸将已设计好的印制图拓在覆铜板上。

描图：用稀稠合适的油漆描图，描好后置于室内晾干。

修整：趁油漆未完全干透的情况下进行修整，把图形中的毛刺或多余的油漆刮掉。

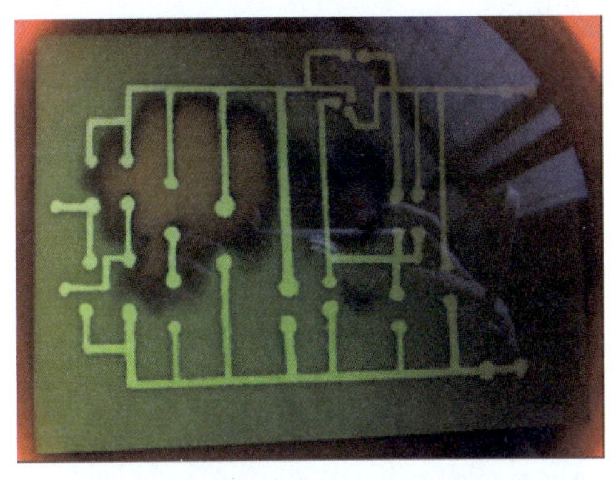

### 2. 腐蚀

当油漆晾干后，把印制电路板放到三氯化铁水溶液中，注意掌握溶液浓度、温度和腐蚀时间。在腐蚀过程中，可以慢慢地搅动，以加快腐蚀速度。待完全腐蚀后，取出腐蚀好的覆铜板用水冲洗。

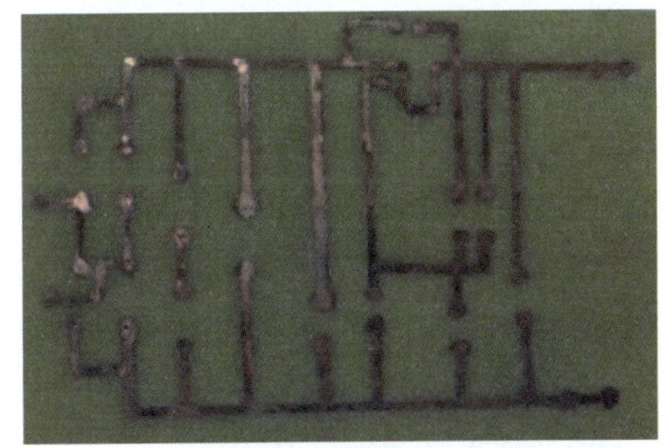

### 3. 去漆

用香蕉水清除漆膜。也可在此之前先用刀片刮掉漆膜，这样可以加快去漆速度。

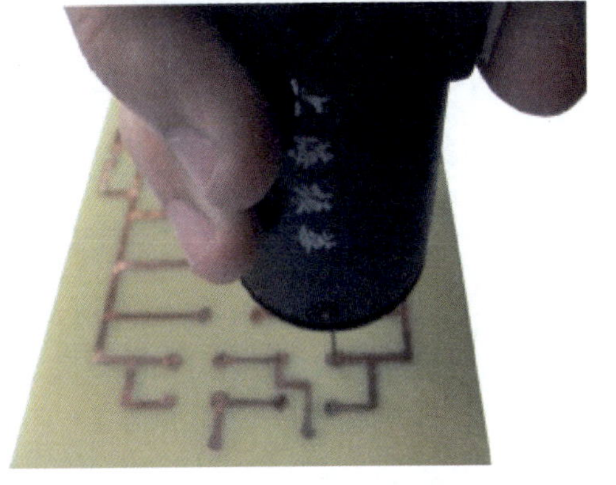

### 4. 钻孔

按要求对腐蚀好的印制电路板钻孔，对于要求高的孔，最好先打好样孔。钻孔时用力不要过大、过快，以免移位或折断钻头。

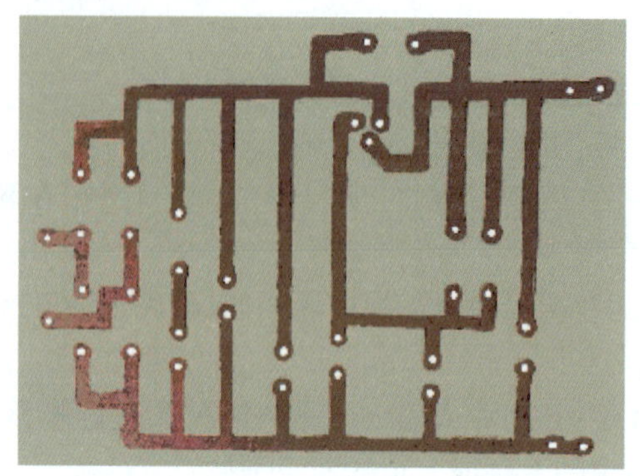

5. 修板

用细砂纸(0 号砂纸)清除毛刺,清除污物,用水冲净、晾干。

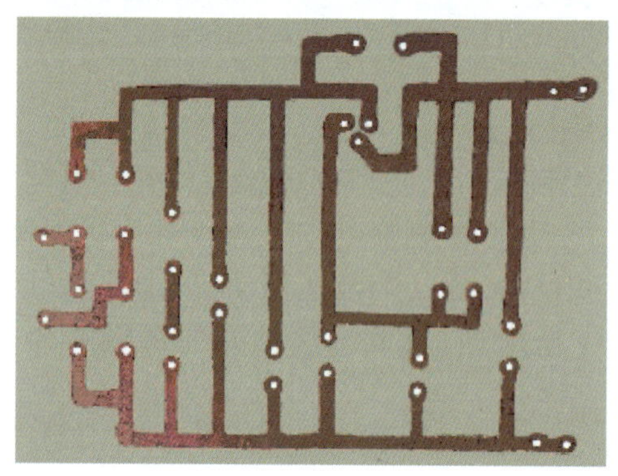

6. 涂助焊剂

当印制电路板晾干后,立即涂上助焊剂(松香水),备用。

## 六、制作印制电路板的实用技巧

(1)描图时可以用油漆,也可以使用酒精松香溶液、油性记号笔或涂改液。

(2)腐蚀液可用三氯化铁溶液(三氯化铁和水按 1∶2配制),也可以用过硫酸钠溶液(过硫酸钠和水按 1∶3配制),溶液量能淹没印制电路板即可。

(3)腐蚀温度在 40 ~ 50 ℃之间为宜,腐蚀时用长毛软刷或废旧毛笔往返均匀轻刷印制电路板可以加快腐蚀速度。

## 任务实施

### 手工制作印制电路板

1. 所需器材

(1)工具:鸭嘴笔(或毛笔)、容器(小盆)、筷子、小型手电钻各一个。

(2)器材:印制电路板图、印制电路板各一个;三氯化铁、油漆(或涂改液)、温水、细砂纸、香蕉水适量。

2. 完成内容

依据相关知识,完成以下内容:

(1)用细砂纸清理印制电路板上的污垢和毛刺。

(2)拓图、描图。

(3)配制三氯化铁溶液,腐蚀印制电路板。
(4)去漆。
(5)钻孔、修板、涂助焊剂。

## 任务评价

基于任务实施内容,进行任务评价,分学生自评和教师评估,将评价分值填入表4-2中。

表4-2 任务评价

| 检测内容 | 分值 | 评分标准 | 学生自评 | 教师评估 |
|---|---|---|---|---|
| 拓图 | 10 | 根据拓图情况酌情给分 | | |
| 描图 | 10 | 根据描图质量酌情给分 | | |
| 修整 | 5 | 根据修整情况酌情给分 | | |
| 腐蚀印制电路板 | 15 | 根据腐蚀质量和速度酌情给分 | | |
| 去漆 | 10 | 根据去漆情况酌情给分 | | |
| 钻孔 | 10 | 根据钻孔情况酌情给分 | | |
| 修板、涂助焊剂 | 10 | 根据修板、涂助焊剂情况酌情给分 | | |
| 安全操作 | 10 | 不按照规定操作,扣4~10分 | | |
| 现场管理 | 10 | 结束后没有整理现场,扣4~10分 | | |
| 责任心、团队协作、分析能力 | 10 | 任务实施过程中,责任心不强、团队不协作、遇到故障找不到原因等,酌情扣3~5分 | | |
| 合计 | | | | |

## 思考与练习

(1)印制电路板的设计通常有哪两种方式?
(2)设计印制电路板需要考虑哪些因素?
(3)印制电路板的设计步骤有哪些?
(4)手工制作印制电路板的步骤有哪些?
(5)手工制作印制电路板时采用的腐蚀液有哪几种?如何配制?

## 学习笔记

# 项目五 电子元器件的插装与焊接

电子元器件(简称"元器件")的插装与焊接是印制电路板手工装配工艺的基本技能;了解生产企业的自动化焊接技术,熟悉焊点的基本要求和质量验收标准,是保证电子产品质量的关键。本项目主要介绍元器件引脚的加工和插装、手工焊接技术(含贴片安装),并在此基础上进一步介绍自动化焊接的工艺流程及生产设备。

## 任务一 电子元器件的插装

### 任务目标

**1. 知识目标**

收集电子元器件引脚加工的基本要求。

**2. 技能目标**

按照电子元器件的插装形式和工艺要求,完成元器件的整形插装。

**3. 素养目标**

(1)养成"干一行,爱一行,精一行"的工匠精神;

(2)养成持之以恒的工作态度。

### 任务描述

在安装元器件前应熟悉其安装位置特点及工艺要求,并预先将元器件的引脚加工成一定的形状。成型后的元器件既便于插装,又方便焊接,同时也能够加强元器件安装后的防振能力,保证电子设备的可靠性。

基于镊子、小螺丝刀、尖嘴钳、引脚成型模具等工具;电阻器、二极管、三极管、极性电容器、非极性电容器等若干只电子元器件;黏合剂、绑扎线、金属支架等辅助材料;印制电路板一块,完成以下任务。

(1)电阻器、二极管、电容器的引脚整形。

(2)三极管的引脚成型加工。

(3)元器件的插装。

## 相关知识

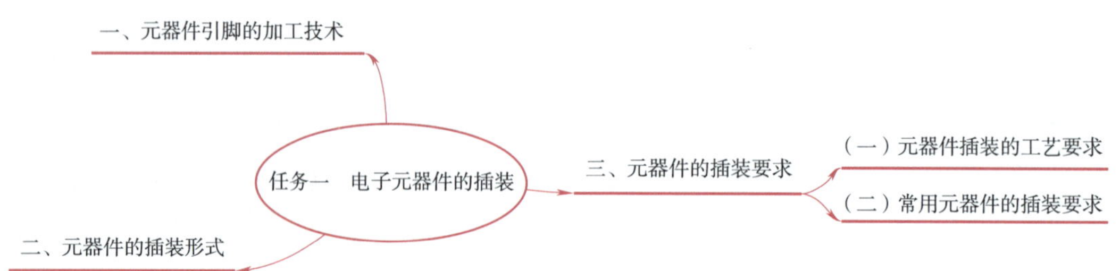


### 一、元器件引脚的加工技术

视频

元器件引脚加工

工厂在大批量生产元器件时，其引脚加工成型往往用自动折弯机、手动折弯机等专用设备来完成，但在少量元器件加工或无专用成型机的条件下，为了保证元器件引脚成型质量和成型的一致性，可使用镊子、尖嘴钳等工具或简易模具来完成。

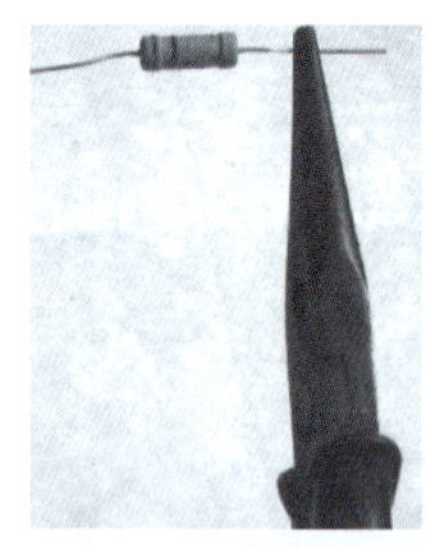

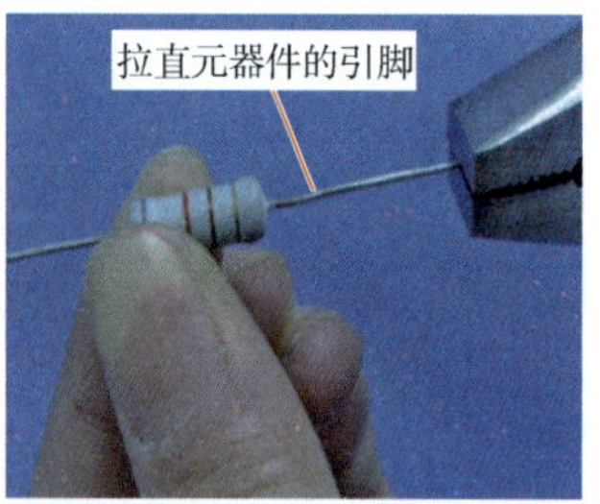


#### 1. 引脚的校直

元器件的引脚可用尖嘴钳、平口钳或镊子进行简易手工校直，或使用专用设备校直。在校直过程中，不可用力拉扭元器件引脚，且校直后的元器件也不允许有伤痕。

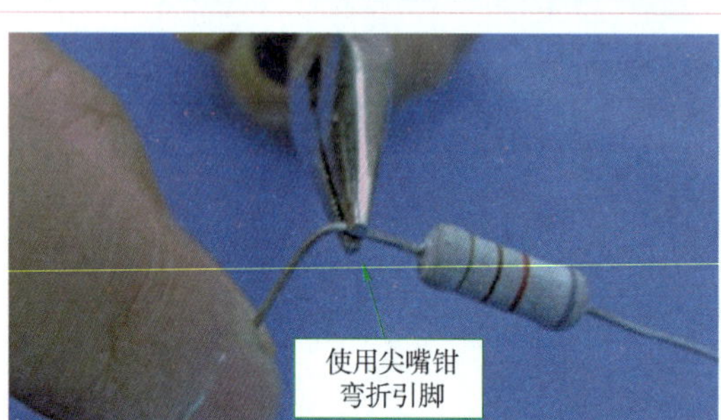


#### 2. 手工折弯元器件引脚

用带圆弧的长嘴钳或医用镊子靠近元器件引脚根部，按折弯方向移动引脚即可。

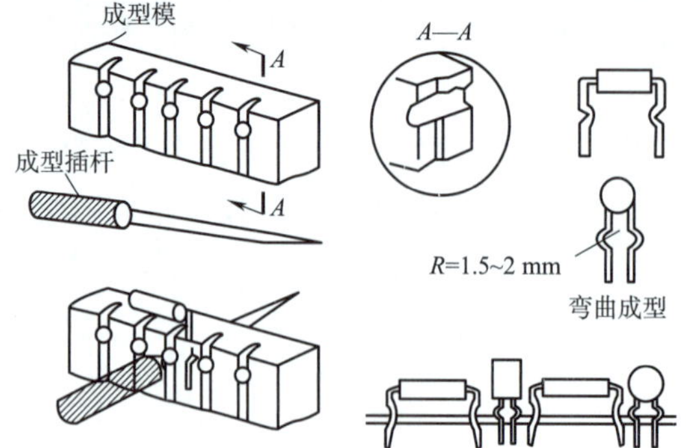


#### 3. 专用模具折弯元器件引脚

在模具的垂直方向上开有供插入元器件引脚用的长条形孔。将元器件引脚从上方插入成型模的长孔后，再插入成型插杆，引脚随即成型；然后拔出成型插杆，将元器件从水平方向移出即可。

### 4. 折弯成型元器件

折弯成型元器件时，尺寸应符合工艺要求。卧式安装的折弯成型方法要求引脚折弯处距离引脚根部的距离大于或等于 2 mm，弯曲半径大于引脚直径的 2 倍，以减小机械应力，防止引脚折断或被拔出；直式安装的折弯成型方法要求元器件距电路板的高度 $h>2$ mm，在电路板上面的引脚长度 $A>2$ mm，折弯半径 $R$ 大于或等于元器件的直径，如下图所示。

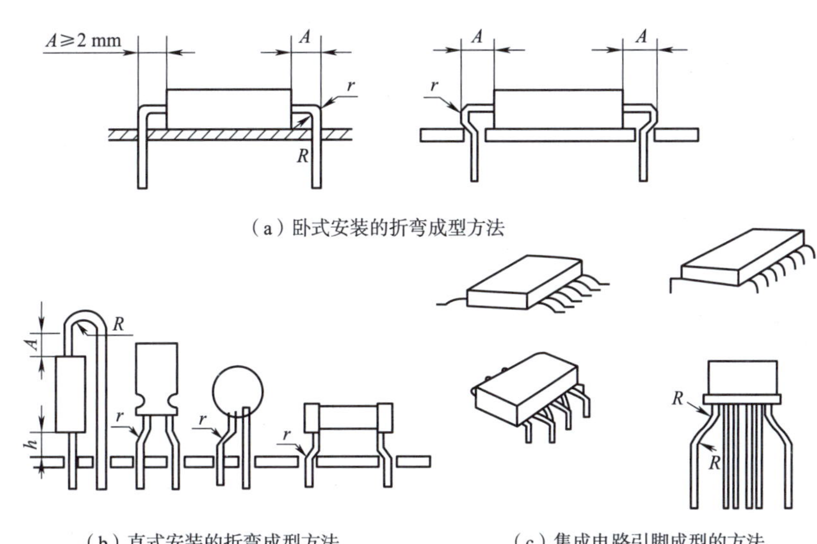


(a) 卧式安装的折弯成型方法

(b) 直式安装的折弯成型方法

(c) 集成电路引脚成型的方法

## 二、元器件的插装形式

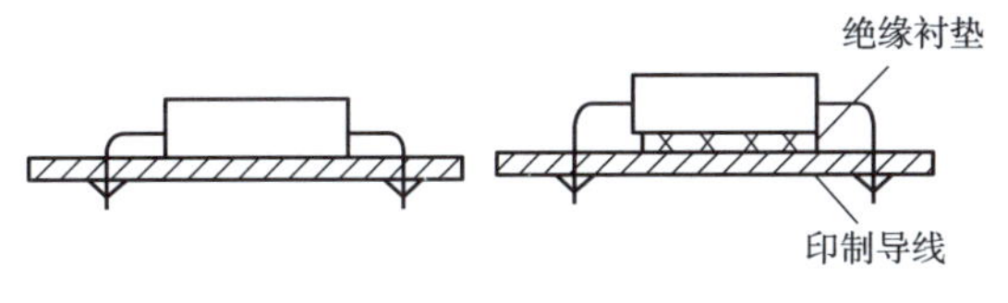


### 1. 贴板插装

贴板插装适用于防振要求高的产品。元器件紧贴印制电路板基面，安装间隙小于 1 mm。当元器件为金属外壳，安装面又有印制导线时，应加垫绝缘衬垫或套绝缘套管，以防短路。

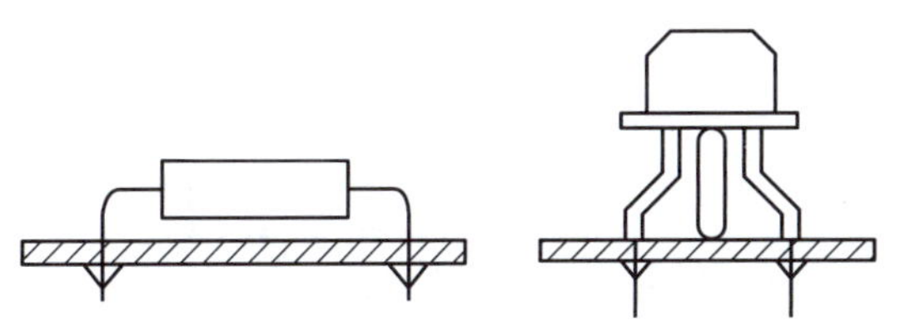

### 2. 悬空插装

悬空插装适用于发热元器件的安装，元器件距印制电路板基面有一定的高度，以便散热。其插装距离一般在 3 ~ 8 mm。

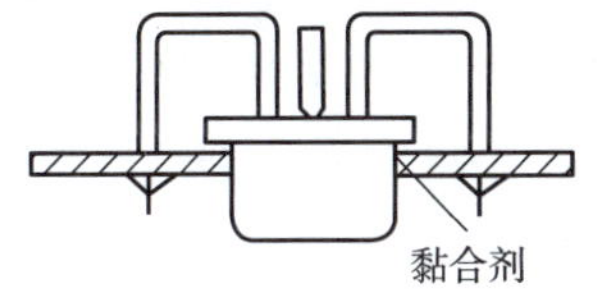


### 3. 埋头插装

埋头插装也称倒装或嵌入式插装。这种形式的插装将元器件的壳体埋于印制电路板的嵌入孔内，可提高元器件的防振能力，降低安装高度。

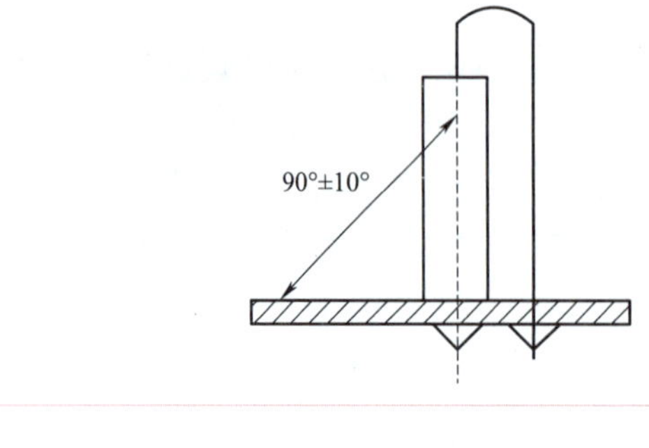


4. 直立插装

直立插装适用于安装密度较高的场合，元器件垂直于印制电路板基面，但对质量重且引脚线细的元器件不适宜采用这种形式。

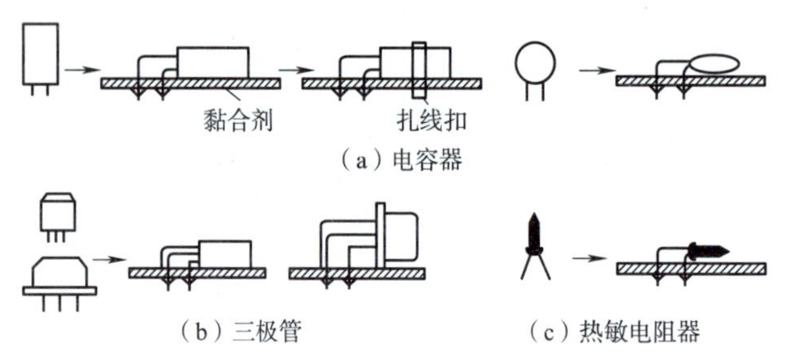

（a）电容器
（b）三极管
（c）热敏电阻器

5. 有高度限制时的插装

有高度限制时的插装适用于有一定高度限制元器件的插装。通常的处理方法是先将元器件垂直插入，再沿水平方向弯曲。对于大型元器件，应采用胶黏、捆绑等措施，以保证有足够的机械强度，经得起振动和冲击。

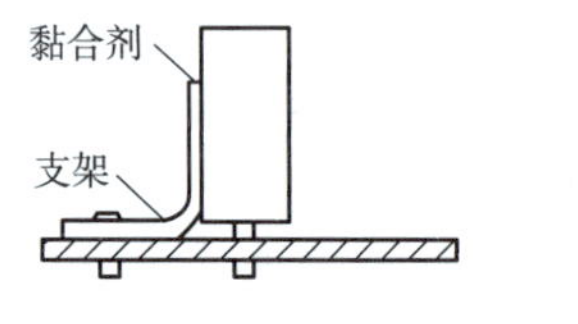


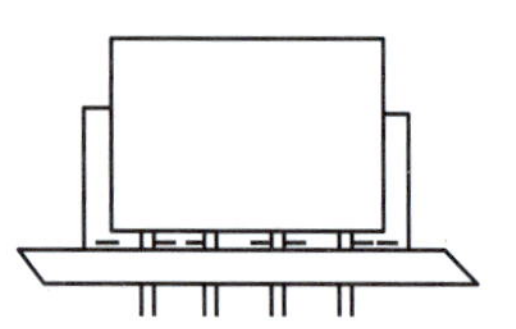

6. 支架固定插装

支架固定插装适用于小型继电器、变压器等质量较重的元器件。一般先用金属支架将它们固定在印制电路板上，再焊接。

## 三、元器件的插装要求

### （一）元器件插装的工艺要求

在印制电路板上按照安装布线图插装的元器件应符合装配工艺要求，基本原则如下：

（1）元器件的标识方向应一致、朝上或朝外、易看见。

（2）有极性的元器件，如极性电容器、二极管、三极管等的极性不能装反。

（3）安装高度符合规定要求，同一规格的元器件应尽量安装在同一高度上。

（4）外观和封装相同而型号不同的元器件，如继电器、电阻器、三极管、电容器等的安装位置应正确，不能装错。

（5）安装顺序一般为先低后高，先小后大，先轻后重，先一般元器件后特殊元器件。

### （二）常用元器件的插装要求

1. 电容器的插装

插装陶瓷电容器时，要注意其耐压级别和温度系数。插装可调电容器、预调电容器时也会遇到极性问题，要注意让动片那一极接地焊盘，不能颠倒，否则调节时人体附加上去的分布电容将会使得调节无法进行。插装有机薄膜介质的可调电容器时，要将动片全部旋入后再焊接，要尽量缩短焊接的时间。插装铝质电解电容器、钽电解电容器时，其极性不能接反，否则将会增大损耗，尤其是铝质电解电容器，极性接反将会使其急剧发热，引起鼓泡、爆炸。

### 2. 二极管、三极管的插装

二极管的引脚有正、负极之分，插装时不能插反。插装各种三极管时，要注意分辨它们的型号、引脚次序(极性)，以及防止在插装、焊接的过程中对它们造成损伤。

### 3. 电位器的插装

电位器从结构上可以分为旋轴式和直线推拉式两种。它们在外形上没有区别，完全靠标注来区分，因此插装时不要搞混，必要时可以通过仪表测试来分辨。

### 4. 继电器的插装

插装继电器时，要注意区分其规格、型号，核对驱动线圈的工作电压值、欧姆数和触点的荷载能力，以及分辨动合触点与动断触点的引脚位置。小继电器驱动绕组的线径很细，其与引脚相接的部位易出问题，因此要注意保护。所有继电器都不宜插装在有强磁场或强振动的位置。

### 5. 集成电路的插装

插装集成电路时，应该注意拿取时必须确保人体不带静电。常规是戴上防静电护腕和防静电手套操作，且焊接时必须确保电烙铁不漏电，必要时可以采用临时拔掉电烙铁电源插头来焊接的办法。

## 任务实施

## 用镊子、尖嘴钳或引脚成型模具整形插装元器件

### 1. 所需器材

(1)工具：镊子、小螺丝刀、尖嘴钳、引脚成型模具等。

(2)器材：电阻器、二极管、三极管、极性电容器、非极性电容器等若干只；黏合剂、绑扎线、金属支架适量；印制电路板一块。

### 2. 完成内容

1)电阻器、电容器、二极管的引脚整形

电阻器、电容器、二极管的引脚整形方法相同。选用适当的工具，对其引脚进行成型加工。

2)三极管的引脚成型加工

按照图 5-1 所示的常见三极管的引脚成型示意图，选用适当的工具将三极管的三个电极引脚分别整理成一定的角度，并根据需要将中间引脚向前或向后弯曲成一定角度，使之符合印制电路板的安装孔距要求。

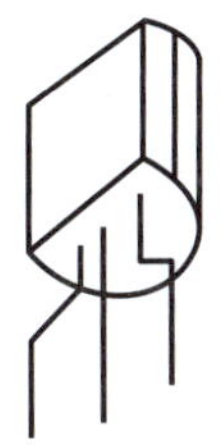
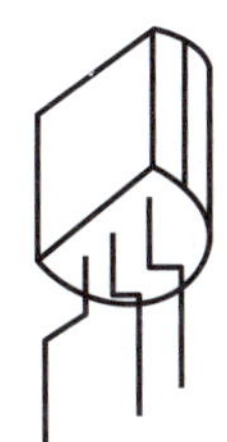
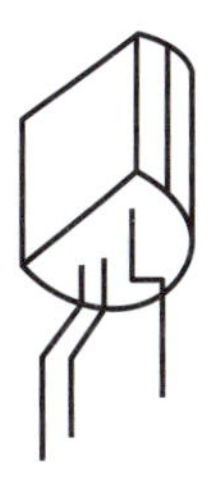

图 5-1　常见三极管的引脚成型示意图

3）元器件的插装

依据元器件插装的工艺要求，在印制电路板上对引脚成型的元器件进行贴板插装、悬空插装、埋头插装、直立插装、有高度限制时的插装和支架固定插装。

## 任务评价

基于任务实施内容，进行任务评价，分学生自评和教师评估，将评价分值填入表5-1中。

表5-1 任务评价

| 检测内容 | 分值 | 评分标准 | 学生自评 | 教师评估 |
|---|---|---|---|---|
| 工具使用 | 10 | 工具用途不明确，扣1～2分；工具使用方法不正确，扣1～3分 | | |
| 贴板插装 | 10 | 引脚成型不合工艺要求，每项扣2～5分；插装不合工艺要求，每项扣2～5分；成型引脚有机械损伤，弯曲部分出现模印、压痕或裂纹等，每项扣2～5分 | | |
| 悬空插装 | 10 | | | |
| 埋头插装 | 10 | | | |
| 直立插装 | 10 | | | |
| 有高度限制时的插装 | 10 | | | |
| 支架固定插装 | 10 | | | |
| 安全操作 | 10 | 不按照规定操作，损坏工具、公物，每项扣4分 | | |
| 现场管理 | 10 | 实训器材摆放乱、结束后不清理现场，每项扣5分 | | |
| 完成任务熟练度、执着度等 | 10 | 任务实施过程中，有不熟练、不认真、带过且过现象，酌情扣3～10分 | | |
| 合计 | | | | |

# 任务二 常用电子元器件的手工焊接

## 任务目标

### 1. 知识目标

（1）归纳手工焊接焊料、助焊剂、焊接工具的选用和操作要领；

（2）简述焊点的质量检查标准。

### 2. 技能目标

（1）灵活运用手工焊接的要领对印制电路板上的元器件进行拆焊操作；

(2)举一反三检查焊点的质量。

### 3. 素养目标

通过元器件的组装焊接训练,培养学生"专注、坚持、创新"的工匠精神。

## 任务描述

在电子产品装配过程中,焊接是对电子元器件和导线进行连接的重要手段。焊接的方法有手工焊接、自动焊接及无锡焊接等。由于手工焊接工艺简单,不受使用条件和场合的限制,且在电子产品整机的调试和维修中仍占有重要位置,所以掌握常用元器件的手工焊接工艺依然是电子产品整机装配人员必须掌握的基本技能。

基于电烙铁、焊锡丝、松香助焊剂、无水酒精、偏口钳、尖嘴钳、镊子、小螺丝刀、空心针、吸锡器、防静电手腕或防静电手套、铜编织带(网)等工具材料;针脚式电阻器、电容器、三极管、集成电路插座等电子元器件;印制电路板一至两块,完成以下任务。

(1)三步焊接操作法的训练。

(2)印制电路板上元器件的焊接。

①插装焊接针脚式电阻器十个。

②插装焊接电位器五个。

③插装焊接瓷片、涤纶电容器等非极性电容器十个。

④插装焊接三极管十个。

⑤插装焊接立式电阻器十个。

⑥插装焊接极性电容器十个。

⑦插装焊接双排直列 16 芯集成电路插座五个。

(3)元器件的拆焊。

①用铜编织带拆焊电阻器、电容器。

②用气囊吸锡器和吸锡电烙铁拆焊三极管和电位器。

③用空心针拆焊集成电路插座。

## 相关知识

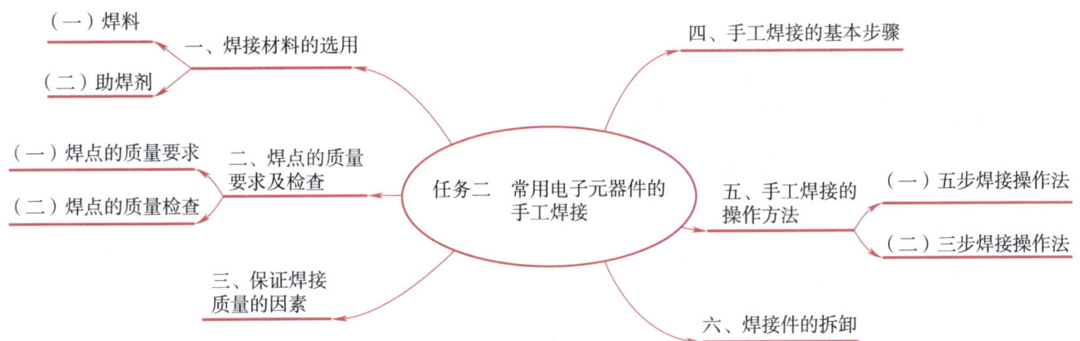

## 一、焊接材料的选用

### （一）焊料

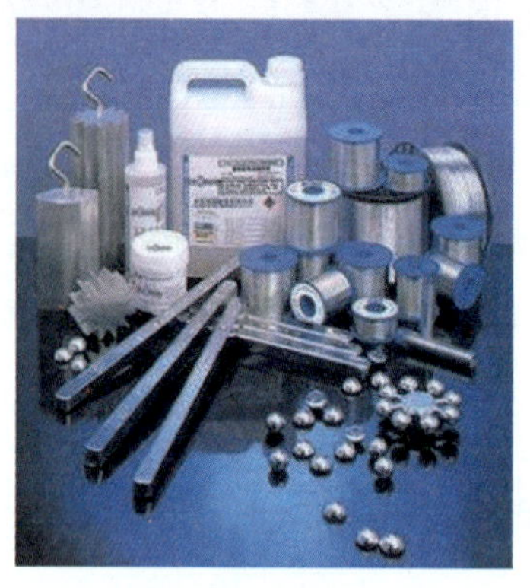

#### 1. 焊料的种类

焊料是指易熔的金属及其合金。它的作用是将被焊件连接在一起。焊料的熔点比被焊件熔点低，易于与被焊件连为一体。

焊料按其组成，可分为锡铅焊料、银焊料、铜焊料；按照使用环境温度，可分为高温焊料和低温焊料；根据熔点不同，可分为硬焊料和软焊料。熔点在 450 ℃以下的称为软焊料，熔点在 450 ℃以上的称为硬焊料。

#### 2. 焊料的选用

在电子产品整机装配中，一般选用锡铅焊料（简称焊锡），尤其是内部夹有固体焊剂的松香焊锡。这种焊料有以下优点。

（1）熔点低。它在 180 ℃时便可熔化，使用 25 W 外热式或 20 W 内热式的电烙铁便可进行焊接。

（2）具有一定的机械强度。锡铅合金比纯锡、纯铅的强度要高。又因为电子元器件本身的质量较小，所以锡铅焊料能满足对焊点强度的要求。

（3）具有良好的导电性。

（4）抗腐蚀性能好。用其焊接后，不必涂抹保护层就能抵抗空气的腐蚀，从而减少了工艺流程，降低了成本。

（5）对元器件引脚及其他导线的结合力强，不易脱落。

焊锡丝直径有 0.5 mm、0.6 mm、0.8 mm、1.0 mm、5.0 mm 等多种规格，一般选用的焊锡丝直径略小于焊盘的直径。

### （二）助焊剂

#### 1. 助焊剂的作用

在进行焊接时，为使被焊件与焊料焊接牢靠，要求被焊件的金属表面无氧化物和杂质，以保证焊锡与被焊件的金属表面固体结晶组织之间发生合金反应，即原子状态相互扩散。因此，焊接开始之前，必须采取有效措施除去被焊件金属表面的氧化物和杂质。通常用机械方法或化学方法除去氧化物和杂质。化学方法常使用助焊剂，它具有不损坏被焊件和效率高的特点。而且在加热时，助焊剂可防止金属氧化，帮助焊料流动，减小表面张力，将热量从烙铁头快速传到焊料和被焊件的金属表面等特点，从而可大大提高焊接质量。

### 2. 助焊剂的种类

(1)无机系列助焊剂。这类助焊剂的主要成分是氯化锌或氯化铵及它们的混合物。其最大的优点是助焊作用好，缺点是具有很强的腐蚀性，常用于可清洗的金属制品的焊接中。如果对残留助焊剂清洗不干净，会造成被焊件的损坏。如果将其用于印制电路板的焊接，将破坏印制电路板的绝缘性。市场上出售的各种“焊油”多数属于此类助焊剂。

(2)有机系列助焊剂。有机系列助焊剂主要由有机酸卤化物组成。其优点是助焊性能好，不足之处是有一定的腐蚀性，且热稳定性差，即一经加热，便迅速分解，留下无活性残留物。

(3)树脂活性系列助焊剂。在这一类助焊剂中，最常用的是在松香焊剂中加入活性剂，如SD焊剂。松香是从各种松树分泌出来的汁液中提取的，通过蒸馏法加工可制成固态松香。它是一种天然产物，其成分与产地有关。松香酒精焊剂是用无水酒精溶解松香配制而成的，一般松香占23% ~30%。这种助焊剂的优点是无腐蚀性，有高绝缘性能、长期的稳定性及耐湿性，焊接后易于清洗，并能形成薄膜层覆盖焊点，使焊点不被氧化腐蚀。

### 3. 助焊剂的选用

(1)电子元器件的焊接通常采用松香或松香酒精助焊剂。纯松香焊剂的活性较弱，只有在被焊件的金属表面是清洁的且无氧化层时，其可焊性才是好的。为了清除焊接点的锈渍，保证焊接质量，也可用少量氯化铵焊剂，但焊接后一定要用酒精将焊接处擦洗干净。

(2)焊接其他金属或合金时助焊剂的选用。对于铂、金、铜、银、镀锡金属，由于它们易于焊接，所以可选用松香焊剂；对于铅、黄铜、青铜、镀镍等金属，由于它们的焊接性能差，所以可选用有机焊剂中的中性焊剂；对于镀锌、铁、锡镍合金等，因为它们的焊接困难，所以可选用酸性焊剂，但焊接后，务必对残留焊剂进行清洗。

## 二、焊点的质量要求及检查

### (一)焊点的质量要求

### 1. 外观要求

一个高质量的焊点从外观上看，应具有以下特征。

(1)形状以焊点的中心为界，左右对称，焊点呈内弧形。

(2)焊料量均匀适当，锡点表面圆满、光滑、无针孔、无松香渍、无毛刺。

(3)润湿角小于30°。

### 2. 技术要求

焊点在技术上应满足以下几方面的要求。

(1)具有一定的机械强度。为了保证被焊件在受到振动或冲击时，不出现松动，要求焊点有足够的机械强度，但不能使用过多的焊锡，且应避免出现焊锡堆积和桥焊现象。

(2)保证其良好、可靠的电气性能。由于电流要流经焊点,所以为了保证焊点具有良好的导电性,必须防止虚、假焊。出现虚、假焊时,焊锡与被焊件的金属表面没有形成合金,只是依附在被焊件的金属表面,会导致焊点的接触电阻增大,影响整机的电气性能,有时还会使电路出现时断时通的现象。

(3)具有一定大小、光泽和清洁美观的表面。焊点的外观应美观、光滑、圆润、整齐、均匀,焊锡应充满整个焊盘并与焊盘大小比例适中。

### (二)焊点的质量检查

#### 1. 目视检查

目视检查就是从外观上检查焊点有无焊接缺陷,可以从以下几个方面进行检查。

(1)焊点是否均匀,表面是否光滑、圆润。

(2)焊锡是否充满焊盘,焊锡有无过多、过少现象。

(3)焊点周围是否有残留的助焊剂和焊锡。

(4)是否有错焊、漏焊、虚焊、假焊。

(5)是否有桥焊、焊点不对称、拉尖等现象。

(6)焊点是否有针孔、松动、过热等现象。

(7)焊盘有无脱落、焊点有无裂缝。

#### 2. 手触检查

在目视检查的基础上,采用手触检查,主要是检查元器件在印制电路板上有无松动、焊接是否牢靠、有无机械损伤。可用镊子轻轻拨动焊点看有无虚焊、假焊,或夹住元器件的引脚轻轻拉动看有无松动现象。

## 三、保证焊接质量的因素

手工焊接是利用电烙铁加热焊料和被焊件,实现金属间牢固连接的一项工艺技术。这项工作看起来十分简单,但要保证众多焊点的均匀一致、个个可靠却是十分不容易的,这是因为手工焊接的质量是受多种因素影响和控制的。通常应注意以下几个保证焊接质量的因素。

#### 1. 保持清洁

要使熔化的焊料与被焊件受热形成合金,其接触表面必须十分清洁。这是焊接质量得到保证的首要因素和先决条件。

#### 2. 合适的焊料和焊剂

电子设备的手工焊接通常采用锡铅焊料,以保证焊点有良好的导电性及足够的机械强度。

#### 3. 合适的电烙铁

手工焊接主要使用电烙铁。应按焊接对象选用不同功率的电烙铁,不能只用一把电烙铁完成不同形状、不同热容量焊点的焊接。

#### 4. 合适的焊接温度

焊接温度是指焊料和被焊件之间形成合金层所需要的温度。通常焊接温度控制在 260 ℃左右,但考虑到烙铁头在使用过程中会散热,因此可以把电烙铁的温度适当提高一些,以控制在(300 ± 10) ℃为宜。

5. 合适的焊接时间

由于被焊件的种类和焊点形状的不同及焊剂特性的差异，所以焊接时间各不相同。应根据不同的对象，掌握好焊接时间。通常焊接时间不大于3 s。

6. 被焊件的可焊性

被焊件的可焊性主要是指元器件引脚、接线端子和印制电路板的可焊性。为了保证可焊性，在焊接前要进行搪锡处理或在印制电路板表面镀上一层锡铅合金。

## 四、手工焊接的基本步骤

视频

手工焊接的基本步骤

手工焊接的基本步骤为：准备→加热→加焊料→冷却→清洗。

1. 准备

焊接前的准备包括：焊接部位的清洁处理，导线与接线端子的钩连，元器件的插装，焊料、焊剂和工具的准备，使连接点（焊点）处于随时可以焊接的状态。

2. 加热

用烙铁头加热焊接部位，使连接点的温度升至焊接需要的温度。加热时，烙铁头和焊点要有一定的接触面和接触压力。

3. 加焊料

加热到一定温度后，即可在烙铁头与焊点的接合处或烙铁头对称的一侧加上适量的焊料。焊料熔化后，应用烙铁头将焊料拖动一段距离，以保证焊料覆盖焊点。

4. 冷却

焊料和烙铁头离开焊点后，焊点应自然冷却，严禁用嘴吹或采用其他强制冷却的方法。在焊料凝固过程中，焊点不应受到任何外力的影响而改变位置。

5. 清洗

必须彻底清洗残留在焊点周围的焊剂、油污、灰尘。按清洗对象的不同，可采用手工擦洗、气相清洗和超声波清洗等。

## 五、手工焊接的操作方法

### （一）五步焊接操作法

五步焊接操作法是手工电烙铁焊接的基本方法。实际操作中，五步焊接操作法用得较普遍。在该方法中，各步骤之间停留的时间，对保证焊接质量而言至关重要，只有通过不断实践才能逐步掌握其操作技巧。

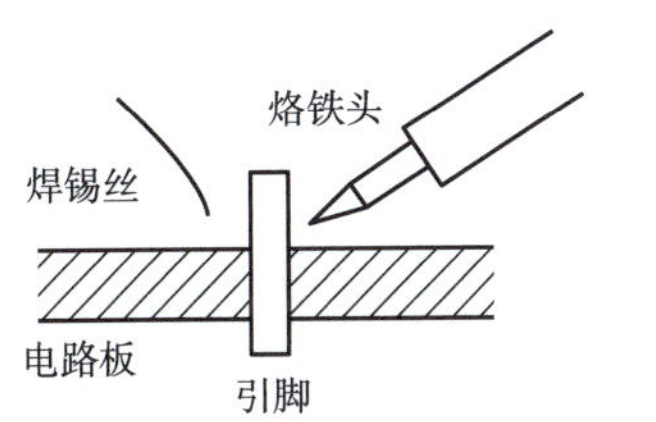


1. 准备

使焊点处于焊接状态。

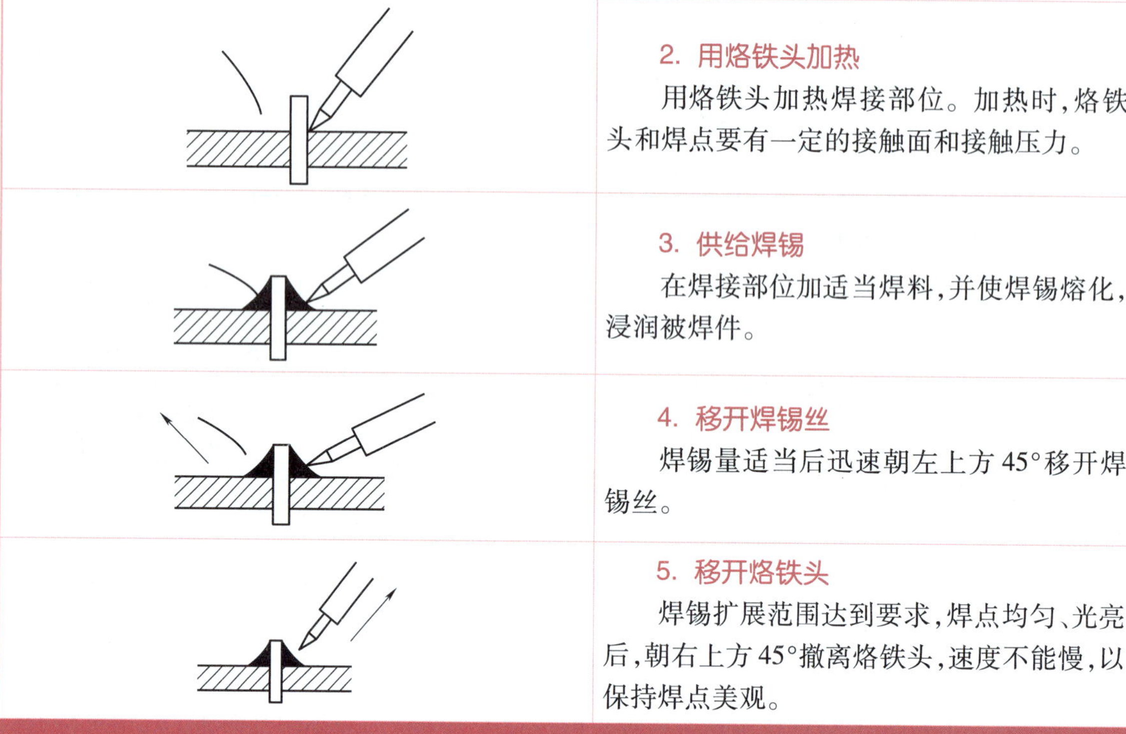

**2. 用烙铁头加热**

用烙铁头加热焊接部位。加热时，烙铁头和焊点要有一定的接触面和接触压力。

**3. 供给焊锡**

在焊接部位加适当焊料，并使焊锡熔化，浸润被焊件。

**4. 移开焊锡丝**

焊锡量适当后迅速朝左上方 45°移开焊锡丝。

**5. 移开烙铁头**

焊锡扩展范围达到要求，焊点均匀、光亮后，朝右上方 45°撤离烙铁头，速度不能慢，以保持焊点美观。

### （二）三步焊接操作法

对于热容量小的焊件，如印制电路板上的小焊盘，可采用三步焊接操作法。其操作方法为：准备；加热焊接部位并同时供给焊锡；移开焊锡丝并同时移开烙铁头。

## 六、焊接件的拆卸

### 1. 拆焊的基本原则

拆焊前一定要弄清楚被拆焊点的特点，不要轻易动手。拆焊时必须遵循以下基本原则：

（1）不损坏待拆除的元器件、导线及周围的元器件。

（2）拆焊时不可损坏印制电路板上的焊盘与印制导线。

（3）对已判定为损坏的元器件，可先将其引脚剪断再拆除，这样可以减少其他损伤。

（4）在拆焊过程中，应尽量避免拆动其他元器件或变动其他元器件的位置。如确实需要，应做好复原工作。

### 2. 拆焊的操作要点

（1）严格控制加热的时间和温度。拆焊的加热时间和温度较焊接时要长、要高，但仍需要严格控制它们，以免高温损坏其他元器件。

（2）拆焊时不要用力过猛。在高温状态下，元器件封装的强度会下降，尤其是塑封元器件，用力地拉、摇、扭元器件都会损坏元器件和焊盘。

（3）吸去被拆焊点上的焊料。拆焊前，应用吸锡工具吸去焊料。在没有吸锡工具的情况下，可以将印制电路板或能移动的部件倒过来，用电烙铁加热被拆焊点，利用重力原理，让焊锡自动流向电烙铁，这样也能达到部分去锡的目的。

## 3. 常用的拆焊方法

| | |
|---|---|
| 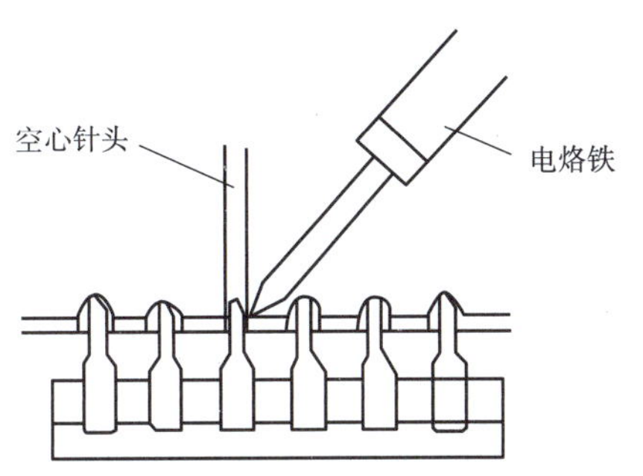 | 1)用空心针头拆焊<br>可用8到12号的空心针头若干作为拆焊工具。其具体操作方法是:一边用电烙铁熔化焊点,一边把针头套在被焊的元器件引脚上,待焊点熔化后,将针头迅速插入印制电路板的孔内,再拿开电烙铁,旋转针头,待焊锡凝固后,元器件的引脚与印制电路板的焊盘即脱开。 |
| 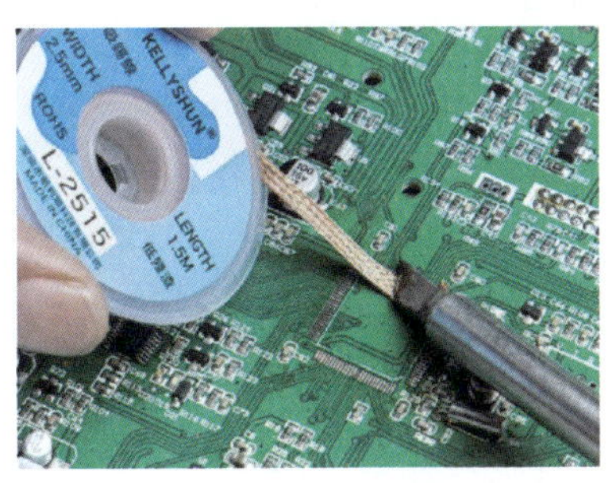 | 2)用铜编织带拆焊<br>将铜编织带的端部一段涂上松香焊剂,然后放在被拆焊点上,再把电烙铁放在铜编织带上加热焊点,焊点上的焊锡熔化后,就会被铜编织带吸去。若焊点上的焊料一次未吸完,则可进行第二次、第三次,直至吸完为止。当铜编织带吸满焊料后就不能再使用了,需将吸满焊料的部分剪去。 |
| 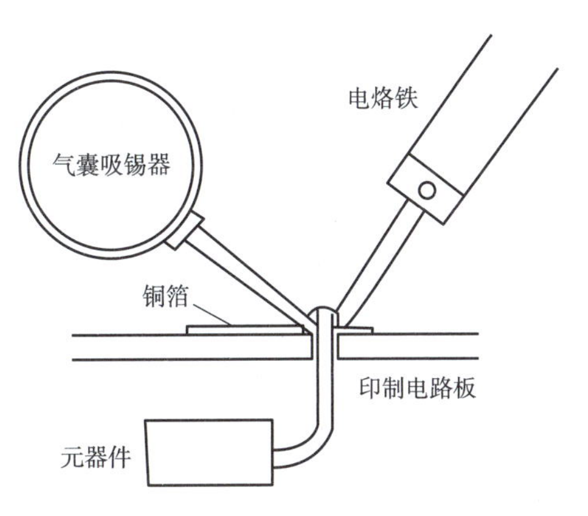 | 3)用气囊吸锡器拆焊<br>将被拆焊点加热使焊料熔化,把气囊吸锡器挤瘪,将其吸嘴对准熔化的锡料,然后放松气囊吸锡器,焊料就会被吸进气囊吸锡器内。 |
|  | 4)用吸锡电烙铁拆焊<br>吸锡电烙铁是一种专用拆焊电烙铁,它能在对焊点加热的同时,把锡吸入内腔,从而完成拆焊。 |

5)用热风枪拆焊

使用热风枪进行拆焊,一定要掌握好风力、风速和风力的方向。若操作不当,则会将元器件吹跑,甚至会将周围小型元器件的位置吹动或将其吹跑。用热风枪拆焊的具体方法如下。

(1)用小刷子将小型元器件周围的杂质清理干净,往小型元器件上加注少许松香水。

(2)安装好热风枪的细嘴喷头,打开电源开关,调节其温度开关在2～3挡,风速开关在1～2挡。

(3)一只手用镊子夹住元器件,另一只手拿稳热风枪柄,使其喷头对准欲拆卸的元器件,距离为2～3 cm,然后均匀加热(注意,喷头不可碰触元器件),待元器件周围焊锡熔化后用镊子将元器件取下即可。

## 任务实施

### 元器件的插装、焊接与拆焊

#### 1. 所需器材

(1)工具:电烙铁、偏口钳、尖嘴钳、镊子、小螺丝刀、空心针、吸锡器、防静电手腕或防静电手套、铜编织带(网)各一个;焊锡丝、松香助焊剂、无水酒精适量。

(2)器材:针脚式电阻器、电容器、三极管、集成电路插座若干,其中电阻器的数量可多一些。因为集成电路块的成本高,所以可用插座代替。印制电路板1至两块(可用工厂生产的废印制电路板)。

#### 2. 完成内容

(1)焊接练习。利用废旧的电阻器,先依据五步焊接操作法在印制电路板上练习焊接技能,待技能稳定熟练后转入三步焊接操作法的训练。

(2)印制电路板上元器件的焊接。首先按照要求对元器件引脚进行整形,并在印制电路板上进行插装(也可使用整形插装过元器件的印制电路板);然后按照焊接工艺要求完成元器件的焊接。最后所交的焊接作业中至少应包含以下焊接内容。

①插装焊接针脚式电阻器十个。

②插装焊接电位器五个。

③插装焊接瓷片、涤纶电容器等非极性电容器十个。

④插装焊接三极管十个。

⑤插装焊接立式电阻器十个。

⑥插装焊接极性电容器十个。

⑦插装焊接双排直列16芯集成电路插座五个。

(3)元器件的拆焊。对上述焊接完毕的印制电路板,利用多种拆焊工具进行拆焊练习。

①用铜编织网拆焊电阻器、电容器。

②用气囊吸锡器和吸锡电烙铁拆焊三极管和电位器。

③用空心针拆焊集成电路插座。

## 任务评价

基于任务实施内容，进行任务评价，分学生自评和教师评估，将评价分值填入表5-2中。

表5-2　任务评价

| 检测内容 | 分值 | 评分标准 | 学生自评 | 教师评估 |
| --- | --- | --- | --- | --- |
| 工具使用 | 10 | 工具用途不明确，扣2～5分；工具使用方法不正确，扣2～5分 | | |
| 焊接质量 | 30 | 有搭焊、假焊、虚焊、露焊、桥焊、焊盘脱落等，每处扣5分；有毛刺、焊料过多、焊料过少、焊点不光滑、引脚过长、焊盘不整洁等，每处扣2分 | | |
| 拆焊 | 30 | 出现元器件损坏，每处扣5分；有散锡、拉丝、锡余留、焊盘翘起或脱落，每处扣3分；集成电路引脚损坏，每处扣3分 | | |
| 安全操作 | 10 | 不按照规定操作，损坏工具、公物，每项扣4分 | | |
| 现场管理 | 10 | 实训器材摆放乱、结束后不清理现场，每项扣5分 | | |
| 对任务的“专注、坚持、创新”精神 | 10 | 对元器件的插装、焊接、拆焊过程中，缺少任劳任怨、踏实肯干、苦心钻研的精神，酌情扣3～10分 | | |
| 合计 | | | | |

# 任务三　表面贴装元器件的手工焊接

## 任务目标

### 1. 知识目标

归纳SMT（表面安装技术）焊接和拆焊的技术要求。

### 2. 技能目标

完成SMT的焊接和拆焊。

### 3. 素养目标

培养学生的敬业精神。

## 任务描述

现代电子系统的微型化、集成化程度越来越高，传统的通孔安装技术逐步向新一代电子组装技术——SMT过渡。SMT是将电子元器件直接贴装在基板表面的安装技术。SMT是集表面安装元件（SMC）、表面安装器件（SMD）、表面安装电路板（SMB）、自动安装、自动焊接及测试等技术于一体的一整套完整工艺技术的总称。

基于恒温电烙铁、细焊锡丝、松香焊锡膏、酒精、热风枪、镊子、防静电手腕或防静电手套、铜编织带(网)、放大镜等工具材料;贴片电阻器、电容器、二极管、三极管、集成电路等电子元器件;印制电路板一至两块,完成以下任务。

(1)手工焊接贴片电阻器、电容器、二极管、三极管、集成电路等电子元器件。

(2)在含有贴片元器件的印制电路板上进行拆焊贴片元器件训练。

## 相关知识

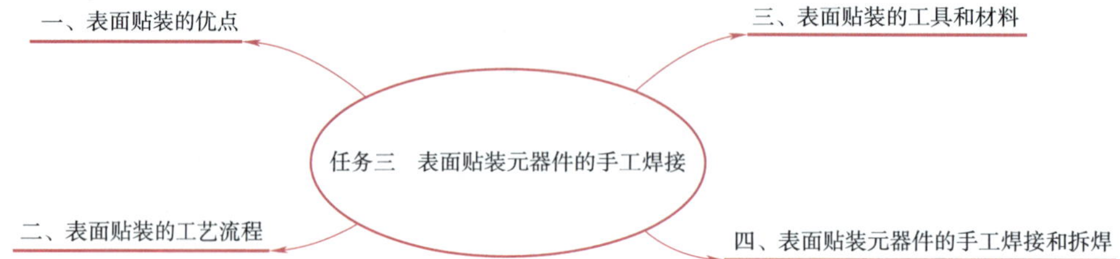


## 一、表面贴装的优点

### 1. 高密度

贴片元器件尺寸小,能够有效地利用印制电路板的面积,使得整机产品的主板可以减小到其他装接方式的10% ~30%,质量减小60%,实现微型化。

### 2. 高可靠

贴片元器件引脚短或无引脚,质量小,抗振能力强,焊点可靠性高。

### 3. 高性能

贴片元器件的引脚短和高密度安装的优点使得电路的高频性能得到改善,数据传输速率增加,传输延迟减小,从而可实现高速度的信号传输。

### 4. 高效率

适合自动化生产。

### 5. 低成本

综合成本下降30%以上。

## 二、表面贴装的工艺流程

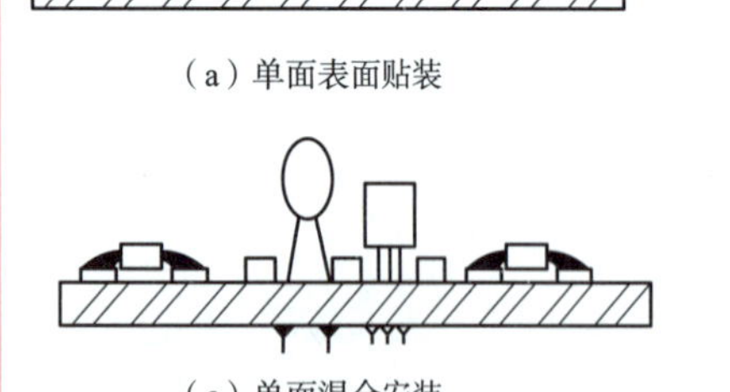

(a)单面表面贴装

(c)单面混合安装

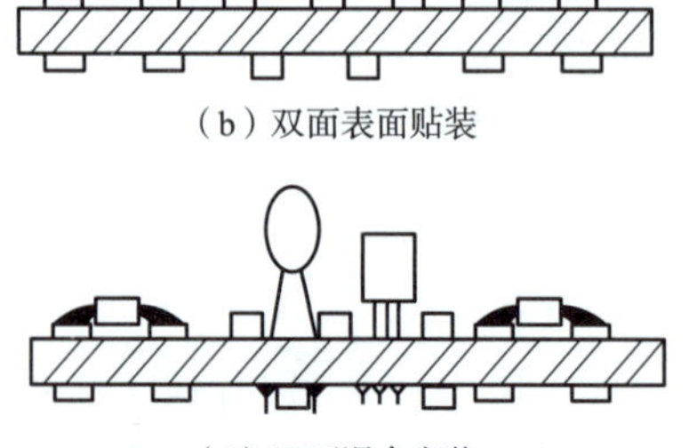

(b)双面表面贴装

(d)双面混合安装

通常情况下,印制电路板上既有表面贴装元器件,也有通孔安装元器件。因此,表面安装有单面表面贴装、双面表面贴装、单面混合安装、双面混合安装四种形式。

不同的安装形式有不同的工艺流程，总体来说，表面贴装的工艺流程包括：固定基板→焊接表面（贴装面）涂敷焊膏→贴装片状元器件→烘干→回流焊→清洗→检测。若采用双面表面贴装或混合安装，则检测工序一般在安装完成后再进行。通常情况下，待贴片元器件安装完成后再进行通孔元器件的安装。

## 三、表面贴装的工具和材料

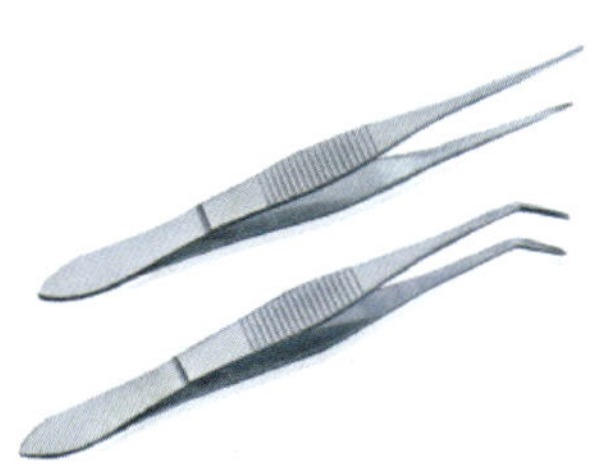

### 1. 镊子

需用比较尖的镊子，而且必须是不锈钢的，这是因为其他材料的镊子可能会带有磁性。而贴片元器件比较轻，如果镊子有磁性就会被吸在上面下不来。

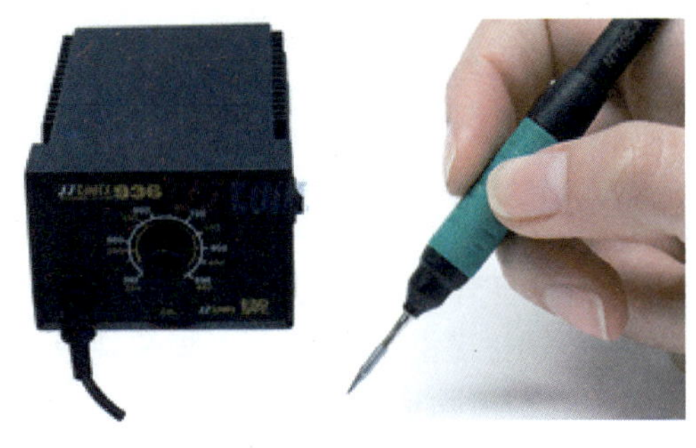

### 2. 电烙铁

需用25 W的铜头小烙铁。有条件的可使用温度可调和带ESD（静电释放）保护的焊台。注意烙铁头尖要细，顶部的宽度不能大于1 mm。

### 3. 热风枪

热风枪是用于焊接或拆多引脚贴片元器件的。

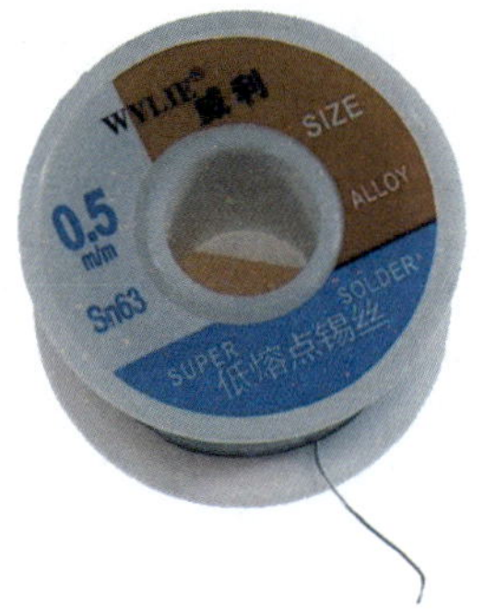


### 4. 细焊锡丝

需要0.3～0.5 mm的焊锡丝。粗的（0.8 mm以上）焊锡丝不能用，否则不容易控制给锡量。

### 5. 吸锡用的铜编织带

当集成电路的相邻两引脚被锡短路后，不宜用传统的吸锡器。采用铜编织带吸锡效果最好。

### 6. 放大镜

使用有座和带环形灯管的放大镜，不能用手持式的代替。因为有时需要在放大镜下双手操作。放大镜的放大倍数应在 5 倍以上。

此外，还需要松香焊锡膏、异丙基酒精等。使用松香焊锡膏的目的是作为助焊剂以增加焊锡的流动性，这样焊锡可以用电烙铁牵引，并依靠表面张力的作用，光滑地包裹在引脚和焊盘上。焊接后需用酒精清除板上的焊剂。

## 四、表面贴装元器件的手工焊接和拆焊

### 1. 引脚较少元器件的焊接和拆焊

对于引脚较少的元器件，如电阻器、电容器、二极管、三极管等，先在印制电路板的其中一个焊盘上镀上锡；然后左手用镊子夹持元器件放到安装位置并抵住印制电路板，右手用电烙铁将已镀锡焊盘上的引脚焊好。元器件焊上一只引脚后便不会移动，此时左手的镊子可以松开，改用焊锡丝将其余的引脚焊好。如果要拆焊这类元器件，只要用两把电烙铁（左、右手各一把）将元器件的两端同时加热，等焊锡熔化后，轻轻一提即可将其取下。

### 2. 引脚较多元器件的焊接和拆焊

对于引脚较多但间距较宽的贴片元器件[如许多SO(小外形封装)型的集成电路,其引脚的数目在6～20之间,引脚间距在1.27 mm左右]也可采用类似的方法,即先在一个焊盘上镀锡,然后左手用镊子夹持元器件将它的一只引脚焊好,再用焊锡丝焊其余的引脚。这类元器件的拆焊一般用热风枪较好:一只手持热风枪将焊锡吹熔,另一只手用镊子等夹具趁焊锡熔化之际将元器件取下即可。

### 3. 引脚密度较高元器件的焊接和拆焊

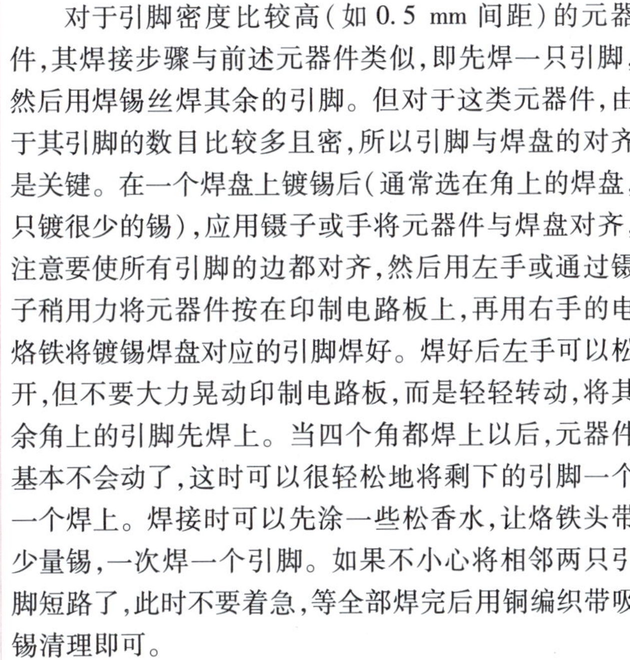

对于引脚密度比较高(如0.5 mm间距)的元器件,其焊接步骤与前述元器件类似,即先焊一只引脚,然后用焊锡丝焊其余的引脚。但对于这类元器件,由于其引脚的数目比较多且密,所以引脚与焊盘的对齐是关键。在一个焊盘上镀锡后(通常选在角上的焊盘,只镀很少的锡),应用镊子或手将元器件与焊盘对齐,注意要使所有引脚的边都对齐,然后用左手或通过镊子稍用力将元器件按在印制电路板上,再用右手的电烙铁将镀锡焊盘对应的引脚焊好。焊好后左手可以松开,但不要大力晃动印制电路板,而是轻轻转动,将其余角上的引脚先焊上。当四个角都焊上以后,元器件基本不会动了,这时可以很轻松地将剩下的引脚一个一个焊上。焊接时可以先涂一些松香水,让烙铁头带少量锡,一次焊一个引脚。如果不小心将相邻两只引脚短路了,此时不要着急,等全部焊完后用铜编织带吸锡清理即可。

引脚密度较高元器件的拆焊主要用热风枪:一只手用适当工具(如镊子)夹住元器件,另一只手用热风枪来回吹所有的引脚,等焊锡都熔化时将元器件提起即可。拆下元器件后,应用电烙铁清理焊盘。

## 任务实施

### 表面贴装元器件的焊接与拆焊

#### 1. 所需器材

(1)工具:恒温电烙铁、热风枪、镊子、防静电手腕或防静电手套、铜编织带(网)、放大镜各一个;细焊锡丝、松香焊锡膏、酒精等适量。

(2)器材:贴片电阻器、电容器、二极管、三极管、集成电路若干;印制电路板一至两块(可用工厂生产的废印制电路板)。

2. 完成内容

分别用电烙铁和热风枪按照前文讲述的焊接和拆焊方法,在印制电路板上焊接贴片元器件,再拆焊此类元器件。如此反复练习,以最好的一次结果进行任务评价。

## 任务评价

基于任务实施内容,进行任务评价,分学生自评和教师评估,将评价分值填入表5-3中。

表5-3 任务评价

| 检测内容 | 分值 | 评分标准 | 学生自评 | 教师评估 |
| --- | --- | --- | --- | --- |
| 工具使用 | 10 | 工具用途不明确,扣2~5分;工具使用方法不正确,扣2~5分 | | |
| 焊接质量 | 30 | 有搭焊、假焊、虚焊、露焊、桥焊等,每处扣5分;有毛刺、焊料过多、焊料过少、焊盘不整洁等,每处扣2分;引脚与焊盘对应不齐整,每处扣2~5分 | | |
| 拆焊 | 30 | 出现元器件损坏,每处扣5分;有散锡、拉丝、锡余留、焊盘翘起或脱落,每处扣3分;集成电路引脚损坏,每处扣3分 | | |
| 安全操作 | 10 | 不按照规定操作,损坏工具、公物,每项扣5分 | | |
| 现场管理 | 10 | 实训器材摆放乱、结束后不清理现场,每项扣5分 | | |
| 敬业精神 | 10 | 从焊接、插焊质量角度评判。有不规范焊接,粗糙拆焊,酌情扣3~10分 | | |
| 合计 | | | | |

## 思考与练习

(1)为什么有时烙铁头上不粘锡?怎么办?

(2)什么是焊接?为什么通常都用焊接工艺来处理金属导体的连接?

(3)什么是焊料?为什么常采用铅锡合金作为焊料?

(4)简述手工焊接中保证焊接质量的因素。

(5)简述手工焊接有哪几个基本步骤?

(6)手工焊接按步骤划分有五步焊接操作法和三步焊接操作法两大类,简述"五步"是指哪五步?"三步"是指哪三步?

(7)简述焊接件拆卸时常用吸除焊锡的方法。

(8)导线与接线端子的焊接按其连接方式的不同可分为哪几种?

(9)简述表面安装技术(SMT)的优点。

(10)常见的焊点缺陷有哪些?

学习笔记

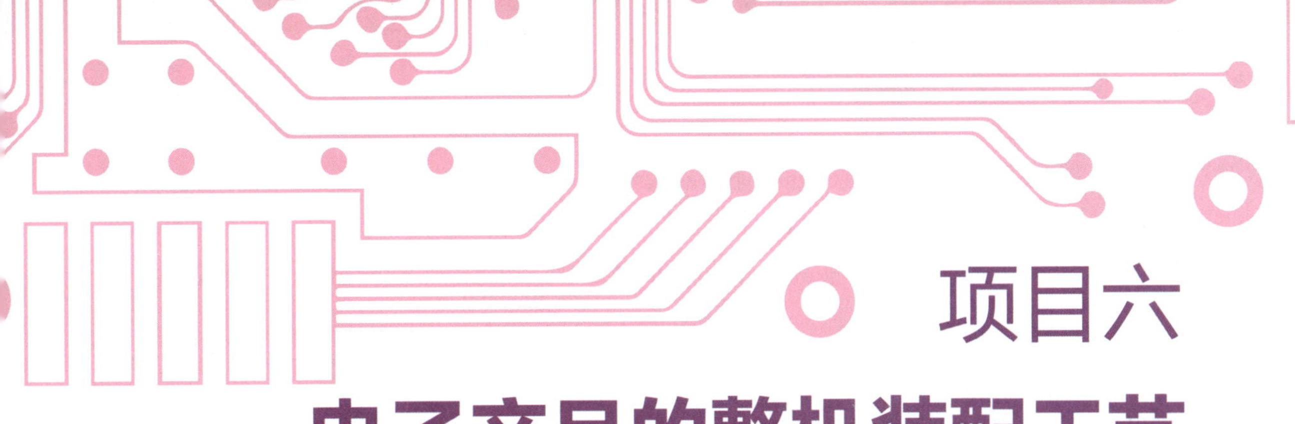

# 项目六 电子产品的整机装配工艺

电子产品的整机装配是以设计文件为依据，按照生产工艺文件的工艺规程和具体要求，将各种电子元器件、机电元件及结构件装连在印制电路板、机壳、面板等指定位置上，构成具有一定功能的完整电子产品的过程。

识读电子产品电路图和生产工艺文件是电子产品整机装配的基础。

## 任务一 识读电子产品电路图

### 任务目标

**1. 知识目标**

(1)撰写识读整机电路原理图的基本方法；

(2)归纳识读印制电路图的方法；

(3)列举由印制电路图绘制电路原理图的方法；

(4)归纳设计文件和工艺文件的分类、作用和格式。

**2. 技能目标**

(1)模拟识读框图、单元电路图、电路原理图和印制电路图；

(2)解读收音机的框图、电路原理图、印制电路图；

(3)编写装配直流稳压电源的技术文件。

**3. 素养目标**

培养学生对基础性知识的认知，为以后工作的创新做好铺垫。

### 任务描述

在安装元器件前应熟悉其安装位置特点及工艺要求，并预先将元器件的引脚加工成一定的形状。成型后的元器件既便于插装，又方便焊接，同时也能够加强元器件安装后的防振能力，保证电子设备的可靠性。

基于超外差式调幅收音机的电路图，完成以下任务。

(1)根据超外差式调幅收音机的电路原理图，参考超外差式调幅收音机的框图或自己设计一个框图，在其中填入单元电路的名称，并画出几个关键点的波形。

(2)根据超外差式调幅收音机的电路原理图，分别写出各个元器件的名称和功能。

(3)对照超外差式调幅收音机的印制电路图,分别找出元器件的位置,要求每分钟找出十个元器件,并将找到的元器件用铅笔圈注。

通过上述技能储备,进一步熟悉超外差式调幅收音机的框图、单元电路图、印制电路图。

## 相关知识

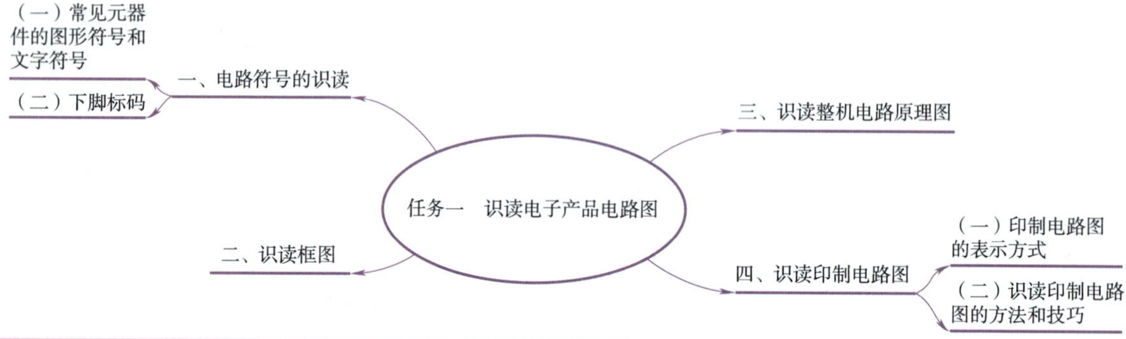


## 一、电路符号的识读

### (一)常见元器件的图形符号和文字符号

常见元器件的图形符号和文字符号

| 图形符号 | 名称和文字符号 |
|---|---|
|  一般表示 可调电阻器 光敏电阻器 | 电阻器 R |
|  一般表示 极性电容器 | 电容器 C |
| 一般表示 磁芯(铁芯)电感器 | 电感器 L |
|  一般表示 光电二极管 发光二极管 稳压二极管 | 二极管 VD |
|  PNP型 NPN型 | 三极管 VT(BG) |
| 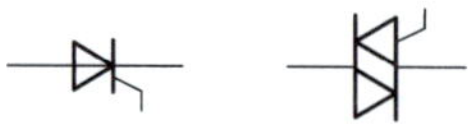 单向 双向 | 晶闸管 SCR |
| 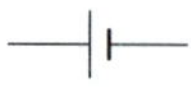  | 电源 E |
|  一般表示 | 扬声器 Y |
| 一般表示 驻极体电容式传声器 | 传声器 MIC |

续表

| 图形符号 | 名称和文字符号 |
| --- | --- |
| M<br>一般表示 | 电动机 M |
| 一般表示 | 灯 L |

## （二）下脚标码

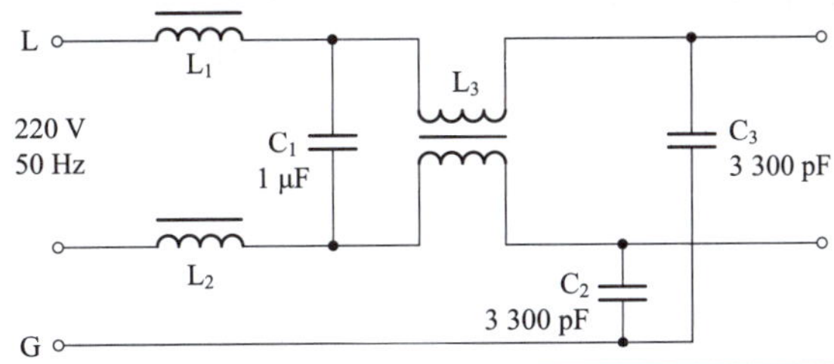


（1）同一电路图中，下脚标码表示同种元器件的序号，如 $C_1$、$C_2$、…，$L_1$、$L_2$、…。

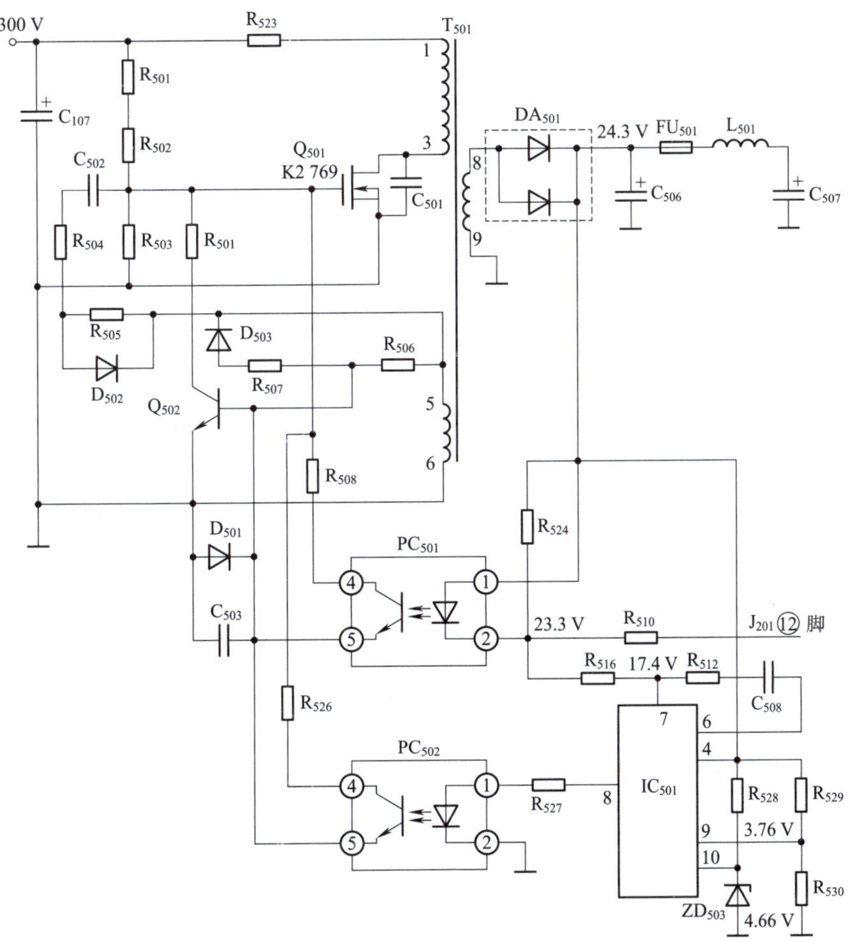

(2)电路图由若干单元电路组成，可以在元器件文字符号的前面缀以标号，表示单元电路的序号。例如，有多个单元电路的电路图中，$3R_1$、$3VT_4$ 表示单元电路 3 中的元器件。也可以对上述元器件采用 3 位标码表示它的序号及其所在单元电路，如 $R_{201}$、$VT_{204}$ 表示单元电路 2 中的元器件。

(3)下脚标码的标注方法，如 $R_1$、$R_2$ 常见于电路原理分析的书中。但在工程图里，这样的标注有弊端：第一，采用下标的形式，为制图增加了难度，而 CAD 电路设计软件中一般不提供这种形式；第二，工程图上的下脚标码容易被模糊、污染，可能导致混乱。因此，工程图里一般采用下脚标码平排的形式，如 5R1、5R2 或 R501、R502，这样更加安全可靠。

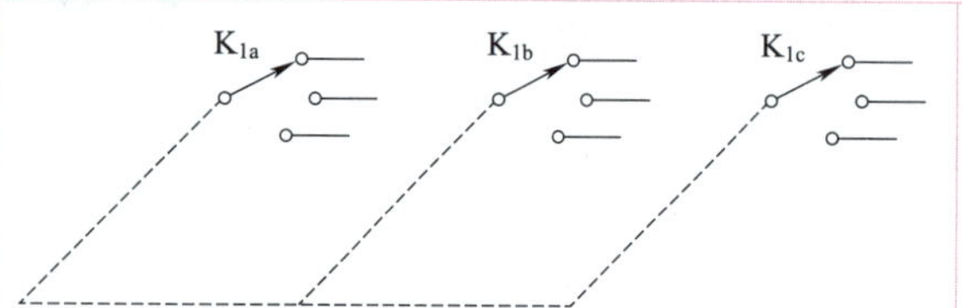


(4)当一个元器件有几个功能独立的单元时，应在标码后面再加附码，如三刀三掷开关的表示方法如左图所示。

## 二、识读框图

### 1. 整机框图

整机框图是表示整机结构的，下图所示为超外差式调幅收音机的整机框图，它能让人们一眼就看出电路的全貌、主要组成部分及各级电路的功能。

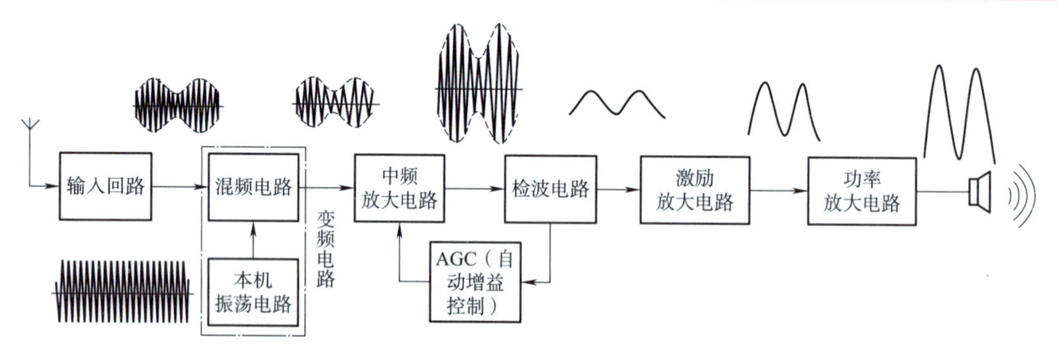


### 2. 系统框图

系统框图就是用框图形式表示系统电路的组成情况，它是整机框图下一级的框图，往往比整机框图更加详细，超外差式调幅收音机中频放大电路系统框图如下图所示。



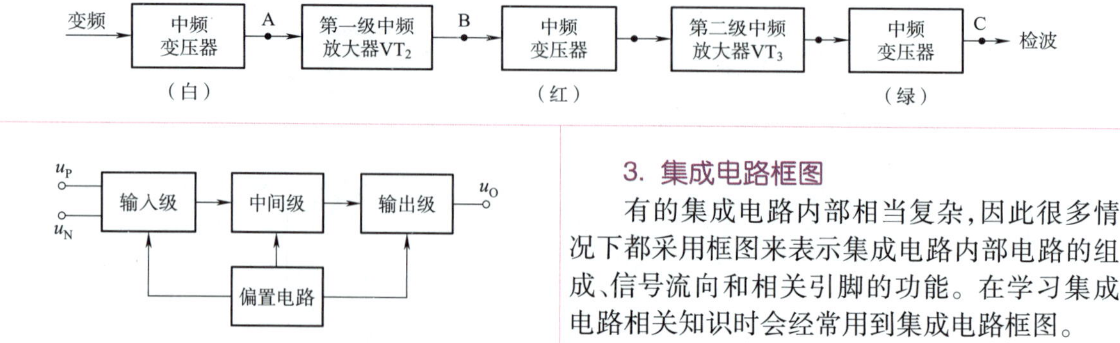


### 3. 集成电路框图

有的集成电路内部相当复杂，因此很多情况下都采用框图来表示集成电路内部电路的组成、信号流向和相关引脚的功能。在学习集成电路相关知识时会经常用到集成电路框图。

## 三、识读整机电路原理图

### 1. 信号的传输流向

要想分析信号的传输流向，必须分析电路各单元之间的关系、各部分电路的输入与输出。超外差式调幅收音机信号的传输流向如下图所示，图中用箭头指示出了超外差式调幅收音机信号的传输流向。

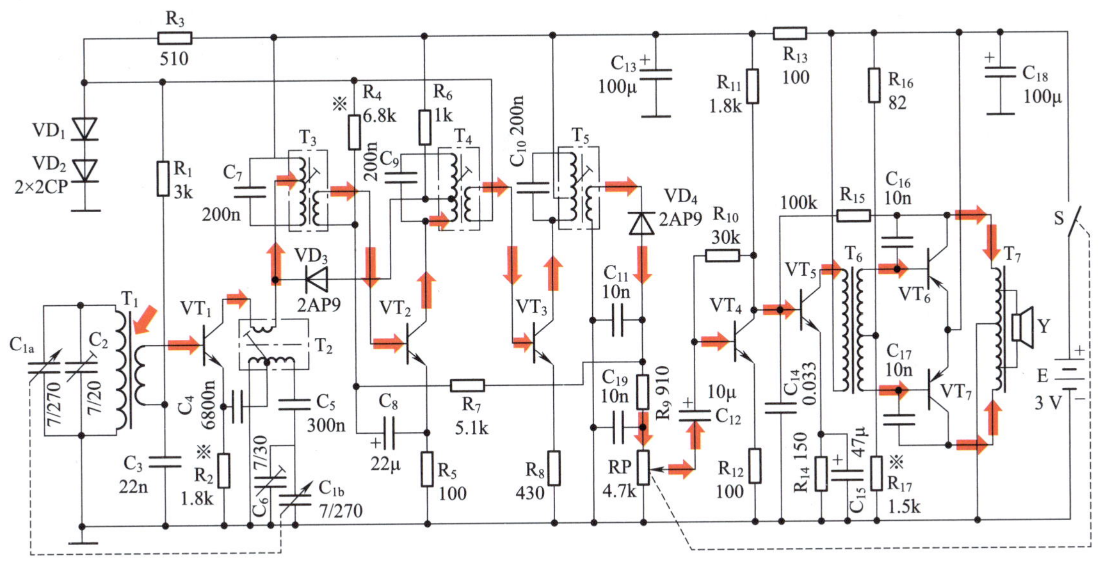


### 2. 直流供电

在检修各种电子设备时，首先应从电路原理图中分析直流供电关系，以便对电路进行分析，这是检修工作的重要步骤之一。一般情况下，电子产品的电源为直流电源，因此有正、负极之分。分析直流电路时可以以公用端，即零电位端为基点来分析其他各点电压的大小。超外差式调幅收音机的直流供电图如下图所示，图中用箭头指明了超外差式调幅收音机直流供电的情况。

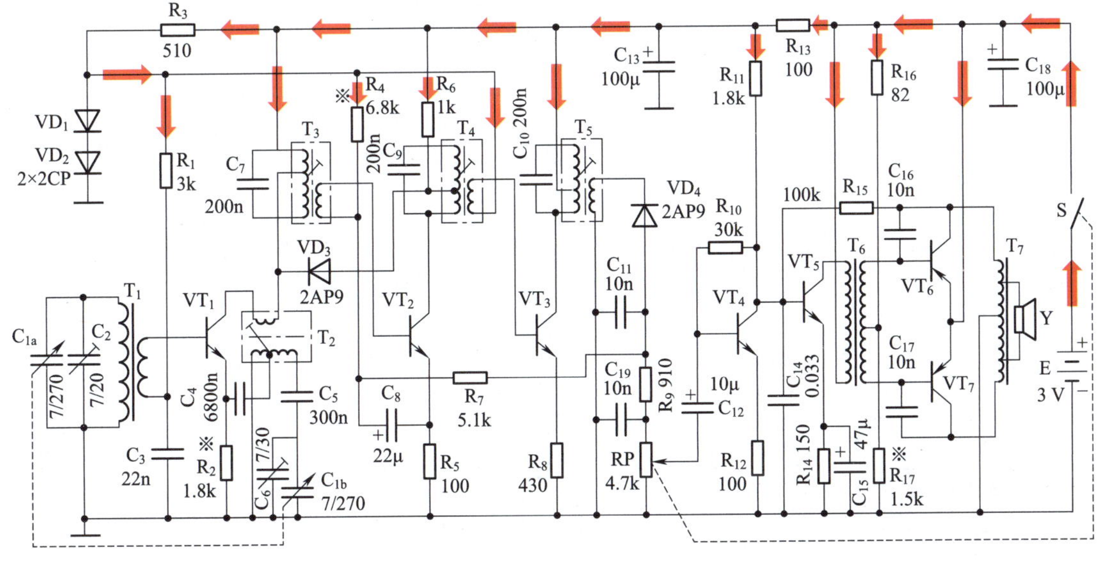

### 3. 识读单元电路图

识读单元电路图的主要任务是掌握电路原理、功能、结构、类型、信号的变换过程、波形与参数。下面按照信号的传输流向来分析超外差式调幅收音机的各单元电路。

1)输入回路的识读

常见的输入回路有磁性天线输入回路和外接天线输入回路两种。在通常情况下,磁性天线输入回路用于中波广播的接收,外接天线输入回路用于短波和调频广播的接收。输入回路的识读下表。

**输入回路的识读**

| 名称 | 说明 |
| --- | --- |
| 电路结构 | 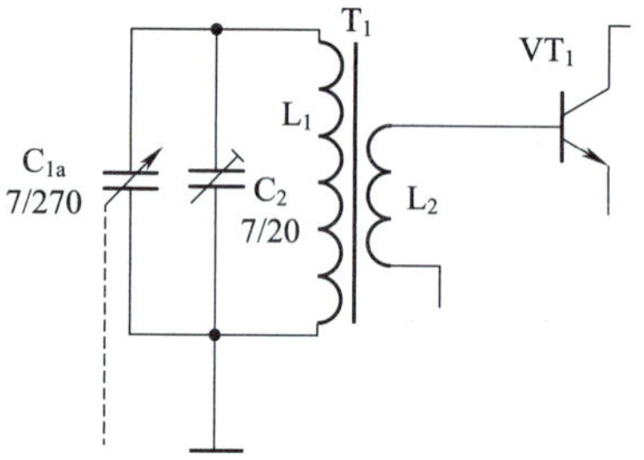 $T_1$ $VT_1$ $L_1$ $C_{1a}$ 7/270 $C_2$ 7/20 $L_2$ |
| 元器件作用 | (1)磁性天线 $T_1$:感应接收信号,磁棒汇集大量不同频率的电磁波,其中,$L_1$ 为调谐线圈,$L_2$ 为输入耦合线圈。<br>(2)双联调谐电容 $C_{1a}$:调谐。<br>(3)补偿电容 $C_2$:使输入回路、本振回路的频率同步 |
| 电路工作原理 | 由磁性天线或外接天线所产生的感应电动势馈入输入回路中。输入回路的调谐线圈 $L_1$ 与调谐电容 $C_{1a}$ 组成 LC 串联谐振电路,其谐振频率 $f=\dfrac{1}{2\pi\sqrt{LC_{1a}}}$。调节双联调谐电容 $C_{1a}$ 使回路谐振在某一电台的频率上,这时,该电台信号在调谐线圈 $L_1$ 上的感应电动势最强,则该频率的电台信号就被选择出来,经调谐线圈 $L_1$、输入耦合线圈 $L_2$ 的耦合将信号送入后级变频电路。双联调谐电容用来实现输入电路频率与本振电路频率的同步跟踪,以保证本振信号频率总比输入信号频率高 465 kHz |
| 电路作用 | 选择所要接收的电台信号。不同的电台信号有不同的频率,输入回路的任务是从接收到的各种不同频率的信号中选出所要接收的电台信号,并抑制其他无用信号及各种噪声信号 |
| 电路要求 | (1)要有良好的选择性。<br>(2)频率覆盖要正确。<br>(3)电压传输系数要大 |

2)变频电路的识读

变频电路由本机振荡器、混频器和选频回路三部分组成。变频电路的识读见下表。

**变频电路的识读**

| 名称 | 说明 |
|---|---|
| 电路结构 | 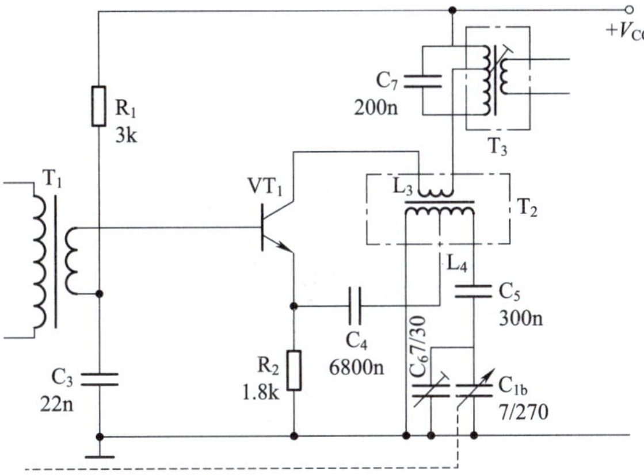 |
| 元器件作用 | (1)变频管 $VT_1$:变频。<br>(2)$T_2$ 的一次线圈 $L_3$:耦合信号,并为振荡信号提供正反馈支路。<br>(3)高频旁路电容 $C_3$:使变频管基极高频接地,对本振信号构成共基极电路。<br>(4)振荡耦合电容 $C_4$:将振荡信号注入发射极。<br>(5)发射极电阻 $R_2$:起直流负反馈、稳定工作点作用,又是振荡回路的负载。<br>(6)基极偏置电阻 $R_1$:给基极提供直流偏置。<br>(7)$T_2$ 的二次线圈 $L_4$:本机振荡线圈(调谐电感)。<br>(8)补偿电容 $C_6$:高端跟踪。<br>(9)垫整电容 $C_5$:低端跟踪。<br>(10)谐振电容 $C_7$:与中频变压器 $T_3$ 组成并联谐振网络。<br>(11)中频变压器 $T_3$:与电容 $C_7$ 组成并联谐振网络。<br>(12)双联调谐电容 $C_{1b}$:调谐 |
| 电路工作原理 | 本机振荡器产生一个比电台信号高频载波 $f_1$ 高 465 kHz 的高频等幅振荡信号,其频率为 $f_2$。$f_2$ 与 $f_1$ 一起送入混频器,在混频器中利用晶体管的非线性功能,对两路信号进行混频处理,使混频器输出频率分别为 $(f_2+f_1)$、$(f_2-f_1)$ 的调幅波分量。在混频器的输出端,利用谐振频率为 465 kHz 的选频回路,选出 465 kHz 中频信号,从而完成变频过程 |
| 电路作用 | 变换所接收电台信号的载波频率,即将输入电路选出的各个电台信号由原来的载波频率都变为固定的中频(465 kHz),同时保持中频信号的包络与原高频信号包络完全一致。该电路是超外差式调幅收音机的重要组成部分 |
| 电路要求 | (1)要有良好的频率跟踪特性,即本振频率要始终比电台频率高 465 kHz。<br>(2)工作稳定性要好,噪声系数小,增益适当 |

3)中频放大电路的识读

中频放大电路通常由两到三级放大电路组成,其电路的识读见下表。

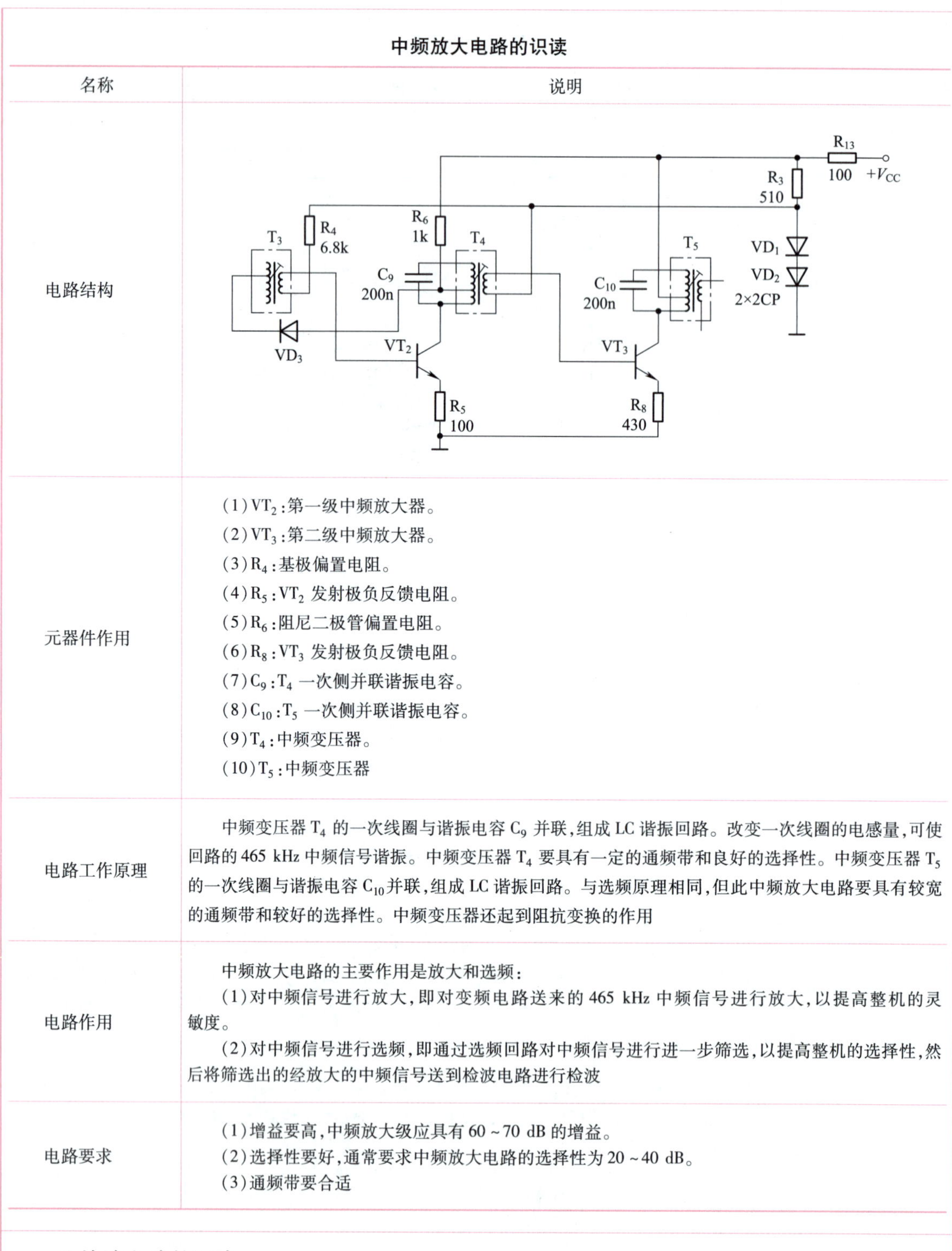


**中频放大电路的识读**

| 名称 | 说明 |
| --- | --- |
| 电路结构 | （电路图见上） |
| 元器件作用 | (1)$VT_2$:第一级中频放大器。<br>(2)$VT_3$:第二级中频放大器。<br>(3)$R_4$:基极偏置电阻。<br>(4)$R_5$:$VT_2$ 发射极负反馈电阻。<br>(5)$R_6$:阻尼二极管偏置电阻。<br>(6)$R_8$:$VT_3$ 发射极负反馈电阻。<br>(7)$C_9$:$T_4$ 一次侧并联谐振电容。<br>(8)$C_{10}$:$T_5$ 一次侧并联谐振电容。<br>(9)$T_4$:中频变压器。<br>(10)$T_5$:中频变压器 |
| 电路工作原理 | 中频变压器 $T_4$ 的一次线圈与谐振电容 $C_9$ 并联,组成 LC 谐振回路。改变一次线圈的电感量,可使回路的 465 kHz 中频信号谐振。中频变压器 $T_4$ 要具有一定的通频带和良好的选择性。中频变压器 $T_5$ 的一次线圈与谐振电容 $C_{10}$ 并联,组成 LC 谐振回路。与选频原理相同,但此中频放大电路要具有较宽的通频带和较好的选择性。中频变压器还起到阻抗变换的作用 |
| 电路作用 | 中频放大电路的主要作用是放大和选频:<br>(1)对中频信号进行放大,即对变频电路送来的 465 kHz 中频信号进行放大,以提高整机的灵敏度。<br>(2)对中频信号进行选频,即通过选频回路对中频信号进行进一步筛选,以提高整机的选择性,然后将筛选出的经放大的中频信号送到检波电路进行检波 |
| 电路要求 | (1)增益要高,中频放大级应具有 60 ~ 70 dB 的增益。<br>(2)选择性要好,通常要求中频放大电路的选择性为 20 ~ 40 dB。<br>(3)通频带要合适 |

4)检波电路的识读

检波电路包括检波器件和低通滤波电路两大部分,其电路的识读见下表。

**检波电路的识读**

| 名称 | 说明 |
|---|---|
| 电路结构 | $T_5$　$VD_4$ 2AP9　$C_{11}$ 10n　$C_{19}$ 10n　$R_9$ 910　RP 4.7k　$C_{12}$ 10μ　去低频（音频）放大 |
| 元器件作用 | (1) $VD_4$：检波二极管。<br>(2) $R_9$、$C_{11}$、$C_{19}$：构成 Π 形低通滤波器。<br>(3) RP：音量电位器。<br>(4) $C_{12}$：隔直耦合电容 |
| 电路工作原理 | 利用二极管的单向导电特性把中频信号的正半周截去，变成只有负半周的中频脉动信号，这个脉动信号包含了直流成分、音频、中频及其谐波等，再经过低通滤波电路滤除中频和其他高频干扰信号。检波后的音（低）频分量降在音量电位器 RP 上，经隔直耦合电容 $C_{12}$ 隔去直流分量后即可得到音频信号，送往音频放大器电路 |
| 电路要求 | (1) 检波效率要高。<br>(2) 检波失真要小。<br>(3) 滤波性能要好 |

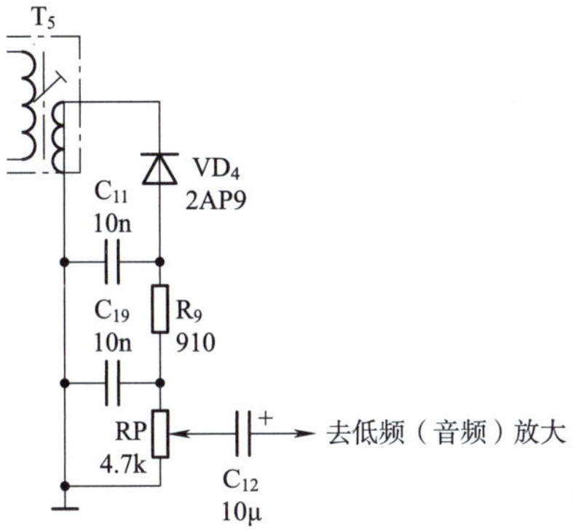

5）自动增益控制（AGC）电路的识读

AGC 电路的作用是根据接收电台信号的强弱自动调节放大电路的增益，以保证放大电路输出信号的大小基本不变。AGC 电路的识读见下表。

**自动增益控制（AGC）电路的识读**

| 名称 | 说明 |
|---|---|
| 电路结构 | 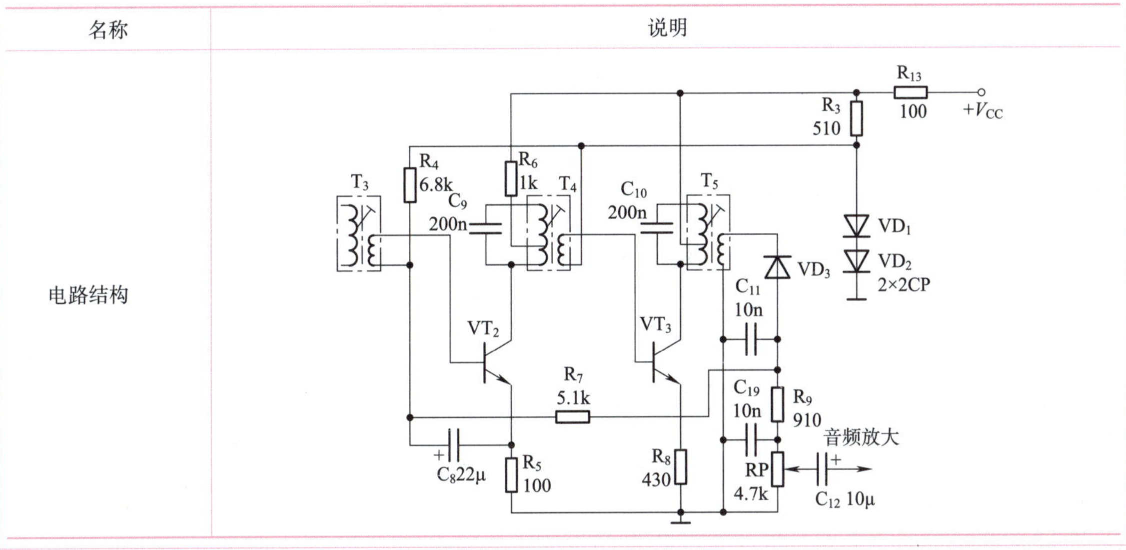 |

续表

| 名称 | 说明 |
|---|---|
| 电路工作原理 | AGC 是通过 $R_7$ 和 $C_8$ 组成的滤波电路，将检波电路输出的直流分量作为 AGC 控制电压来控制中频放大电路的增益，音频成分被滤掉。接收的电台信号越强，该直流分量越大 |
| 电路要求 | (1) AGC 控制范围要大。<br>(2) 工作稳定性要好 |

6) 低频放大电路的识读

从检波器得到的音频信号很弱，无法推动扬声器正常工作，必须对音频信号进行放大处理。低频放大电路的作用就是将检波输出的音频信号放大，使其具有足够大的功率推动扬声器正常工作。

从检波器输出端到扬声器之间的电路称为低频放大电路，它包括低频电压放大电路（简称前置低放）和功率放大电路，其电路的识读见下表。

**低频放大电路的识读**

| 名称 | 说明 |
|---|---|
| 电路结构 | 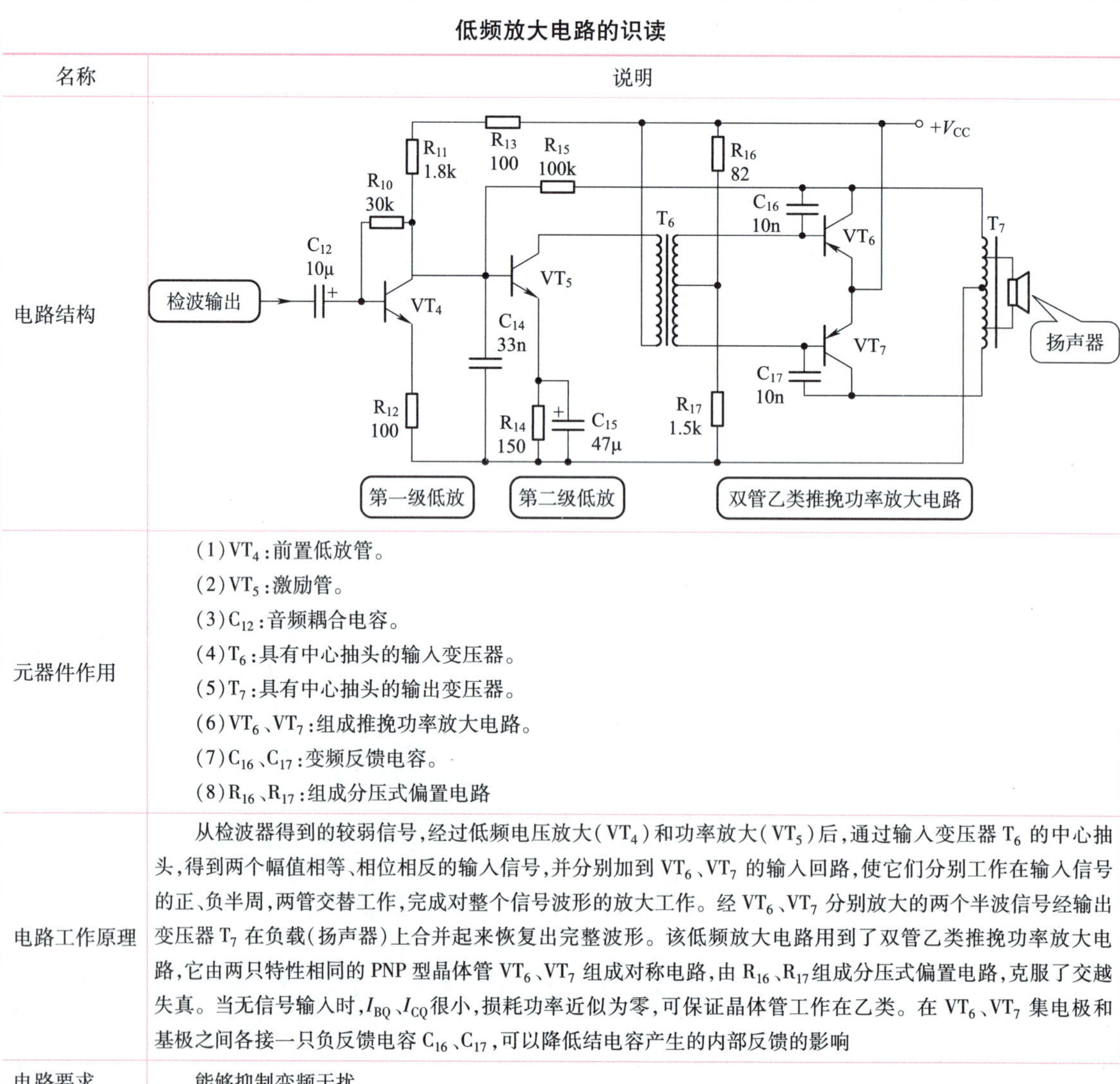 |
| 元器件作用 | (1) $VT_4$：前置低放管。<br>(2) $VT_5$：激励管。<br>(3) $C_{12}$：音频耦合电容。<br>(4) $T_6$：具有中心抽头的输入变压器。<br>(5) $T_7$：具有中心抽头的输出变压器。<br>(6) $VT_6$、$VT_7$：组成推挽功率放大电路。<br>(7) $C_{16}$、$C_{17}$：变频反馈电容。<br>(8) $R_{16}$、$R_{17}$：组成分压式偏置电路 |
| 电路工作原理 | 从检波器得到的较弱信号，经过低频电压放大（$VT_4$）和功率放大（$VT_5$）后，通过输入变压器 $T_6$ 的中心抽头，得到两个幅值相等、相位相反的输入信号，并分别加到 $VT_6$、$VT_7$ 的输入回路，使它们分别工作在输入信号的正、负半周，两管交替工作，完成对整个信号波形的放大工作。经 $VT_6$、$VT_7$ 分别放大的两个半波信号经输出变压器 $T_7$ 在负载（扬声器）上合并起来恢复出完整波形。该低频放大电路用到了双管乙类推挽功率放大电路，它由两只特性相同的 PNP 型晶体管 $VT_6$、$VT_7$ 组成对称电路，由 $R_{16}$、$R_{17}$ 组成分压式偏置电路，克服了交越失真。当无信号输入时，$I_{BQ}$、$I_{CQ}$ 很小，损耗功率近似为零，可保证晶体管工作在乙类。在 $VT_6$、$VT_7$ 集电极和基极之间各接一只负反馈电容 $C_{16}$、$C_{17}$，可以降低结电容产生的内部反馈的影响 |
| 电路要求 | 能够抑制变频干扰 |

## 四、识读印制电路图

### (一)印制电路图的表示方式

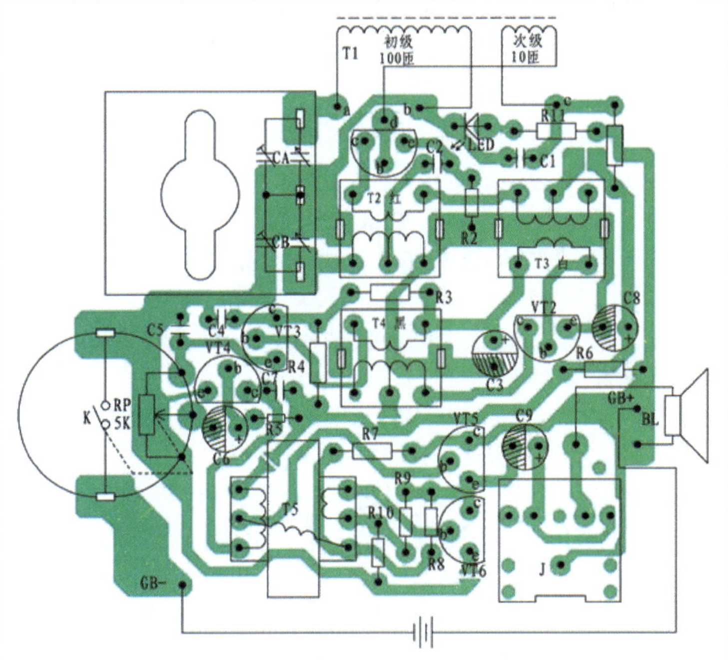

1)图样表示方式

超外差式调幅收音机的印制电路图图样表示方式如左图所示,可以方便地在印制电路图中找到元器件的位置,然后将印制电路图与电路板对照,找到元器件实物。

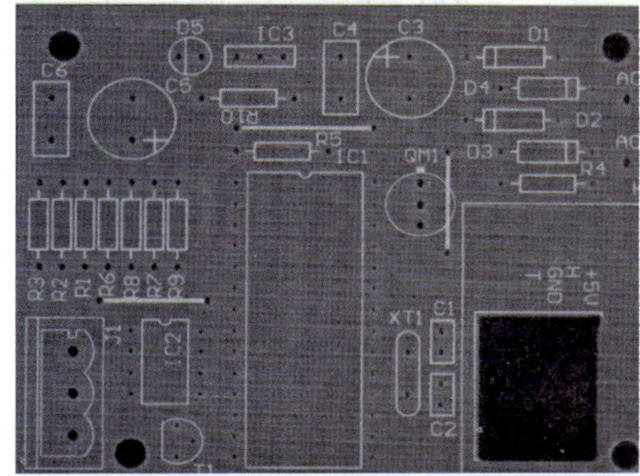

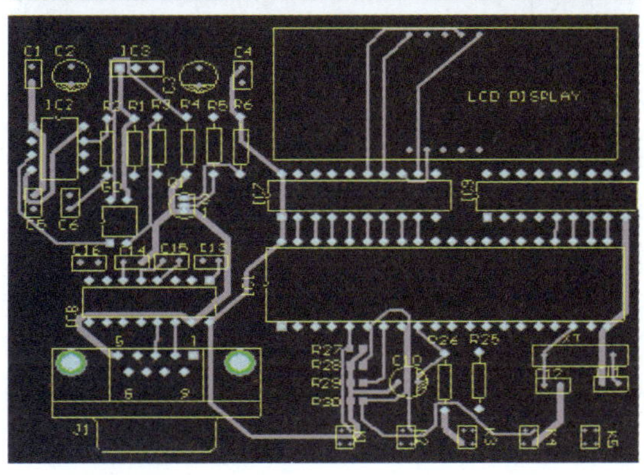

2)直标方式

直标方式是没有图样的,它把印制电路图直接印制在电路板上,图中包含各个元器件的俯视轮廓图、元器件编号;对于有极性的元器件还标出了其极性位置,以便于准确安装。对于单面板,其印制电路图上仅有元器件的俯视轮廓图、元器件编号、极性标志。对于双面板,其印制电路图上还有焊盘、顶层铜模导线。

直标方式的特点是直接在印制电路板中找元器件实物,因此有一个寻找过程。另外,图样就在印制电路板上,不会丢失。但是当印制电路板较大、有多块印制电路板或印制电路板在机壳底部时,寻找就会比较困难。

### (二)识读印制电路图的方法和技巧

(1)同一个单元电路中的元器件是集中在一起的,也可以根据相同的单元序号,查找同一功能单元的元器件。

(2)可根据元器件的外形特征查找元器件。例如,集成电路焊盘密集、有规律,小功率三极管半圆形内有三个焊盘,开关件、变压器等也容易识别。

(3)一些单元电路是比较有特征的,根据这些特征可以方便地找到它们。例如,整流电路中的二极管比较多,功率放大管上有散热片,滤波电容器的体积大等。

(4)当电路中的电阻器、电容器很多时,找起来很不方便,可以采用间接查找的办法先找到与它们相连的有特征的元器件(如晶体管、集成电路、数码管),然后在其附近查找,或通过印制电路板的连线找到它们。

(5)地线占有大面积铜箔或线路最宽,且一块电路板上的地线是相连的。另外,一些元器件的金属外壳、单元电路的金属屏蔽罩是接地的。这样就很容易找到地线。

(6)在印制电路图和实际的电路板上标注好对应的识图方向,以便拿起印制电路图就能与实际的电路板有同一个识图方向,这样可避免每次都要辨认和调整。

(7)有极性的元器件,如电解电容器、三极管、二极管,在印制电路图上有极性和安装方向的标志,可以帮助辨别电流的方向、电源及接地的位置。常用的有极性和有安装方向的元器件标识如下图。

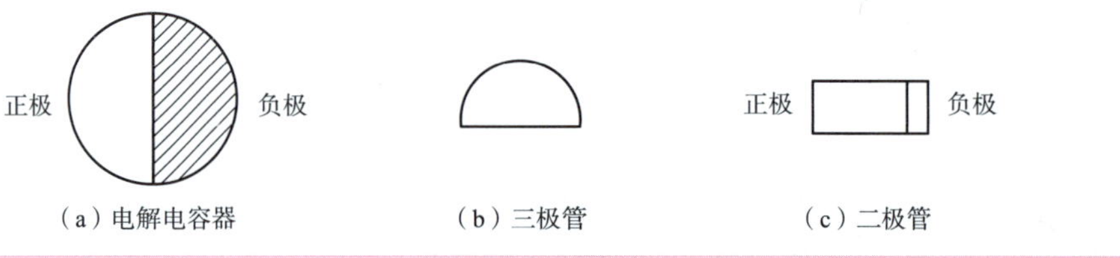


(a)电解电容器　(b)三极管　(c)二极管

## 任务实施

### 收音机框图、电路原理图的解读

#### 1. 所需器材

超外差式调幅收音机的电路原理图、印制电路图各一份。

#### 2. 完成内容

(1)根据超外差式调幅收音机的电路组成,在超外差式调幅收音机框图(见图 6-1)中填入单元电路的名称,并画出 A、B、C、D、E、F、G 各部分的波形。

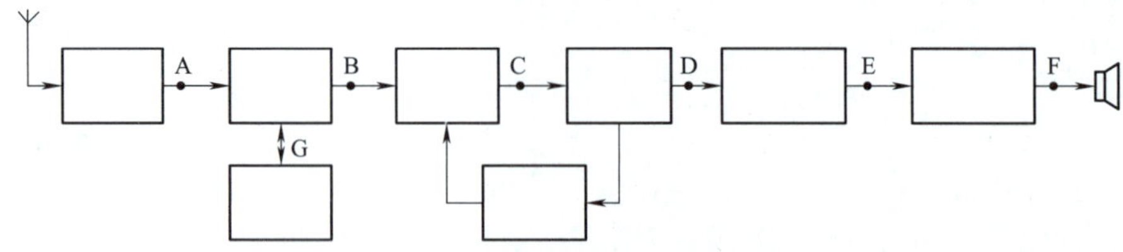


图 6-1　超外差式调幅收音机框图

(2)根据超外差式调幅收音机的电路原理图,列表写出各个元器件的名称和功能。

(3)对照超外差式调幅收音机的印制电路图,分别找出表 6-1 中所示元器件的位置,要求每分钟找出十个元器件,并将找到的元器件用铅笔圈注。

表 6-1　识读超外差式调幅收音机的印制电路图

| 元器件 | 查找印制电路板 | 元器件 | 查找印制电路板 | 元器件 | 查找印制电路板 | 元器件 | 查找印制电路板 |
|---|---|---|---|---|---|---|---|
| $R_1$ | | $C_1$ | | $T_1$ | | $VT_1$ | |
| $R_2$ | | $C_2$ | | $T_2$ | | $VT_2$ | |
| $R_3$ | | $C_3$ | | $T_3$ | | $VT_3$ | |
| $R_4$ | | $C_4$ | | $T_4$ | | $VT_4$ | |
| $R_5$ | | $C_5$ | | $T_5$ | | $VT_5$ | |
| $R_6$ | | $C_6$ | | $T_6$ | | $VT_6$ | |
| $R_7$ | | $C_7$ | | $T_7$ | | $VT_7$ | |
| $R_8$ | | $C_8$ | | $C_{17}$ | | $VD_1$ | |
| $R_9$ | | $C_9$ | | $C_{18}$ | | $VD_2$ | |
| $R_{10}$ | | $C_{10}$ | | $C_{19}$ | | $VD_3$ | |

## 任务评价

基于任务实施内容，进行任务评价，分学生自评和教师评估，将评价分值填入表 6-2 中。

表 6-2　任务评价

| 检测内容 | 分值 | 评分标准 | 学生自评 | 教师评估 |
|---|---|---|---|---|
| 收音机框图的填写、波形图的绘制、元器件的查找 | 40 | 框图名称填写错误，每个扣 2 分；波形图绘制错误，每个扣 2 分；元器件查找错误，每个扣 2 分 | | |
| 各元器件的名称和功能 | 30 | 元器件名称写错，每个扣 0.5 分；功能写错，每个扣 0.5 分 | | |
| 安全操作 | 10 | 不按照规定操作、损坏图样，扣 4～10 分 | | |
| 现场管理 | 10 | 结束后没有整理现场，扣 4～10 分 | | |
| 对基础性知识的认知态度 | 10 | 完成任务的整个过程中，要耐得住寂寞、展现枯燥的“笨”功夫；否则，酌情扣 3～10 分 | | |
| 合计 | | | | |

# 任务二　识读电子产品生产工艺文件

## 任务目标

### 1. 知识目标

读懂电子产品生产工艺文件。

### 2. 技能目标

临摹一份收音机整机装配的工艺文件。

### 3. 素养目标

从基础的识读工艺文件，让学生养成“执着专注、精益求精、一丝不苟、追求卓越”的工匠精神。

## 任务描述

生产工艺文件是产品生产、检验、使用和维修的依据，各种电气图、文字表格、说明书等统称为生产工艺文件。了解生产工艺文件的组成，准确地识别、灵活地运用是电子行业人员的基本能力。

基于以上学习过的超外差式调幅收音机电路图和整机装配元器件，在计算机上编写一份超外差式调幅收音机装配文件。要求从工艺文件封面、工艺文件目录、所需工具明细、生产工艺说明、导线及线扎的加工、装配工艺流程、元件装配工艺过程等角度考虑。

## 相关知识

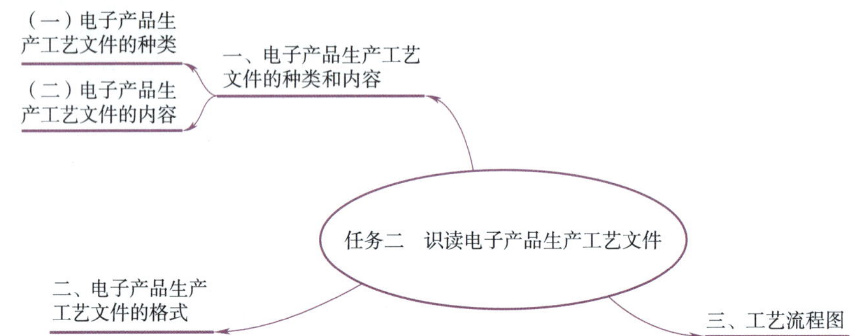


## 一、电子产品生产工艺文件的种类和内容

### （一）电子产品生产工艺文件的种类

#### 1. 工艺管理文件

工艺管理文件是企业组织生产、进行生产技术准备工作的文件，它规定了产品的生产条件、工艺路线、工艺流程、工具设备、调试及检验仪器、工艺装置、材料消耗定额和工时消耗定额。下表为某调幅收音机生产所需的调试及检验仪器明细表和工具明细表。

**某调幅收音机生产所需的调试及检验仪器明细表**

| | 调试及检验仪器明细表 | | | 产品型号和名称 | 产品图号 | |
|---|---|---|---|---|---|---|
| | | | | S66E 调幅收音机 | | |
| | 序号 | 型号 | 名称 | 数量 | 备注 | |
| | 1 | | 高频信号发生器 | 4 | | |
| | 2 | | 示波器 | 4 | | |
| | 3 | | 3 V 稳压器 | 4 | | |
| | 4 | | 真空管毫伏表 | 4 | | |
| | 5 | | 500 型万用表 | 6 | | |
| | 6 | | 数字万用表 | 1 | | |
| | | | | | | |
| | | | | | | |

续表

| 旧底图总号 | 更改标记 | 数量 | 更改单号 | 签名 | 日期 | 签名 | | 日期 | 第1页 | | |
|---|---|---|---|---|---|---|---|---|---|---|---|
| | | | | | | 拟制 | | | | | |
| | | | | | | 审核 | | | 共1页 | | |
| 底图总号 | | | | | | | | | 第1册 | 第11页 | |
| | | | | | | 标准化 | | | | | |

**某调幅收音机生产所需的工具明细表**

| 工具明细表 | | | 产品型号和名称 | 产品图号 |
|---|---|---|---|---|
| | | | S66E 调幅收音机 | |
| 序号 | 型号 | 名称 | 数量 | 备注 |
| 1 | SL-A 型 60W | 60 W 手枪烙铁 | 10 | |
| 2 | SL-A 型 61W | 烙铁芯 | 10 | |
| 3 | SL-A 型 62W | 烙铁头 | 10 | |
| 4 | | 25 W 内热式电烙铁 | 10 | |
| 5 | | 烙铁芯 | 10 | |
| 6 | | 长寿命烙铁头 | 10 | |
| 7 | | 气动剪刀 | 3 | |
| 8 | | 气动剪刀头 | 3 | |
| 9 | | 气动螺丝刀 | 10 | |
| 10 | | 十字气动螺丝刀头 | 10 | |
| 11 | | 4 英寸一字螺丝刀 | 20 | |
| 12 | | 4 英寸十字螺丝刀 | 20 | |
| 13 | | 锋钢剪刀 | 10 | |
| 14 | | 不锈钢镊子 | 20 | |
| 15 | | 125 mm 尖头钳 | 20 | |
| 16 | | 125 mm 斜口钳 | 5 | |
| 17 | | 500 mm 钢皮尺 | 2 | |
| 18 | | 150 mm 钢皮尺 | 2 | |
| 19 | | 电子秒表 | 1 | |
| 20 | | 0.82～0.87 密度计 | 4 | |
| 21 | | 密度计玻璃吸管 | 4 | |
| 22 | | 1～2 L 塑料量杯 | 2 | |
| 23 | | 80 mm×120 mm 搪瓷方盘 | 2 | |
| 24 | | 塑料点漆壶 | 1 | |
| 25 | | 元器件料盒 | 300 | |
| 26 | 480 mm×360 mm×120 mm | 塑料存放箱 | 10 | |
| 27 | | 不锈钢汤勺 | 1 | |

续表

<table>
<tr><td>旧底图总号</td><td>更改标记</td><td>数量</td><td>更改单号</td><td>签名</td><td>日期</td><td colspan="2">签名</td><td>日期</td><td colspan="2" rowspan="2">第1页</td></tr>
<tr><td rowspan="2"></td><td></td><td></td><td></td><td></td><td></td><td>拟制</td><td></td><td></td></tr>
<tr><td></td><td></td><td></td><td></td><td></td><td>审核</td><td></td><td></td><td colspan="2">共2页</td></tr>
<tr><td>底图总号</td><td></td><td></td><td></td><td></td><td></td><td></td><td></td><td></td><td rowspan="2">第1册</td><td rowspan="2">第9页</td></tr>
<tr><td></td><td></td><td></td><td></td><td></td><td></td><td>标准化</td><td></td><td></td></tr>
</table>

### 2. 工艺规程文件

工艺规程文件是规定产品制造过程和操作方法的技术文件，它主要包括零件加工工艺、元件装配工艺、导线加工工艺、调试及检验工艺的操作要求和操作步骤，还给出了各个工艺的工时定额。

## （二）电子产品生产工艺文件的内容

### 1. 准备工序工艺文件的编制内容

准备工序工艺文件的编制内容包括元器件的筛选、元器件引脚的成型和挂锡、线圈和变压器的绕制、导线的加工、线束的捆扎、电缆制作、剪切套管、打印标记等。这些工作不适合流水线装配，是按照工序顺序分别编制出相应的工艺文件。

### 2. 流水线工序工艺文件的编制内容

流水线工序工艺文件的编制内容主要是针对电子产品的装配和焊接工序，这道工序大多在流水线上进行。编制的内容如下：

（1）确定工序。按照电子产品的生产过程，确定流水线上需要的工序数目。这时应考虑到各工序所用时间的平衡性，各个工序上的劳动量和工时应大致接近。例如，一台收音机印制电路板的组装焊接，可按局部元器件的分布分工制作。

（2）确定工时。根据操作内容的多少，确定出每个工序的工时。按照操作人员的生产疲劳时间，可以确定出一般小型机每个工序的工时不超过 5 min，大型机每个工序的工时不超过 30 min，再进一步计算出日产量和生产周期。

（3）生产工序。电子产品的生产工序应合理安排，要考虑到操作的省时、省力和方便，尽量避免让工件来回翻动和重复往返。

（4）装焊分开。安装工序和焊接工序应分开安排，每个工序尽量不使用多种工具，以便进行简单操作、熟练掌握，保证优质高产。

### 3. 调试检验工序工艺文件的编制内容

调试检验工序工艺文件的编制内容应标明测试仪器的种类、等级标准及连接方法，标明各项技术指标的规定值，标明每个测试环节的测试条件和方法，明确给出该工序的检验项目和检验方法。

## 二、电子产品生产工艺文件的格式

生产工艺文件包括专业工艺规程、各具体工艺说明及简图、产品检验说明(方式、步骤、程序等),这类文件一般有专用格式,具体包括工艺文件封面、工艺文件目录、工艺文件更改通知单、工艺文件明细表等。

电子产品生产工艺文件的格式按照电子行业标准 SJ/T 10324—1992 执行,应根据具体电子产品的复杂程度及生产的实际情况,按照规范进行编写,并配齐成套,装订成册。

### 1. 编写生产工艺文件的格式要求

尽管电子产品不一样会导致生产工艺文件的内容不同,但是编写生产工艺文件的格式是有统一要求的。

(1)文件成套。生产工艺文件要有一定的格式和幅面,图幅大小应符合有关标准,并保证生产工艺文件的成套性。

(2)内容规范。生产工艺文件中的字体要正规,图形要正确,书写应清楚。

(3)前后一致。生产工艺文件上的名称、编号、图号、符号、材料和元器件代号等应与电子产品的设计文件保持一致。

(4)安装有据。安装图在生产工艺文件中可以按照工序全部绘制,也可以只按照各工序安装件的顺序,参照设计文件安装,但是一定要有一个安装依据。

(5)照图排线。线束图尽量采用 1:1 图样,以便于准确捆扎和排线。大型线束可用几幅图纸拼接,或用剖视图标注尺寸,以便于按照图纸进行排线。

(6)接线明确。在装配接线图中连接线的接点要明确,接线部位要清楚,必要时产品内部的接线可假设移出展开。各种导线的标记由生产工艺文件决定。

(7)焊接有位。焊接工序应画出接线图,各元器件的焊接位置一定要画出明确的位置示意图。

(8)审核批准。编制完成的生产工艺文件要执行审核、批准等手续。

(9)及时修订。当设备更新和进行技术革新时,应及时修订生产工艺文件。

### 2. 各种生产工艺文件格式的具体要求

1)文件封面的格式要求

某调幅收音机的生产工艺文件封面如左侧所示。

生产工艺文件

产品型号　S66E

产品名称　调幅收音机

产品图号

本册内容　元器件工艺、导线加工、基板插件
　　　　　焊接装配

第 1 册

共 6 页

共 1 册

批准

年　　月　　日

<table>
<tr><td rowspan="12"></td><td colspan="3" rowspan="2">生产工艺文件目录表</td><td colspan="4">产品型号和名称</td><td colspan="2">产品图号</td></tr>
<tr><td colspan="4">S66E 调幅收音机</td><td colspan="2"></td></tr>
<tr><td>序号</td><td>产品代号</td><td colspan="3">零、部、整件名称</td><td colspan="2">页数</td><td colspan="2">备注</td></tr>
<tr><td>1</td><td>G1</td><td colspan="3">工艺文件封面</td><td colspan="2">1</td><td colspan="2"></td></tr>
<tr><td>2</td><td>G2</td><td colspan="3">工艺文件目录</td><td colspan="2">2</td><td colspan="2"></td></tr>
<tr><td>3</td><td>G3</td><td colspan="3">元器件明细工艺表</td><td colspan="2">3</td><td colspan="2"></td></tr>
<tr><td>4</td><td>G4</td><td colspan="3">导线及线扎加工表</td><td colspan="2">4</td><td colspan="2"></td></tr>
<tr><td>5</td><td>G5</td><td colspan="3">装配工艺过程卡</td><td colspan="2">5</td><td colspan="2"></td></tr>
<tr><td>6</td><td>G6</td><td colspan="3">工艺说明及简图</td><td colspan="2">6</td><td colspan="2"></td></tr>
<tr><td></td><td></td><td colspan="3"></td><td colspan="2"></td><td colspan="2"></td></tr>
<tr><td></td><td></td><td colspan="3"></td><td colspan="2"></td><td colspan="2"></td></tr>
<tr><td colspan="9"></td></tr>
<tr><td>旧底图总号</td><td>更改标记</td><td>数量</td><td>更改单号</td><td>签名</td><td>日期</td><td colspan="2">签名</td><td>日期</td><td colspan="2" rowspan="2">第 2 页</td></tr>
<tr><td></td><td></td><td></td><td></td><td></td><td></td><td>拟制</td><td></td><td></td></tr>
<tr><td></td><td></td><td></td><td></td><td></td><td></td><td>审核</td><td></td><td></td><td colspan="2">共 6 页</td></tr>
<tr><td>底图总号</td><td></td><td></td><td></td><td></td><td></td><td></td><td></td><td></td><td rowspan="2">第 1 册</td><td rowspan="2">第 13 页</td></tr>
<tr><td></td><td></td><td></td><td></td><td></td><td></td><td>标准化</td><td></td><td></td></tr>
</table>

2）生产工艺文件目录表的格式要求

某调幅收音机的生产工艺文件目录表如左侧所示。

3）生产工艺说明表的格式要求

下表为某调幅收音机的生产工艺说明表，它可以作为任何一个工艺过程的工序卡，供画图表及文字说明用，也可供编制规定格式以外其他工艺过程使用，如调试说明、检验要求、各种典型工艺文件等。

**某调幅收音机的生产工艺说明表**

<table>
<tr><td rowspan="5"></td><td rowspan="4">生产工艺说明表</td><td>产品型号和名称</td><td>产品图号</td></tr>
<tr><td>S66E 调幅收音机</td><td></td></tr>
<tr><td>工艺名称</td><td>工序名称</td></tr>
<tr><td>电路板元器件位置装配图</td><td></td></tr>
<tr><td colspan="3">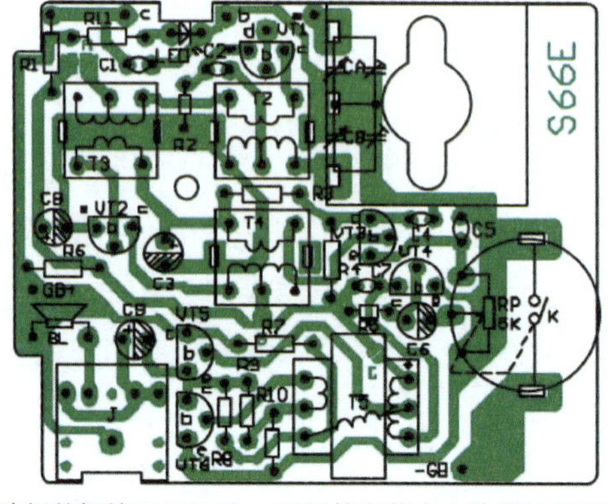<br>说明：本图所示为印制电路板的铜箔面（正面）。元器件安装在电路板的背面。</td></tr>
</table>

续表

| 旧底图总号 | 更改标记 | 数量 | 更改单号 | 签名 | 日期 | 签名 | | 日期 | 第6页 | |
|---|---|---|---|---|---|---|---|---|---|---|
| | | | | | | 拟制 | | | | |
| | | | | | | 审核 | | | 共6页 | |
| 底图总号 | | | | | | | | | 第1册 | 第17页 |
| | | | | | | 标准化 | | | | |

4）导线及线扎加工表的格式要求

导线及线扎加工表（见下表）列出了整机产品所需的各种导线和线扎等线缆用品，此表要便于观看、标记醒目、不易出错。

**导线及线扎加工表**

| 导线及线扎加工表 | | | | | | | | 产品型号和名称 | | 产品图号 | | |
|---|---|---|---|---|---|---|---|---|---|---|---|---|
| | | | | | | | | S66E 调幅收音机 | | | | |
| 序号 | 线号 | 材料 | | 导线修剥尺寸/mm | | | | 导线焊接处 | | 设备 | 工时定额 | 备注 |
| | | 名称规格 | 颜色 | L 全长 | A 剥头 | B 剥头 | 数量 | A 端焊接处 | B 端焊接处 | | | |
| 1 | W1 | 塑料线 AVR1×12 | 红 | 90 | 4 | 4 | 1 | 印制电路板 GB+ | 电池正极焊片 | | | |
| 2 | W2 | 塑料线 AVR1×12 | 黑 | 90 | 4 | 4 | 1 | 印制电路板 GB- | 电池负极焊片 | | | |
| 3 | W3 | 塑料线 AVR1×12 | 蓝 | 70 | 4 | 4 | 1 | 印制电路板 BL 左端 | 扬声器（+） | | | |
| 4 | W4 | 塑料线 AVR1×12 | 白 | 70 | 4 | 4 | 1 | 印制电路板 BL 右端 | 扬声器（-） | | | |
| | | | | | | | | | | | | |
| | | | | | | | | | | | | |
| | | | | | | | | | | | | |
| | | | | | | | | | | | | |

| 旧底图总号 | 更改标记 | 数量 | 更改单号 | 签名 | 日期 | 签名 | | 日期 | 第4页 | |
|---|---|---|---|---|---|---|---|---|---|---|
| | | | | | | 拟制 | | | | |
| | | | | | | 审核 | | | 共6页 | |
| 底图总号 | | | | | | | | | 第1册 | 第15页 |
| | | | | | | 标准化 | | | | |

## 三、工艺流程图

工艺流程图包括工艺流程框图和元件装配工艺过程卡等。

### 1. 工艺流程框图

电子产品的生产工艺流程框图是指在生产过程中，操作者使用生产工具将各种元器件、电路板、外壳等部件通过一定的设备，按照一定的顺序连续进行加工，最终使之成为电子产品成品的方法与过程框图。

编写工艺流程框图(见下表)的基本原则是技术先进和经济合理。由于不同电子产品生产厂的设备生产能力和操作人员的熟练程度等因素大不相同,所以即使对于同一种电子产品而言,不同工厂制定的工艺流程框图可能都是不同的,甚至同一个工厂在不同时期所设计的工艺流程框图也可能不同。

可见,就某一电子产品而言,工艺流程框图具有不确定性和不唯一性。

**工艺流程框图**

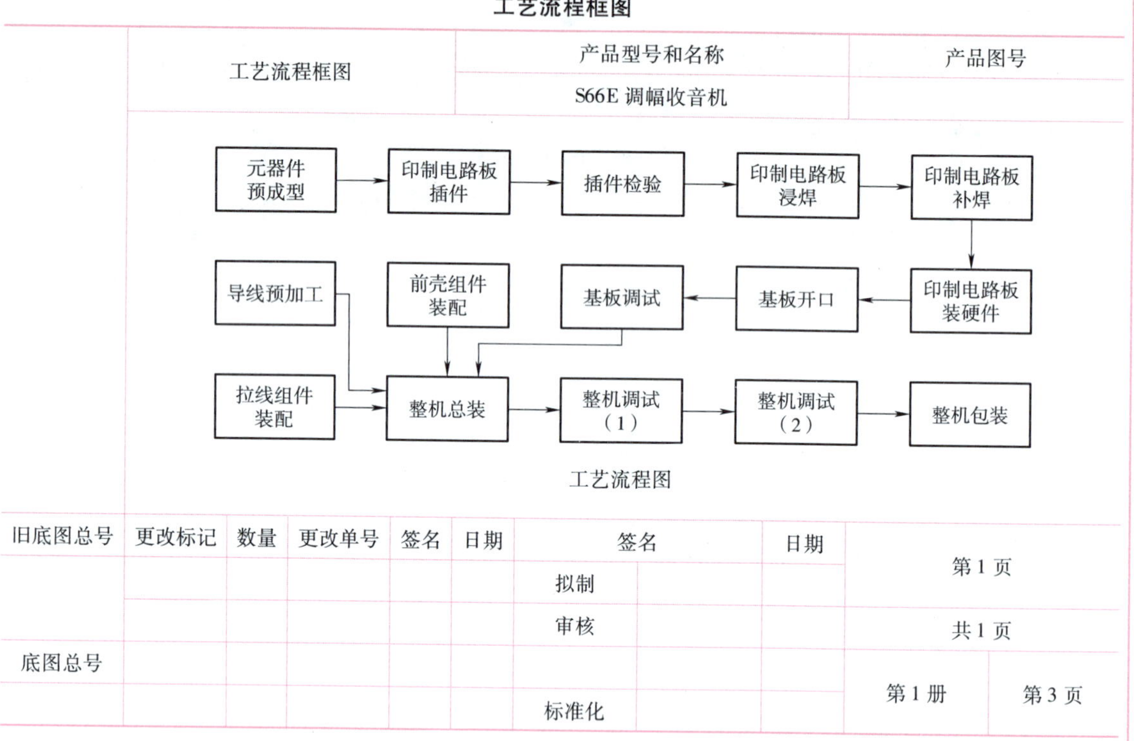

| 工艺流程框图 | 产品型号和名称 | 产品图号 |
| --- | --- | --- |
| | S66E 调幅收音机 | |



工艺流程图

| 旧底图总号 | 更改标记 | 数量 | 更改单号 | 签名 | 日期 | 签名 | | 日期 | 第 1 页 | |
| --- | --- | --- | --- | --- | --- | --- | --- | --- | --- | --- |
| | | | | | | 拟制 | | | | |
| | | | | | | 审核 | | | 共 1 页 | |
| 底图总号 | | | | | | | | | 第 1 册 | 第 3 页 |
| | | | | | | 标准化 | | | | |

## 2. 元件装配工艺过程卡

元件装配工艺过程卡是用来指导生产人员加工电子产品的操作文件。简易电子产品的元件装配工艺过程卡是统一编制一个简易的工艺流程,写出各个工序名称,给出各个工序的工装,给出每道工序操作的具体步骤。

元件装配工艺过程卡是电子产品整机装配中的重要文件,在准备工作的各工序和流水线的各工序都要用到它。其中,安装图、连线图、线束图等都采用图卡合一的格式,即在一幅图样上既有图形又有材料表和设备表,材料顺序按照操作先后次序排列。有些要求在图形上不易表达清楚,可在图形下方加注简要说明。

复杂电子产品的元件装配工艺过程卡内容比较多,每一道工序都有专用的元件装配工艺过程卡,在元件装配工艺过程卡中包含本工序的安装加工图、仪器设备的使用、本道工序元件的安装数量和安装要求、安装完毕后的检验标准、操作人员的操作步骤等。

元件装配工艺过程卡一般为表格形式,文字简洁,表意明确,方便使用。

## 元件装配工艺过程卡

| 元件装配工艺过程卡 | | | 装配件名称 | | | | 装配件图号 | | |
|---|---|---|---|---|---|---|---|---|---|
| | | | 基板插件焊接工艺 | | | | | | |
| 位号 | 装入件及辅助材料 代号、名称、规格 | 数量 | 车间 | 工序号 | 工种 | 工序(步骤)内容及要求 | 设备及工装 | 工时定额 | 备注 |
| VT1 | 3DG201 三极管 | 1 只 | | 1 | | 按装配图位号插装、焊接 | 电烙铁<br>焊锡丝<br>扁口钳 | | |
| VT2、VT3 | 3DG201 三极管 | 2 只 | | 1 | | | | | |
| VT4 | 3DG201 三极管 | 1 只 | | 1 | | | | | |
| VT5、VT6 | 9013H 三极管 | 2 只 | | 1 | | | | | |
| LED | 发光二极管(红) | 1 只 | | 2 | | | | | |
| T1 | 5 mm×13 mm×55 mm 磁棒线圈 | 1 套 | | 2 | | 插平后焊接 | | | |
| T2、T3、T4 | 中频变压器(红、白、黑) | 3 个 | | 2 | | | | | |
| T5 | E 型六个引脚输入变压器 | 1 个 | | 2 | | | | | |
| BL | 58 mm 扬声器 | 1 个 | | 2 | | | | | |
| R6、R8、R10 | 100 Ω 电阻器 | 3 只 | | 3 | | 按装配图位号插装、焊接 | | | |
| R7、R9 | 120 Ω 电阻器 | 2 只 | | 3 | | | | | |
| R11、R2 | 330 Ω　1.8 kΩ | 各 1 只 | | 3 | | | | | |
| R4、R5 | 30 kΩ　100 kΩ | 各 1 只 | | 3 | | | | | |
| R3、R1 | 120 kΩ　200 kΩ | 各 1 只 | | 3 | | | | | |
| RP | 5 kΩ(带开关插脚式) | 1 只 | | 3 | | | | | |
| C6、C3 | 0.47 μF、10 μF 电解电容器 | 各 1 只 | | 4 | | | | | |
| C8、C9 | 100 μF 电解电容器 | 2 只 | | 4 | | | | | |
| C2、C1 | 682、103 瓷片电容器 | 各 1 只 | | 4 | | | | | |
| C4、C5、C7 | 223 瓷片电容器 | 3 只 | | 4 | | | | | |
| CA | CBM-223P 双联电容器 | 1 只 | | 4 | | | | | |
| | 收音机前后盖 | 各 1 个 | | 5 | | | 螺丝刀 | | |
| | 刻度尺和音窗 | 各 1 块 | | 5 | | | | | |
| | 双联拨盘 | 1 个 | | 5 | | | | | |
| | 电位器拨盘 | 1 个 | | 5 | | | | | |

| 旧底图总号 | 更改标记 | 数量 | 更改单号 | 签名 | 日期 | 签名 | | 日期 | 第 5 页 | |
|---|---|---|---|---|---|---|---|---|---|---|
| | | | | | | 拟制 | | | | |
| | | | | | | 审核 | | | 共 6 页 | |
| 底图总号 | | | | | | 标准化 | | | 第 1 册 | 第 16 页 |
| | | | | | | | | | | |

## 任务实施

### 超外差式调幅收音机装配文件的编写

1. 所需器材

(1)工具:计算机一台。

(2)器材:超外差式调幅收音机组装套件一套。

2. 完成内容

从生产工艺文件封面、生产工艺文件目录表、所需工具明细表、生产工艺说明表、导线及线扎的加工表、工艺流程框图、元件装配工艺过程卡等角度详细编写出"××型号收音机整机装配工艺文件"。

## 任务评价

基于任务实施内容,进行任务评价,分学生自评和教师评估,将评价分值填入表6-3中。

表6-3　任务评价

| 检测内容 | 分值 | 评分标准 | 学生自评 | 教师评估 |
| --- | --- | --- | --- | --- |
| 生产工艺文件封面 | 10 | 每少填写一处扣2~5分;每错填写一处扣2~5分 | | |
| 生产工艺文件目录表 | 10 | 每少填写一处扣2~5分;每错填写一处扣2~5分 | | |
| 所需工具明细表 | 15 | 每少填写一处扣2~5分;每错填写一处扣2~10分 | | |
| 生产工艺说明表 | 15 | 每少填写一处扣2~5分;每错填写一处扣2~5分 | | |
| 导线及线扎的加工表 | 15 | 每少填写一处扣2~5分;每错填写一处扣2~5分 | | |
| 工艺流程框图 | 15 | 每少填写一处扣2~5分;每错填写一处扣2~5分 | | |
| 元件装配工艺过程卡 | 10 | 每少填写一处扣2~5分;每错填写一处扣2~5分 | | |
| 对工艺文件的认知态度 | 10 | 整个文件的编写过程,"执着专注、精益求精、一丝不苟、追求卓越",否则,酌情扣3~10分 | | |
| 合计 | | | | |

# 任务三　电子产品的整机装配

## 任务目标

1. 知识目标

(1)概述电路原理图和装配图;

(2)撰写元器件的筛选、成型和插装工艺;
(3)收集手工整机装配的工艺流程;
(4)认识装配设备的简单工作原理和工作参数;
(5)制定印制电路板的组装流程。

### 2. 技能目标

(1)培养电子元器件的识别与检测技能;
(2)试验电子产品整机装配和调试。

### 3. 素养目标

结合电子产品装配过程,从微不足道的细节当中,使学生养成认真负责的工作态度。

## 任务描述

电子产品的整机装配是将各种电子元器件、机械部件、连接导线和产品外壳按照要求组装起来,实现预先设计的功能。

基于十字螺丝刀一把,电烙铁一套,扁口钳一把,镊子一个,万用表一块,焊锡适量,收音机、SMT 时钟套件各一套,完成以下任务。

(1)整机电路图的识读;
(2)元器件的识别、测量;
(3)元器件引脚的成型、元器件的插装;
(4)整机的焊接装配。

## 相关知识

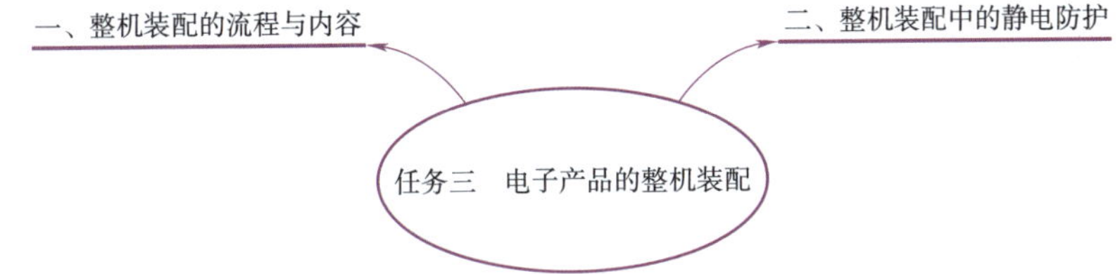


## 一、整机装配的流程与内容

在电子产品的整机装配流程中,各种电子产品的装配顺序基本是一样的,它们都遵循着从个体到整体、从简单到复杂、从内部到外部的装配顺序。每个生产环节之间都紧密连接,环环相扣,每道工序之间都存在着继承性,所有的工作都必须严格地按照设计要求操作。只有这样,才能保证整机装配的顺利进行。

从生产制造的角度来说,整个电子产品的生产过程可以分为电子元器件的工艺准备、单元电路的加工制作、电路部件的安装调试、整机的装配、整机电路调试、整机检验包装等工序,在每一个工序中还可以细分为多个工位。

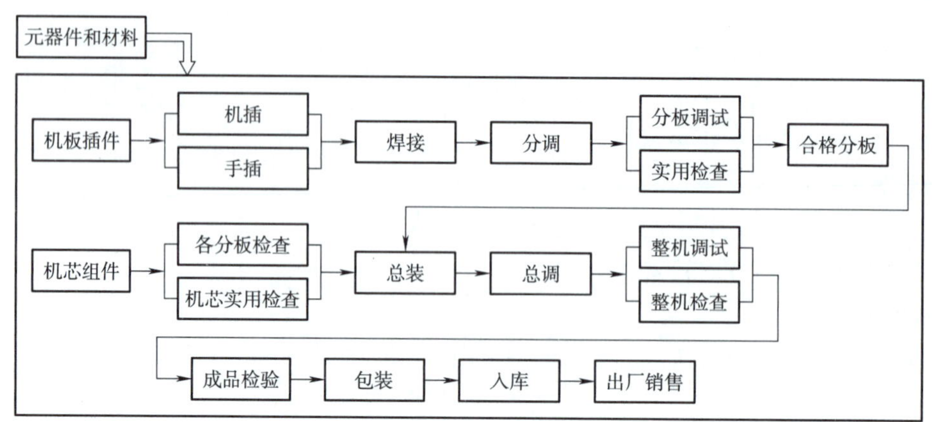


### 1. 电子产品整机装配的生产过程

将分立的各种元器件焊装成单元电路，将单元电路装配成整机，这个工艺过程就是电子产品的生产装配过程。

### 2. 电子产品整机装配的工作内容

1）元器件的分类准备

根据电子产品工艺文件的规定，按照电子元器件的明细表进行分类准备，将不同类型或不同安装特点的元器件（如电阻器、电容器、电感器、二极管、三极管、集成电路、连接导线）进行分类，并根据工艺文件的要求对各种元器件进行筛选和检测。

2）元器件的工艺准备

对已经按照分类准备好的元器件进行工艺准备。例如，元器件引脚的加工、成型和浸锡，导线的裁剪、剥头和浸锡等。若生产过程采用自动插件机，则需要根据自动插件机的工艺要求对各种元器件进行工艺准备。

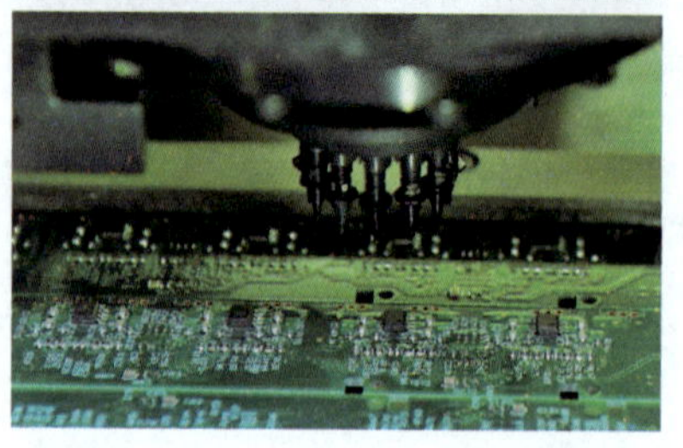

3）元器件的插装方法

元器件的插装有手工插装和自动插装两种方法。

（1）手工插装。手工插装多用于科研或小批量生产。手工插装有两种方法：一种是一块印制电路板所需全部元器件由一人负责插装；另一种是采用传送带的方式多人流水作业完成插装。

（2）自动插装。自动插装采用自动插装机完成插装。根据印制电路板上元器件的位置，由事先编制出的相应程序控制自动插装机插装。插装机的插件夹具有自动打弯机构，能将插入的元器件牢固地固定在印制电路板上，提高了印制电路板的焊接强度。自动插装机消除了手工插装所带来的误插、漏插等差错，保证了产品的质量，提高了生产效率。

4）工序工位卡

当采用流水线手工插装时，需要事先把一部电子整机的装联、调试工作划分成若干个简单的操作工位，每个操作工位的操作内容写在一张卡片上，称为工序工位卡。每个操作人员按照工序工位卡上规定的工作内容，只完成指定内容的操作。例如，有的人员只安装五个电阻器，有的人员只安装五个电容器等。

5）流水节拍

在进行流水线手工插装操作的工位划分时，要注意到每个工位操作的时间要相等。这个相等的操作时间称为流水节拍。

在生产流水线上进行手工插装时，循环运转传送带运送来印制电路板，每个工位的操作人员把印制电路板从传送带上取下，按本道工序工位卡上的规定，完成指定元器件的插装，再将印制电路板送到传送带上，进行下一个工位的操作。

### 3. 整机装配的连接方式

整机装配有各种连接方式。

1）机械装联

机械装联是将各零部件、整件，如各机电元件、印制电路板、底座、面板及在它们上面的元器件，按照设计要求，装配在机箱的不同位置，组合成一个整体。

2）电气装联

电气装联是用导线或线扎将焊有元器件的电路板、电路板外面的各个部件（如变压器、数码显示、电源开关、熔丝盒等）进行电气连接。

实现了机械装联和电气装联后，电子产品才是一个具有一定功能的完整机器，才能进行整机调整和测试。

3）固定连接和活动连接

整机装配的连接方式还可以分为固定连接和活动连接。

固定连接是指实现电气装联或者机械装联后，各种部件或者构件之间没有相对运动，如在机箱中的电路板、变压器等。

活动连接是指实现电气装联或者机械装联后，各种部件或者构件之间有既定的相对运动，如在计算机中光驱的盘托机构、小型摄像机的可翻转显示屏等。

4）可拆卸连接和不可拆卸连接

整机装配的连接方式还可以分为可拆卸连接和不可拆卸连接。

可拆卸连接是指各部件在拆散后不会损坏零件或材料，如螺装、销装、插装等。

不可拆卸连接是指各部件在拆散时会损坏零件或材料，如锡焊连接、胶黏、绕接、铆接等。

5)整机装配和组合件装配

装配还可分为整机装配和组合件装配两种。

整机装配是把零件、部件、整件通过各种连接方式装配在一起,组合成为一个不可分的整体,具有独立工作的功能,如组装完成后的收音机、电视机等。

组合件装配是若干个零件的组合体,每个组合件都具有一定的功能,而且随时可以拆卸。例如,计算机中的电源装配就是一个组合件装配,它可以实现对外供电的功能,但它只是计算机这个整机中的一个部分。

### 4. 整机装配的原则

不管是何种形式的连接,在整机装配中都需要遵守一些原则。整机装配的基本原则是:先轻后重、先铆后装、先里后外、先低后高、先小后大、易碎后装。上道工序不得影响下道工序的装配。

## 二、整机装配中的静电防护

### 1. 静电造成危害的类型

1)静电吸附

在半导体器件的生产制造过程中,由于大量使用了石英及高分子物质制成的器具和材料,其绝缘度很高,在使用过程中一些不可避免的摩擦可造成其表面电荷的不断积聚,且电位越来越高。在这种情况下,由于静电的力学效应,很容易使工作场所的浮游尘埃吸附于芯片表面,而很小的尘埃吸附都有可能影响半导体器件的性能。所以,电子装配的生产必须在清洁的环境中进行,且操作人员、工具和环境必须采取一系列的防静电措施,以防止静电的形成,并降低静电危害产生的影响。

2)静电击穿

在电子产品生产过程中,由静电击穿引起的元器件损坏是电子产品生产中最普遍也是最严重的危害。静电放电可能会造成元器件的硬击穿或软击穿。硬击穿会一次性造成整个元器件的永久性失效,造成元器件内部的瘫痪,如元器件的输出与输入开路或短路;软击穿则可使元器件的局部受损,但不影响其工作,只是降低其特性或使用寿命变短,使电路时好时坏且不易被发现,从而成为故障隐患。

3)静电产生热

静电放电中的电场或电流可产生热量,使元器件受损(潜在损伤),直至造成整个元器件永久性失效。

4)静电产生磁

静电放电产生的电磁场强度达几百伏每米,频谱从几十兆赫到几千兆赫,对电子产品造成干扰,甚至损坏。

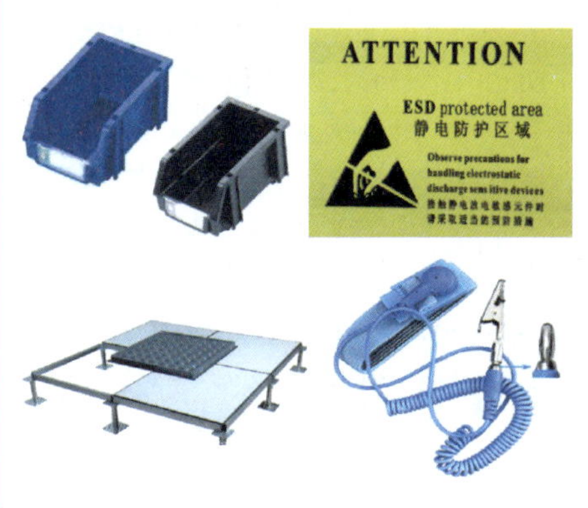


### 2. 静电敏感元器件的防静电要求

(1)湿度指标。存放静电敏感元器件的最佳相对湿度为30%~40%。

(2)防静电包装。静电敏感元器件在存放过程中要保持原包装,若需更换包装,则要使用具有防静电性能的容器。

(3)贴防静电专用标签。若静电敏感元器件存放在库房中,则在其存放位置应贴有防静电专用标签。

(4)生产区域要铺设防静电地板,工作台(含操作台)要铺设防静电橡胶垫,并有效接“地”。

(5)直接接触电子元器件的人员必须佩戴合格防静电腕带(手环)。

### 3. 电子整机装配的静电防护措施

1)静电消除

对已经存在的静电积聚要迅速消除掉,及时释放。当绝缘物体带电时,电荷不能流动,无法进行泄漏,可利用静电消除器产生异性离子来中和静电荷。当带电的物体是导体时,可采用简单的接地泄漏办法,使其所带电荷完全消除。要构成一个完整的静电安全工作区,至少应包括有效的静电台垫、专用地线和防静电腕带等。

2)减少摩擦起电

在传动装置中,应减少传送带与其他传动件的打滑现象。例如,传送带要松紧适当,保持一定的拉力,并避免过载运行等,选用的传送带应尽可能采用导电胶带或传动效率较高的导电三角胶带。

3)提高环境湿度

提高环境湿度可提高非导体材料的表面电导率,使物体表面不易积聚静电。这种提高环境湿度的方法在防止静电产生的同时,还可以为生产节约不少的成本。在干燥环境下采取加湿、通风的措施,可以有效地防止静电的产生。

### 4. 常用的静电防护器材

在电子产品的生产过程中,静电防护器材及静电测量仪器是静电防护工程中必不可少的,这直接关系到静电防护的质量。

1)人体静电防护系统

人体静电防护系统主要由防静电手腕带/脚腕带、工作服、鞋、帽、手套或指套等组成。人体静电防护系统具有静电泄漏和屏蔽功能,可以有效地将人身上因摩擦产生的静电进行释放。例如,将防静电腕带戴在手腕上,把接插件插在工作台上,就可以有效地消除人体上的静电。

2)防静电地面

防静电地面可以有效地将工作车间中的工作人员、泄放静电设备等携带的静电通过地面泄放到大地,它包括防静电水磨石地面、防静电橡胶地面、PVC 防静电塑料地板、防静电地毯、防静电活动地板等。

3)防静电操作系统

防静电操作系统指的是在电子产品生产工艺流程中经常与元器件接触摩擦的防护设备,这些设备包括工作台垫、防静电包装袋、防静电料盒、防静电周转箱、防静电物流小车、防静电烙铁及工具等。

### 5. 整机装配过程中的安全操作

各种电子产品的电路都有各自的特点,在安装、检测过程中要特别遵守安全操作规程。

(1)单手操作。要习惯进行单手操作,即用一只手操作,另一只手不要接触机器中的金属零部件,包括底板、线路板、元器件等。

(2)绝缘隔离。工作人员的脚下要垫块绝缘垫。

(3)带电操作采用隔离变压器。在必须进行带电操作时,最好采用 1∶1隔离变压器,以使设备、电路与交流市电完全隔离,确保人身安全。

(4)断电操作。在更换电路中的元器件之前,一定要先切断交流供电和直流电源。

(5)放电后再操作。在拔除大容量的电容器时,要先用螺丝刀对其进行放电,以免残留高压产生电击。

## 任务实施

### 收音机、单片机数字钟的装配

#### 1. 所需器材

(1)工具:十字螺丝刀、扁口钳、镊子、指针或数字万用表各一个;电烙铁一套;焊锡和松香适量。

(2)器材:收音机和单片机数字钟套件各一套。

#### 2. 完成内容

(1)原理图和装配图的准备。

单片机数字钟的电路原理图如图 6-2 所示,装配图如图 6-3 所示。

(2)按照元器件清单清点元器件数量及型号。收音机的元器件清单见表 6-4 ~ 表 6-7。

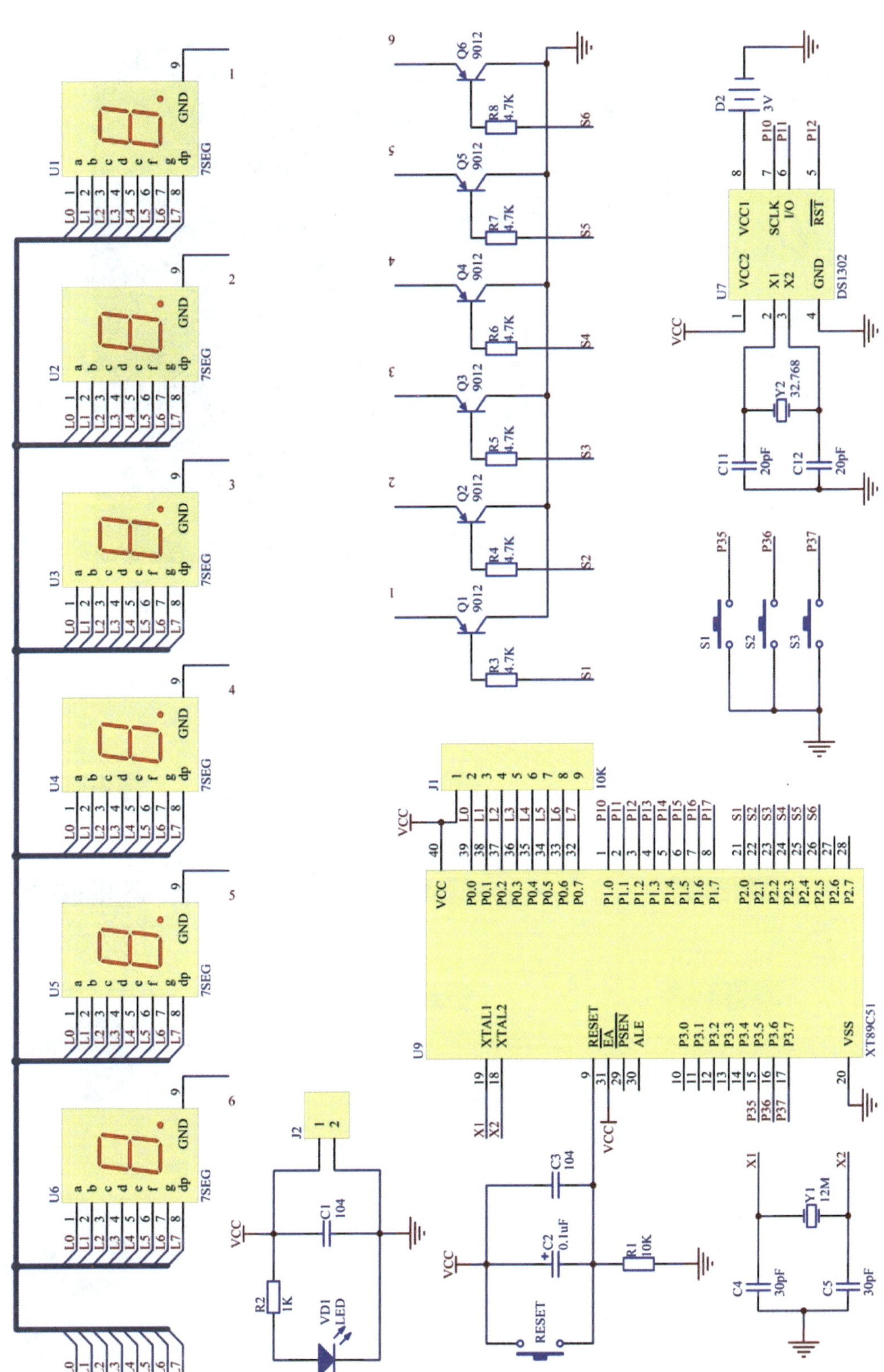


图6-2 单片机数字钟的电路原理图

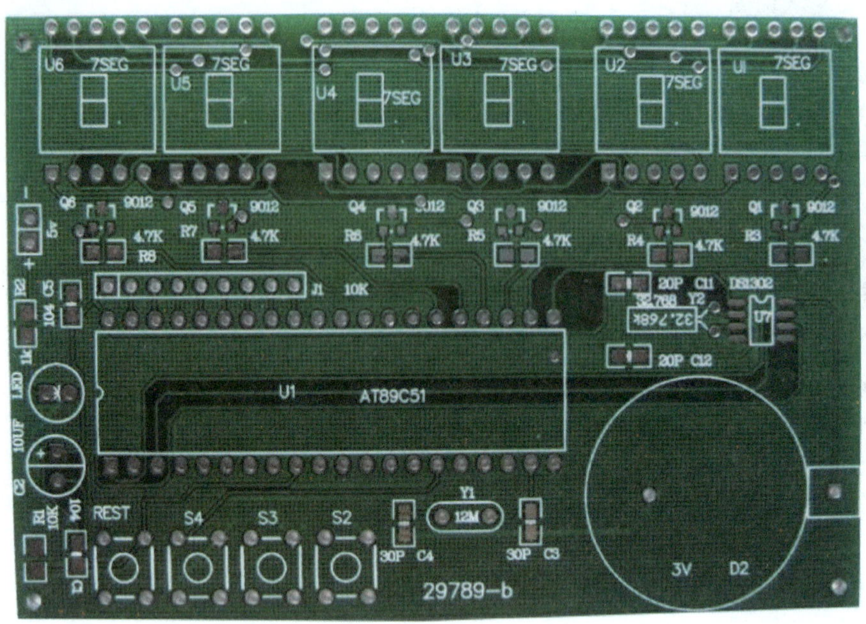


图 6-3　单片机数字钟的装配图

**表 6-4　收音机的电阻器**

| 序号 | 图例 | 序号 | 图例 | 序号 | 图例 |
|---|---|---|---|---|---|
| $R_1$ | 3×(1±1%) kΩ | $R_7$ | 5.1×(1±1%) kΩ | $R_{16}$ | 82×(1±1%) Ω |
| $R_2$、$R_{11}$ | 1.8×(1±1%) kΩ | $R_8$ | 430×(1±1%) Ω | $R_{17}$ | 1.5×(1±1%) kΩ |
| $R_3$ | 510×(1±1%) Ω | $R_9$ | 910×(1±1%) Ω | RP | 4. 7 kΩ |
| $R_4$ | 6.8×(1±1%) kΩ | $R_{10}$ | 30×(1±1%) kΩ | | |
| $R_5$、$R_{12}$、$R_{13}$ | 100×(1±1%) Ω | $R_{14}$ | 150×(1±1%) Ω | Y | |
| $R_6$ | 1×(1±1%) kΩ | $R_{15}$ | 100×(1±1%) kΩ | | |

表 6-5　收音机的电容器

| 序号 | 图例 | 序号 | 图例 | 序号 | 图例 | 序号 | 图例 |
|---|---|---|---|---|---|---|---|
| $C_1$ |  | $C_6$ |  | $C_{11}$ |  | $C_{16}$ |  |
| $C_2$ |  | $C_7$ |  | $C_{12}$ |  | $C_{17}$ |  |
| $C_3$ |  | $C_8$ |  | $C_{13}$ |  | $C_{18}$ |  |
| $C_4$ |  | $C_9$ |  | $C_{14}$ |  | $C_{19}$ |  |
| $C_5$ |  | $C_{10}$ |  | $C_{15}$ |  | | |

表 6-6　收音机的感性元器件

| 序号 | 符号 | 图例 | 名称 | 应用场合 |
|---|---|---|---|---|
| $T_1$ | 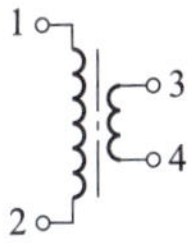 |  | 空芯高频变压器 | 天线线圈 |
| $T_2$ | 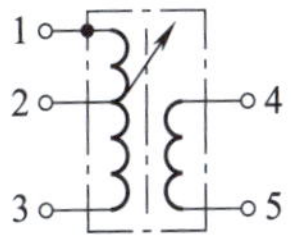 |  | 振荡线圈（黑磁芯） | 本机振荡 |
| $T_3$ | 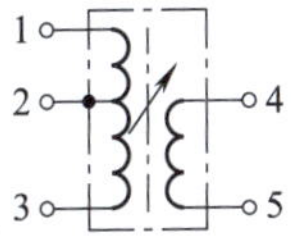 | | 中频变压器（中周、白磁芯） | 中放Ⅰ |
| $T_4$ | 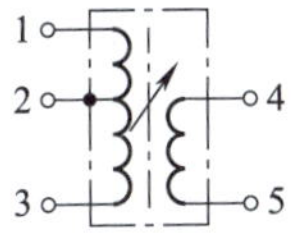 |  | 中频变压器（中周、红磁芯） | 中放Ⅱ |

续表

| 序号 | 符号 | 图例 | 名称 | 应用场合 |
| --- | --- | --- | --- | --- |
| $T_5$ | 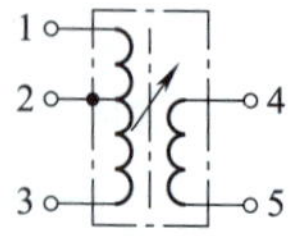 |  | 中频变压器(中周、绿磁芯) | 中放Ⅲ |
| $T_6$ | 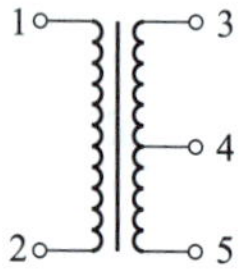 |  | 音频变压器(输入变压器) | 低频功率放大 |
| $T_7$ | 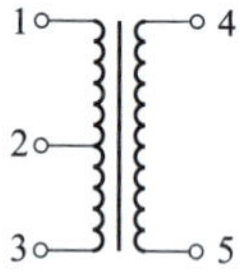 |  | 音频变压器(输出变压器) | 低频功率放大 |

**表 6-7　收音机的晶体管元器件**

| 序号 | 参数 | 图例 | 序号 | 参数 | 图例 |
| --- | --- | --- | --- | --- | --- |
| $VT_1$ | 3DG201A |  | $VT_6$ | 3AX31A |  |
| $VT_2$ | 3DG201A | | $VT_7$ | 3AX31A | |
| $VT_3$ | 3DG201A | | $VD_1$、$VD_2$ | 2CP |  |
| $VT_4$ | 3DG201A | | $VD_3$、$VD_4$ | 2AP9 |  |
| $VT_5$ | 3DG201A | | | | |

单片机数字钟的元器件清单见表 6-8。

**表 6-8　单片机数字钟的元器件清单**

| 序号 | 参数 | 图例 | 序号 | 参数 | 图例 |
| --- | --- | --- | --- | --- | --- |
| $Y_1$ | 12M |  | $C_1$、$C_5$ | 104 |  |
| $Y_2$ | 32.768k |  | $C_2$ | 10μ |  |
| $U_9$ | XT89C51 |  | $C_3$、$C_4$ | 30p |  |

续表

| 序号 | 参数 | 图例 | 序号 | 参数 | 图例 |
| --- | --- | --- | --- | --- | --- |
| $U_1 \sim U_6$ | 数码管 |   | $C_{11}$、$C_{12}$ | 20p | 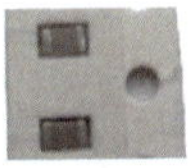  |
| $U_7$ | DS1302 |   | $R_1$ | 10k |   |
| REST、$S_2 \sim S_4$ | 6×6 |   | $R_2$ | 1k |   |
| $J_1$ | 10k |   | $R_3 \sim R_8$ | 4.7k |   |
| $VD_1$ | LED | 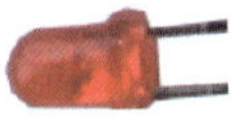  | $VT_1 \sim VT_6$ | 9012 |   |

(3)对元器件进行测量。按照“项目二　常用电子元器件的识读与检测”的知识检测元器件的质量好坏。坏的元器件重新更换。

(4)对照原理图、装配图进行元器件的插装和焊接。注意:元器件的插装和焊接要严格按照“项目五　电子元器件的插装与焊接”的工艺进行。

(5)导线的加工和焊接。按照项目三“任务一　导线的加工与应用”的工艺进行。

(6)收音机、单片机数字钟整机装配。

①收音机的整机装配过程见表6-9。

表6-9　收音机的整机装配过程

| 步骤 | 装配内容 | 完成图示 |
| --- | --- | --- |
| 1 | (1)安装电位器拨轮并用螺钉固定。<br>(2)安装调谐拨轮并用螺钉固定。<br>(3)安装调谐器旋钮、拉线支撑轮并用螺钉固定。<br>(4)装上拉线和指针 |   |
| 2 | (1)安装指针固定盘并用螺钉固定。<br>(2)根据调谐器的位置初步确定指针位置 | 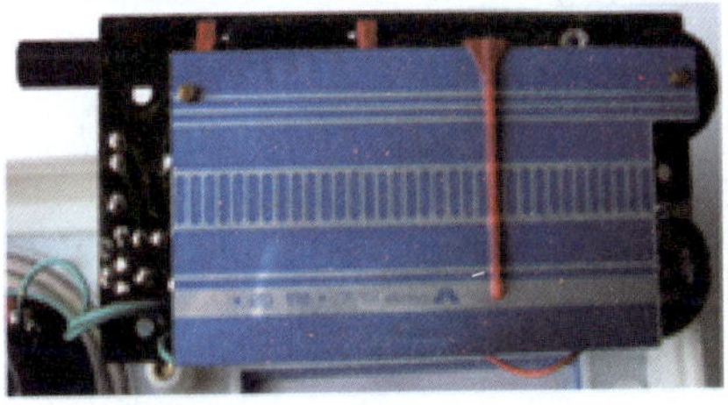  |

续表

| 步骤 | 装配内容 | 完成图示 |
| --- | --- | --- |
| 3 | (1)将焊接好的印制电路板装入机壳,根据刻度盘重新确定指针位置。<br>(2)调节音量电位器和调谐器拨轮,试转动,看是否顺畅。若转动顺畅,则用螺钉固定印制电路板;若转动不顺畅,则需重新调整。<br>(3)安装并固定扬声器,安装电源极片 | |
| 4 | (1)安装电池。<br>(2)盖上后盖并将螺钉拧紧 | |

②单片机数字钟电路的组装过程:检查印制电路板是否有损坏或断路现象;组装 SMT 电阻元件、SMT 电容元件、集成电路;组装通孔元器件。

组装完成后要对印制电路板进行检查,注意元器件或其引脚是否漏焊、虚焊、连焊,焊点是否满足工艺要求等。单片机数字钟组装好的成品板如图 6-4 所示。

图 6-4 单片机数字钟组装好的成品板

## 任务评价

基于任务实施内容,进行任务评价,分学生自评和教师评估,将评价分值填入表 6-10 中。

表 6-10　任务评价

| 检测内容 | 分值 | 评分标准 | 学生自评 | 教师评估 |
|---|---|---|---|---|
| 元器件的识别 | 15 | 一个元器件识别错误扣 2 分；两个元器件识别错误扣 5 分 | | |
| 元器件的测量 | 15 | 一个元器件测量错误扣 2 分；两个元器件测量错误扣 5 分；三个元器件测量错误扣 10 分 | | |
| 元器件的插装工艺 | 10 | 一个元器件插装工艺不合格扣 2 分；一个元器件极性插装错误扣 5 分 | | |
| 焊接工艺 | 10 | 一个焊点不合格扣 1 分；一个焊点短路扣 5 分 | | |
| 导线的加工 | 10 | 浸锡不光滑，每个线头扣 1 分；电烙铁烫伤绝缘层扣 2 分 | | |
| 部件的安装 | 10 | 不符合工艺要求，每处扣 2 分 | | |
| 安全操作 | 10 | 不按照规定操作，损坏仪器，扣 4 ~ 10 分 | | |
| 现场管理 | 10 | 结束后没有整理现场，扣 4 ~ 10 分 | | |
| 装配工艺细节 | 10 | 装配产品过程中，从一个个微不足道的细节进行考察，若责任心不强，酌情扣 3 ~ 10 分 | | |
| 合计 | | | | |

## 思考与练习

(1) 框图的主要作用是什么？以超外差式调幅收音机为例，说明如何从电路的框图入手，来理解电原理图？

(2) 以超外差式调幅收音机为例，说明识读整机电路原理图的方法。

(3) 印制电路板对电子产品的生产有什么作用？

(4) 说明从印制电路板上快速查找元器件的方法？

(5) 叙述由印制电路板图绘出电路原理图的方法。

(6) 说明设计文件、工艺文件的种类有哪些？各自有哪些作用？

(7) 简述整机装配的连接方式。

## 学习笔记

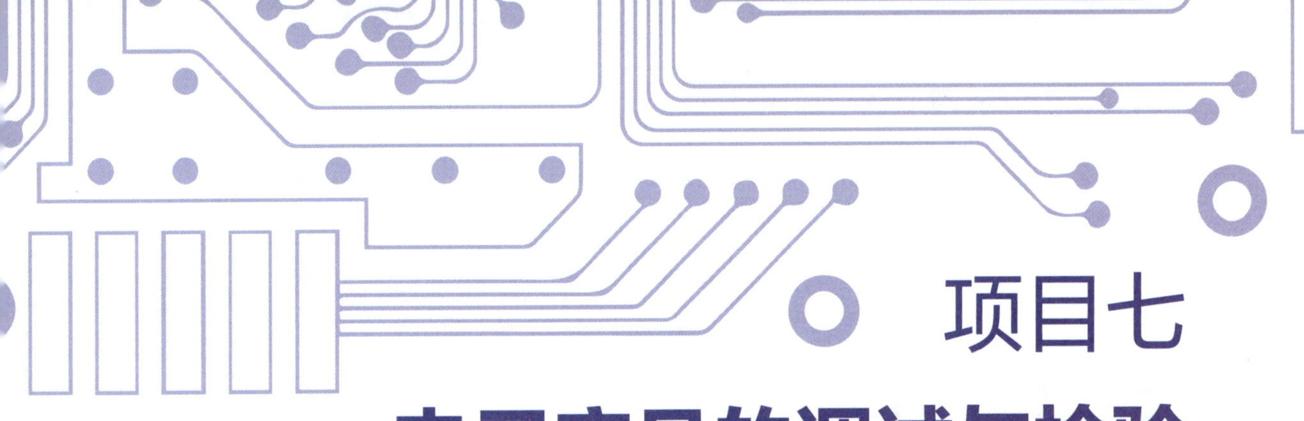

# 项目七 电子产品的调试与检验

电子产品的装配只是把电子元器件按照电路的要求连接起来,由于每个元器件的参数差异,其综合结果会使电路性能出现较大的偏差,使整机电路的各项技术指标不一定达到设计要求。因此,电子产品装配完成之后,必须通过调整与测试才能达到规定的技术要求。

电子产品的检验是指用工具、仪器或其他分析方法检查各种原材料、半成品、成品是否符合特定的技术标准、规格的工作过程。

## 任务一 认知电子产品的调试

### 任务目标

**1. 知识目标**

举例说明电子产品的调试内容及程序。

**2. 技能目标**

尝试电子产品的调试方法。

**3. 素养目标**

在电子产品调试的各个环节中,培养学生的创新意识。

### 任务描述

在电子行业有句话,叫"三分装、七分调",这个"调"就是对电子产品的调整和测试,通常统称为调试,可见电子产品调试工作的重要性。

本任务是基于上一个项目中收音机、单片机数字钟的整机装配后,对照本项目的知识,完成收音机、单片机数字钟的调试,以达到各自的技术指标要求。

通过对收音机、单片机数字钟电路图的分析,按照装配工艺要求、参数性能,调试出功能良好的收音机和数字钟。

## 相关知识

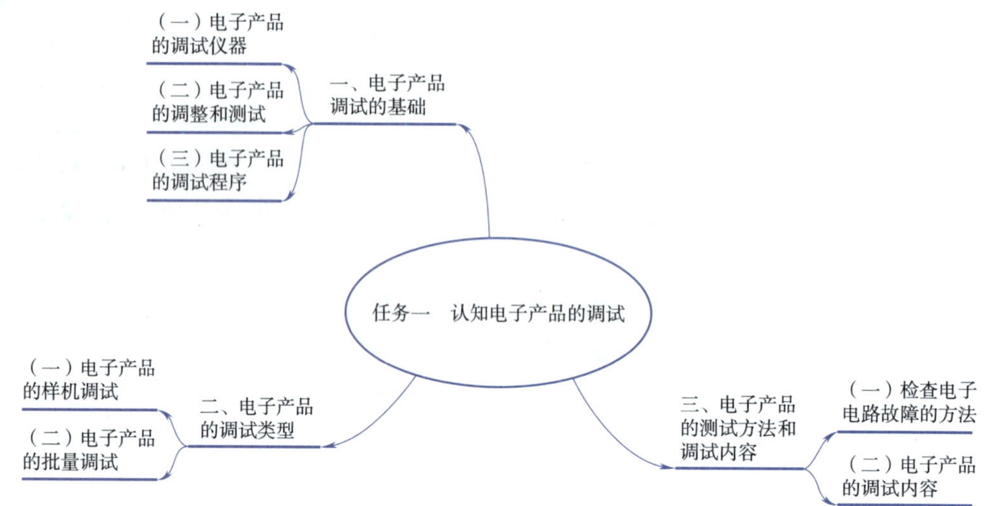


## 一、电子产品调试的基础

### （一）电子产品的调试仪器

电子产品的调试仪器分为通用调试仪器和专用调试仪器。通用调试仪器是针对电子电路的一项电参数或多项电参数的测试而设计的，可检测多种产品的电参数，如信号发生器、万用表、示波器、直流稳压电源等。而专用调试仪器是为某一个电子产品进行调试而专门设计的，其功能单一，专门用于检测单一电子产品的一项或多项参数，如电冰箱测漏仪就是一个专用调试仪器。

### （二）电子产品的调整和测试

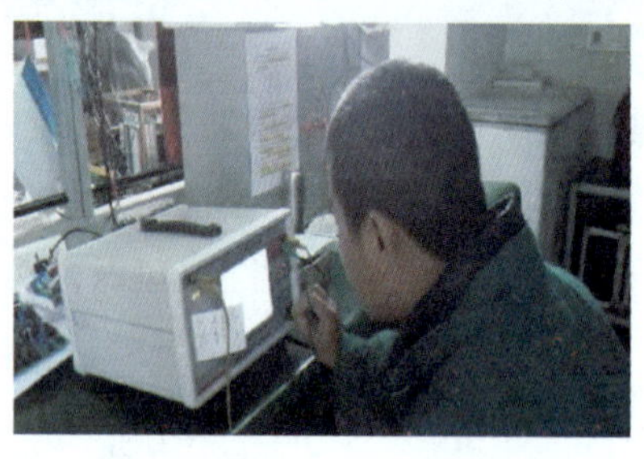

#### 1. 电子产品的调整

调整主要是对电路参数进行调整，一般是对电路中的可调元器件，如可调电阻器、可调电容器、可调电感器等及可调整的机械部分进行调整，使电路达到预定的功能和性能。

### 2. 电子产品的测试

测试主要是对电路的各项技术指标和功能进行测量和试验，并和电路的设计指标进行比较，以确定电路是否合格、是否需要调整和改进。

### 3. 调整与测试的关系

调整与测试是相互依赖、相互补充的，在实际工作中，两者是一项工作的两个方面，测试、调整、再测试、再调整，这个工作是循环反复进行的，直至达到电路的设计指标为止。

### 4. 调试与装配的关系

调试是对装配技术的总检查。产品装配的质量越高，调试的直通率就越高，各种装配缺陷和错误都会在调试中暴露出来。调试又是对设计工作的检验，凡是在设计时考虑不周或存在工艺缺陷的地方，都可以通过调试来发现，并为改进和完善产品质量提供依据。

### 5. 调试工作的地点

调试工作一般在装配车间进行，需要严格按照调试工艺文件进行调试。比较复杂的大型电子产品，根据设计要求，可在生产厂进行部分调试工作或粗调，然后在安装场地按照技术文件的要求进行最后安装和全面调试工作。

## (三)电子产品的调试程序

在开始调试电子产品之前，调试人员应仔细阅读该电子产品的调试说明及调试工艺文件，熟悉该电子产品的工作原理，熟悉要调试内容的技术条件及有关要求，熟悉并能正确使用调试仪器。

由于电子产品的种类繁多，电路复杂，各种单元电路的种类及数量也不同，所以调试程序也不尽相同。对一般的电子产品来说，可以按照下列程序进行调试。

### 1. 通电检查

先置电源开关于“关”的位置，检查电源开关是在交流 220 V 还是其他位置、熔丝是否装入。检查完毕确认无误后，插上电源插头，打开电源开关通电。

接通电源后，电路的电源指示灯应点亮，此时要注意电路有无放电、打火、冒烟现象，有无异常气味产生，用手摸电源变压器判断有无过热。若有这些现象，则立即停电再行检查。

### 2. 电源调试

电子产品中大都装备有本机直流稳压电源电路，调试工作首先要进行电源部分的调试，才能顺利进行其他项目的调试。电源调试通常分为两个步骤。

(1)电源空载调试。电源电路的调试通常先在空载状态下进行，目的是避免因电源电路未经调试而加载，引起部分电子元器件的损坏。

调试时，先接通电源电路，然后测量有无稳定的直流电压输出，其值是否符合设计要求或调节采样电位器使之达到预定的设计值。测量电源各级的直流工作点和电压波形，检查工作状态是否正常，有无自激振荡等。

(2)电源加载调试。在电源空载调试正常的基础上，关掉电源，给电源加上额定负载，再打开电源开关，测量电源的各项性能指标，检测测量数值是否符合设计要求。此时可以调整有关可调元器件，使电路达到设计要求，然后将调试元器件的位置锁定，使电源电路具有加载时所需的最佳功能状态。

有时为了确保负载电路的安全，在电源加载调试之前，可以先加上一个等效负载，再对电源电路进行调试，以防匆忙接入负载电路，负载减小可能会受到的过度冲击。

#### 3. 分级分板调试

电子产品的电源电路调好后，可进行电子产品其他电路的调试。通常按照单元电路的顺序，根据调试的需要及方便，由前到后或从后到前依次接入各个部件或印制电路板，分别进行调试。

首先要测试和调整电路的静态工作点，然后进行各动态参数的调整，直到各部分电路均符合技术文件规定的技术指标为止。

在调整高频电路时，为了防止工业干扰和强电磁场的干扰，调整工作应该在屏蔽室内进行。

#### 4. 整机调整

各部分电路调整好之后，把电子产品所有的部件及印制电路板全部接上，进行整机调试。先检查各部分电路连接以后对整机电路有无影响，再检查机械结构对电路电气性能的影响。整机电路调整好之后，确定并紧固各调整元器件，对电子产品进行全部参数测试，各项参数的测试结果均应符合技术文件规定的技术指标。最后要测试电子产品整机的总电流和实际功率。

#### 5. 环境试验

大多数电子产品在调试完成之后，还需进行环境试验，以考验在相应环境下正常工作的能力。环境试验有温度、湿度、气压、振动、冲击和其他环境试验，应严格按照技术文件的规定执行。

#### 6. 老化试验

电子产品在测试完成之后，均需进行整机通电老化试验，目的是提高电子产品工作的可靠性。老化试验应按电子产品技术文件的规定进行。

#### 7. 参数复调

电子产品整机经过老化试验后，整机的各项技术性能指标会有一定程度的变化，通常还需进行参数复调，使交付使用的电子产品具有最佳的性能。

## 二、电子产品的调试类型

### (一)电子产品的样机调试

#### 1. 样机产品的调试过程

电子产品的样机调试，不单纯指电子产品在试制过程中制作的样机，而是泛指各种试验电路。样机产品的调试过程如下图所示，其中故障检测占了很大比例。

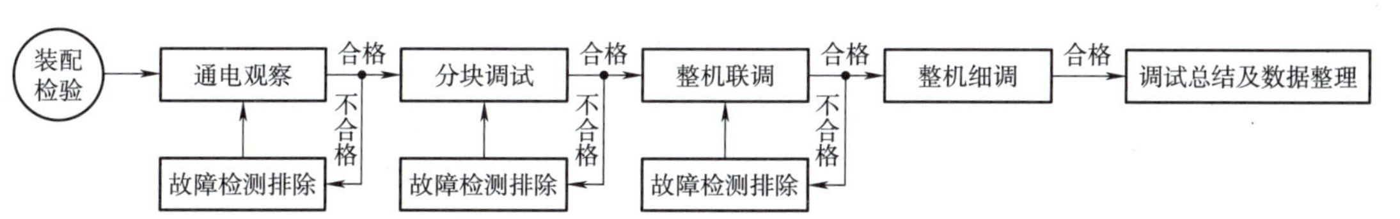


### 2. 电子产品样机的调试准备

对于电子产品的样机来说，除了设计工作之外，调试工作就是最重要的环节。

（1）样机调试工作的技术准备。调试样机前一定要准备好样机的电路原理图、印制电路图、零件装配图、主要元器件接线图和产品的主要技术参数。如果不是自己设计的样机，还要先熟悉样机的工作原理、主要技术指标和功能要求，在装配图上要标记出测试点和调整点，并尽可能给出测试参数的范围和波形图等技术资料。

（2）样机调试工作的条件准备。要根据样机的大小准备好调试场地和电源，准备好必需的测试仪器，对测试仪器电路要先进行检查，以保证其完好和测量精度。在调试有高压危险的电路时，应在调试场地铺设绝缘胶垫，在调试现场要挂出警示标记。

（3）样机调试工作的元器件准备。在样机调试工作中，要事先准备好需要调整的元器件，以方便届时取用。

### 3. 样机调试工作的顺序

（1）电源第一。对本身带电源的样机，一定要先调好电源。

（2）先静后动。先进行静态调试，再进行动态调试。对模拟电路而言，先不加输入信号并将输入端接地，即可进行直流测试，包括测量各部分电路的直流工作点、静态电流等参数。若测量时发现参数不符合技术要求，则要进行调整，使之符合设计要求。

动态调试是指给电路加上输入信号，然后进行测量和调整。典型的模拟电子产品（如收音机等产品）的调试过程都是按此顺序进行的。

对数字电路而言，静态调试是指先不给电路送入数据而测量各逻辑电路的有关直流参数，然后输入数据对逻辑电路的输出状态进行测量和功能调整。

（3）先分后合。对多级信号处理电路或多种功能组合电路要采用先分级或分块调试，最后进行整个系统调试。这种调试方法一方面使调试工作条理清楚，另一方面可以避免一部分电路失常影响或损坏其他电路。

（4）使用稳压/稳流电源进行调试。样机电路在第一次通电时，一定要采用外接的稳压/稳流电源，这样可避免意外损失。等样机电路正常工作后，再接入已调好的样机本机电源。

## （二）电子产品的批量调试

### 1. 电子产品批量调试的过程

电子产品批量调试的过程如下图所示。

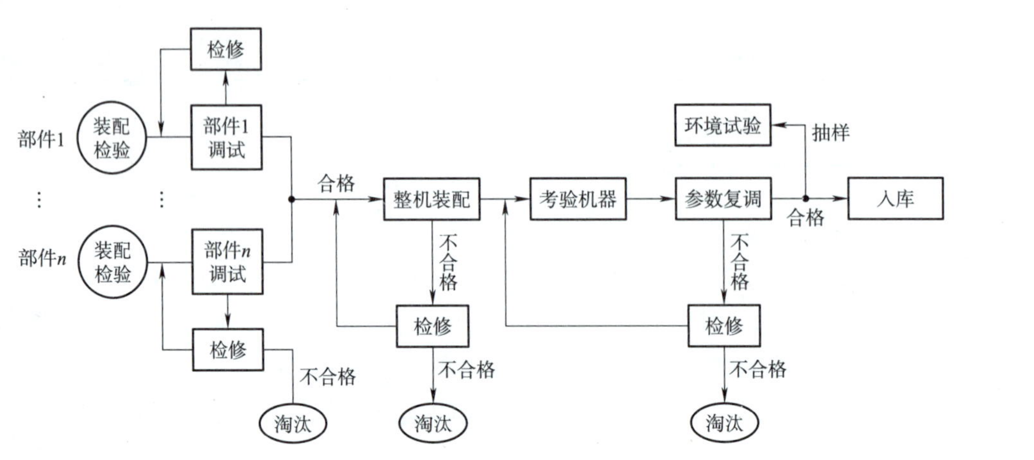


### 2. 电子产品批量调试的特点

电子产品的批量调试在很大程度上是个操作问题，在调试过程中有如下特点：

(1)在正常情况下基本没有大的调整，不涉及产品工艺是否正确这样的问题。

(2)仅仅是解决元器件特性参数的微小差别，或是在可调元器件的调整范围内对元器件的参数加以调整，一般不会出现更换元器件的问题。

(3)电子产品在批量生产时往往采用流水作业，所以在产品的调试中如果发现有装配性故障，则该故障基本上带有普遍性。

(4)装配车间的每个工序、调试要求和操作步骤可以完全按照工艺文件进行，因此产品调试的关键是制定合理的工艺文件。

## 三、电子产品的测试方法和调试内容

### (一)检查电子电路故障的方法

### 1. 观察法

凭人感官的感觉对故障原因进行判断。

(1)电路不通电时的观察。在电路不通电的情况下，对电子产品面板上的开关、旋钮、刻度盘、插口、接线柱、探测器、指示电表和显示装置、电源插线、熔丝管插塞等都可以用观察法来判断有无故障。

对电路板上的元器件、插座、电路连线、电源变压器、排气风扇等也可以用观察法来判断有无故障。观察元器件有无烧焦、变色、漏液、发霉、击穿、松脱、开焊、短路等现象，一经发现，应立即予以排除，通常就能修复电路。

(2)电路通电时的观察。如果在不通电的观察中未能发现问题，就应采用通电观察法进行检查。通电观察法特别适用于检查元器件跳火、冒烟、有异味、烧熔丝等故障。为了防止故障的扩大，以及便于反复观察，通常要采用逐步加压法来进行通电观察。

采用逐步加压法时，可使用调压器来供电，其测试电路的接线图如下图所示。

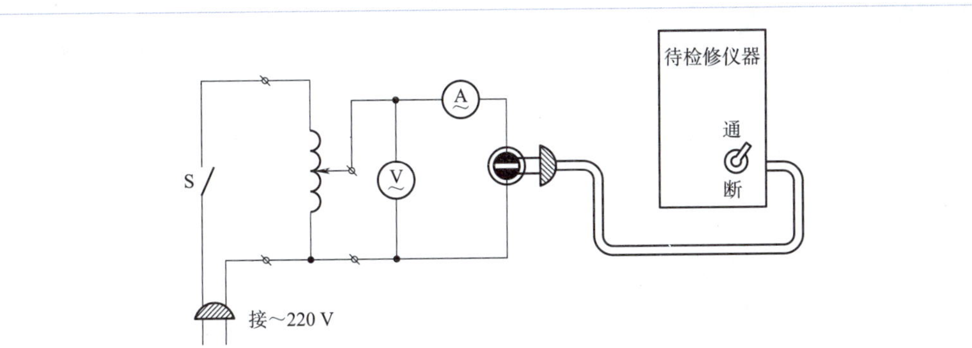


## 2. 测量电阻法

在电路不通电的情况下，使用万用表的电阻挡对电路进行检查，是确定故障范围和确定元器件是否损坏的重要方法。

对电路中的晶体管、场效应管、电解电容器、插件、开关、电阻器、印制电路板的铜箔、连线都可以用测量电阻法进行判断。在测试时，先采用测量电阻法，对有疑问的电路元器件进行电阻检测，可以直接发现损坏和变质的元器件，对元器件和导线的虚焊等故障也是一个有效的方法。

采用测量电阻法时，应将被测点用小刀或砂纸刮干净后再进行检测，以防止因接触电阻过大造成错误判断。

采用测量电阻法时，要注意以下几点：

(1)断电测量。不能在仪器电路接通电源的情况下检测电阻。

(2)放电测量。检测电容器时应先对电容器进行放电，然后脱开电容器的一端再进行检测。

(3)断线测量。在电路板上测量电阻器等元器件时，如该元器件和其他电路元器件有连接，应脱开被测元器件的一端，再进行电阻测量。

(4)分清极性。对于电解电容器和晶体管等元器件的检测，应注意测试表笔的极性，不能弄错。

(5)挡位合适。万用表电阻挡的挡位选用要适当，否则不但检测结果会不正确，甚至会损坏被测元器件。

## 3. 测量电压法

测量电压法是通过测量被测试仪器电路的各部分电压，与电路正常运行时的标准电压值进行对照，然后判断、分析故障原因的一种方法。

对于电路中电流的测量，通常采用测量被测电流所流过电阻器两端的电压，然后借助欧姆定律进行间接推算。

## 4. 替代法

替代法又称代换法，是对可疑的元器件、部件、插板、插件乃至半台机器，采用同类型的部件进行替换，以此来判断有故障的部位或元器件。替代法对于缩小检测范围和确定元器件的好坏很有效果，特别是对于结构复杂的电子仪器电路进行检查时最为有效。

进行元器件替代后，若故障现象仍然存在，说明被替代的元器件或单元部件没有问题，这也是确定某个元器件或某个部件是否损坏的一种方法。

在进行替代元器件更换的过程中，要切断电路的电源，严禁带电进行操作。

## (二)电子产品的调试内容

### 1. 电路静态工作点的调试

(1)三极管静态工作点的调整。调整三极管的静态工作点就是调整它的偏置电阻(通常调上偏电阻),使它的集电极电流达到电路设计要求的数值。调整一般从最后一级开始,逐级往前进行。调试时要注意静态工作点的调整应在无信号输入时进行,特别是对电路的变频级,为避免产生误差,可采取临时短路振荡的措施。例如,将收音机双联可调电容器中的振荡链短路,或将双联可调电容器调到无台的位置。

(2)模拟集成电路静态的测试。由于模拟集成电路本身的结构特点,其静态工作点与三极管不同,集成电路能否正常工作,一般看其各引脚对地电压是否正确。因此,只要将集成电路各引脚对地的电压值与正常数值进行比较,就可判断其静态工作点是否正常。

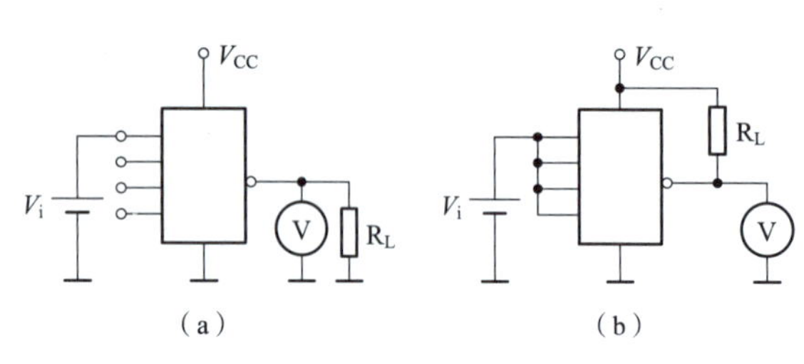


(3)数字集成电路的测试。对于数字集成电路,除了需要测量集成电路各引脚对地的电压值和耗散功率,往往还要测量其输出逻辑电平的大小。例如,对各种门电路的测量就应如此。左图所示为测量TTL与非门输出高电平和低电平的接线图,图中的$R_L$为规定的假负载。

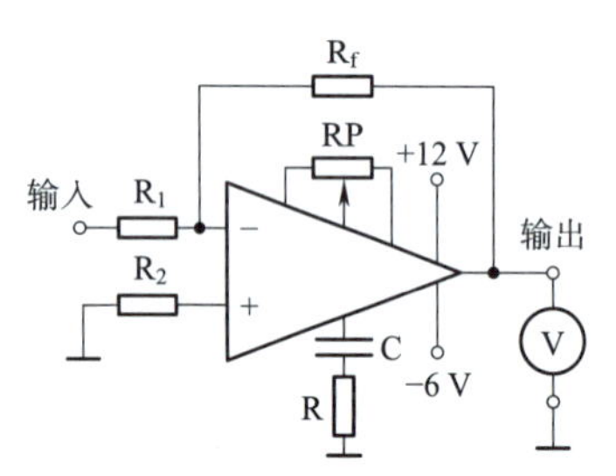


(4)集成运放的调整。模拟集成电路种类繁多,调整方法不一,以使用最广泛的集成运放为例,除需要测量各个引脚的直流电压,往往还需要进行零电位的调整。集成运放电路的静态调整接线图如左图所示,RP为外接调零电路的电位器,$R_2$一般取$R_1$与$R_f$的并联值,若改变了输入电阻$R_1$和平衡电阻$R_2$的大小,则需要重新对电位器RP进行调整,以保证在没有输入的情况下输出是零电位。

### 2. 电路动态特性的调试

(1)波形的观察与测试。波形的观察与测试是电子产品调试工作的一项重要内容。大多数电子产品整机电路中都有波形的产生、变换和传输的电路。通过对波形的观测来判断电路工作是否正常已成为测试与维修中的主要方法。观察波形使用的仪器是示波器,通常观测的波形是电压波形。有时为了观察电流波形,可在电路中串联一个较小电阻变换成电压形式来测试,也可直接使用电流探头。

(2)频率特性的测量。在分析电路的工作特性时,经常需要了解网络在某一频率范围内其输出与输入之间的关系。当输入电压幅度恒定时,网络的输出电压随频率而变化的特性称为网络幅频特性。频率特性的测量是整机测试中的一项主要内容,如收音机中频放大器频率特性的测试结果能反映收音机选择性的好坏。

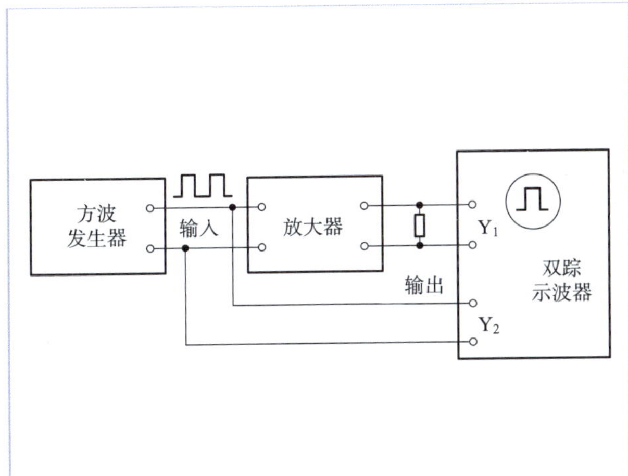


(3)瞬态过程的观测。在分析和调整电路时,为了观测脉冲信号通过电路后的畸变,会感到测量其频率特性的方法有些烦琐。若采用观测电路的过渡特性(瞬态过程),则比较直观,而且能直接观察到输出信号的形状,适合对电路进行动态调整。

瞬态过程的观测接线图如左图所示。一般在电路的输入端输入一个前沿很陡的阶跃波或矩形脉冲,而在输出端用脉冲示波器观测输出波形的变化。根据输出波形的变化,就可判断产生变化的原因,明确电路的调整方法。

## 任务实施

### 收音机、单片机数字钟的检测与调试

#### 1. 所需器材

(1)工具:无感螺丝刀、万用表、毫伏表、电流表、函数信号发生器和示波器各一个(台)。

(2)器材:上一个项目装配好的收音机和单片机数字钟各一台。

#### 2. 完成内容

1)收音机的检测与调试

(1)直观检测收音机的元器件状态。在组装收音机的过程中,由于安装、焊接等原因,可能会出现元器件的碰脚、连焊和虚焊等现象,还有可能将电路板上的覆铜焊掉,所以调试人员需要利用眼观、手晃等办法找到故障点并排除,为下一步调试做准备。

(2)测量电源输入端的对地电阻(在路电阻)。将万用表拨至 R×100 挡,测量前先对万用表进行调零,再将红表笔接电源的负极或与之相连的焊盘,即整机的地线,然后将黑表笔接于电源开关的后端,测量整机电源输入端的正向电阻。再将两表笔对调,测其反向电阻。正向电阻在 1.6 kΩ 左右,反向电阻在 150 Ω 左右。

若电源输入端的对地电阻太小,只有几欧或十几欧,则说明收音机有严重短路的现象;若电源输入端的对地电阻太大,达到几十千欧或上百千欧,则说明收音机电源的输入部分开路,如电路板覆铜裂开等。

(3)整机加电测试。若电源输入端的对地电阻检查不正常,则可以利用电池或直流电源给收音机提供合适的直流电压。此收音机需要 3 V 的电压,因此可以用两节 1 号电池,也可以用直流电源输出 3 V 电压直接加到电池夹处。

(4)调试各单元电路的工作电流。参考表 7-1 所示的收音机各级工作电流参考值调整相应的元器件。

表 7-1 收音机各级工作电流的参考值

| 单元电路 | 元器件标号 | 参考电流/mA | 调整电流/mA | 调整元器件 | 参考阻值/kΩ |
|---|---|---|---|---|---|
| 变频电路 | $VT_1$ | 0.4~0.6 | 0.46 | $R_2$ | 1.3 |

续表

| 单元电路 | 元器件标号 | 参考电流/mA | 调整电流/mA | 调整元器件 | 参考阻值/kΩ |
| --- | --- | --- | --- | --- | --- |
| 第一级中频放大电路 | $VT_2$ | 0.3～0.5 | 0.4 | $R_4$ | 4.7 |
| 第二级中频放大电路 | $VT_3$ | 1.2～2.2 | 1.4 | | |
| 前置放大电路 | $VT_4$、$VT_5$ | 2～4 | 2.3 | $R_{10}$ | 75 |
| 功率放大电路 | $VT_6$、$VT_7$ | 2～6 | 4.6 | $R_{17}$ | 1.6 |

(5)检测整机电路的工作电流：

方法1：在整机的电源处串入电流表，测量整机的工作电流。

方法2：将整机的电源开关断开，将万用表的功能开关拨至DC 50 mA挡，再将红表笔接于电源开关的正极侧，黑表笔接于电源开关的负极侧，万用表的示数为整机工作电流，其正常值为8 mA左右。

若整机工作电流大于或等于20 mA，则说明整机存在问题；若整机工作电流太大，达到100 mA以上，则说明整机有明显的短路现象(如电源端对地有连焊现象、元器件对地击穿)；若整机工作电流较小，只有3～4 mA，则说明各单元电路有开焊的现象；若没有整机工作电流，则说明整机电源部分开路。

(6)调试收音机各级单元电路的工作电压。收音机放大器各三极管引脚的静态参考电压见表7-2。

表7-2　收音机放大器各三极管引脚的静态参考电压

| 三极管 | $U_E$/V | $U_B$/V | $U_C$/V |
| --- | --- | --- | --- |
| $VT_1$ | 0.65 | 1.2 | 2.3 |
| $VT_2$ | 0.05 | 0.7 | 2.3 |
| $VT_3$ | 0.56 | 1.3 | 2.3 |
| $VT_4$ | 0.05 | 0.7 | 1.2 |
| $VT_5$ | 0.45 | 1.2 | 2.4 |
| $VT_6$ | 3 | 2.4 | 0 |
| $VT_7$ | 3 | 2.4 | 0 |

①变频管$VT_1$各引脚静态电压的测量方法。连接好直流电源和收音机电路，打开电源开关，将万用表的功能开关拨至DC 2.5 V挡，再将黑表笔接电池负极(也就是弹簧，即整机的“地”)，红表笔分别接变频管$VT_1$的基极(B)、集电极(C)和发射极(E)，分别测量出$U_B$、$U_C$、$U_E$。为避免外来电台的干扰，应将天线的一次线圈从电路上拆焊掉。

按此方法可以将$VT_2$～$VT_5$引脚的静态电压依次测出来。若测量电压与参考电压明显不符，则说明电路或元器件有故障，此时需要及时排除并更换故障元器件。

②功放管$VT_6$、$VT_7$各引脚静态电压的测量方法。连接好直流电源，打开电源开关，将万用表的功能开关拨至DC 10 V挡，再将黑表笔接电池负极，红表笔分别接功放管$VT_6$、$VT_7$的基极(B)、集电极(C)和发射极(E)，分别测量出$U_B$、$U_C$、$U_E$。为避免外来电台的干扰，应将音量开关拨至最

小处进行测量。

(7)收音机的交流调试:

①将低频电路调试为正常的收音状态。

②将高频信号发生器的频率选择开关拨至波段Ⅰ上,将调幅波/等幅波开关电源拨至调幅波的位置,调节频率选择旋钮,使红色的指示线对准刻度盘上的465 kHz的红点位置,由高频信号输出端输出中频信号。

③将示波器和毫伏表接于扬声器两端或输出变压器的输出端。

④将高频信号发生器的输出电缆串入电容器后碰触$VT_3$的基极,利用无感螺丝刀调节$T_5$的磁芯,使扬声器中的声音和毫伏表的读数最大,并且使示波器中的波形幅度最大而不失真。

⑤$T_5$调好后,将465 kHz的中频信号注入$VT_2$的基极,利用无感螺丝刀调节$T_4$的磁芯,使扬声器中的声音和毫伏表的读数最大,并且使示波器中的波形幅度最大而不失真。

⑥$T_4$调好后,将465kHz的中频信号注入$VT_1$的集电极,利用无感螺丝刀调节$T_3$的磁芯,使扬声器中的声音和毫伏表的读数最大,并且使示波器中的波形幅度最大而不失真。

⑦$T_3$调好后,将上述步骤反复多调几次,使扬声器中的声音和毫伏表的读数最大,并且使示波器中的波形幅度最大而不失真。

⑧全部调试好后用油漆或蜡将三个中周的磁芯封住。在装配工艺上漆封就表示调试结束,同时还可以防止机械振动等引起磁芯位置的变化,从而引起谐振频率的变化。

(8)频率范围的调整:

①先使高频信号发生器输出600 kHz的调幅信号,再调双联可调电容器$C_1$使收音机收到此信号,然后调节天线线圈$T_1$在天线磁棒上的位置,使示波器和毫伏表的输出最大,完成低频端统调。

②先使高频信号发生器输出1.5 MHz的调幅信号,再调节双联可调电容器$C_1$,收到信号后调节拉线补偿电容器$C_2$使输出最大,达到高频端统调。

③高、低频端互相影响,反复调两三次即可。

2)单片机数字钟的调试

由于本数字钟是由单片机程序控制的,所以只需对时间进行调整。

首先检查电路无故障即可通电调试。一般单片机电路的供电电压为5 V。通电后,电源指示灯正常发光,六个数码管均显示0,说明单片机电路和显示电路基本正常。断电后装入3 V纽扣电池,再接通电源,数码管开始显示时间,说明计时电路(时钟电路)基本正常。3 V纽扣电池为计时电路供电,并保证主电源断电后计时电路照常工作。

不同的单片机电路,控制电路也不同。本电路的控制如下:REST用于复位控制;$S_2$用于选择调节对象(秒、分、时)的选择;$S_3$用于时间的调节;$S_4$用于日期的调节。

## 任务评价

基于任务实施内容,进行任务评价,分学生自评和教师评估,将评价分值填入表7-3中。

表7-3　任务评价

| 检测内容 | 分值 | 评分标准 | 学生自评 | 教师评估 |
|---|---|---|---|---|
| 直观检测电子整机的元器件状态 | 5 | 漏检一个元器件扣2分;漏检两个元器件扣3分 | | |

续表

| 检测内容 | 分值 | 评分标准 | 学生自评 | 教师评估 |
|---|---|---|---|---|
| 测量电源输入端的对地电阻 | 5 | 万用表挡位错误扣 1 分;没有校零扣 2 分;测量位置错误扣 2 分 | | |
| 调试各单元电路的工作电流 | 10 | 电流表挡位错误扣 5 分;调试位置错误扣 5 分 | | |
| 检测整机电路的工作电流 | 10 | 电流表挡位错误扣 5 分;测量位置错误扣 5 分 | | |
| 调试收音机各级单元电路的工作电压 | 10 | 万用表挡位错误扣 5 分;测量位置错误扣 5 分 | | |
| 收音机的交流调试 | 10 | 信号发生器、示波器、毫伏表使用不熟练各扣 5 分;中周一个没有调试好扣 5 分 | | |
| 频率范围的调整 | 10 | 低、高频端没有调试好,扣 10 分 | | |
| 数字钟的调试 | 10 | 时间没有调试准确,扣 10 分 | | |
| 安全操作 | 10 | 不按照规定操作,损坏仪器,扣 4 ~ 10 分 | | |
| 现场管理 | 10 | 结束后没有整理现场,扣 4 ~ 10 分 | | |
| 创新意识 | 10 | 总结电子产品调试过程中的小微创新,对没有创新的,酌情扣 3 ~ 10 分 | | |
| 合计 | | | | |

# 任务二 认知电子产品的检验

## 任务目标

### 1. 知识目标

归纳电子产品检验的流程和主要内容。

### 2. 技能目标

模拟电子产品检验过程。

### 3. 素养目标

养成“立足本职工作,练出过硬技能”的奋斗目标。

## 任务描述

电子产品的检验是指用工具、仪器或其他分析方法检查各种原材料、半成品、成品是否符合特定的技术标准、规格的工作过程,包括材料入库的检验、生产过程中的检验和成品质量检验。

基于螺丝刀、镊子、万用表、信号发生器、毫伏表等工具和含有不合格元器件的收音机套件、装配结束的收音机等材料完成以下任务。

(1)元器件质量的检验。

(2)元器件引脚的成型、元器件的插装工艺、焊接工艺的检验。

(3)收音机整机的检验。

## 相关知识

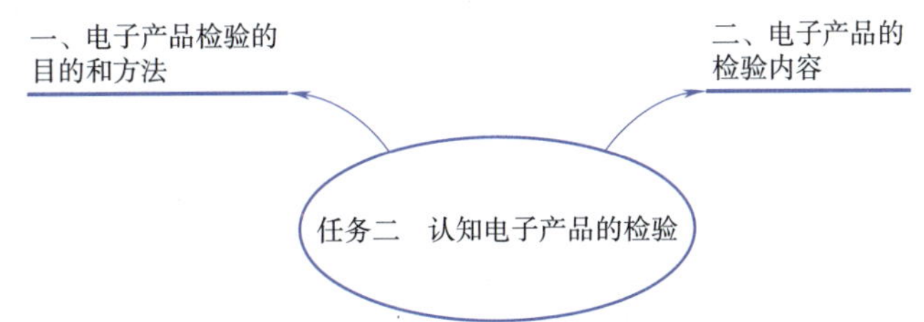


## 一、电子产品检验的目的和方法

### 1. 电子产品检验的目的

电子产品的检验是使用一定的技术手段,按照技术要求规定的内容对产品进行观察、测量和试验,测定出电子产品的质量特性,与国家标准、部级标准、行业标准或者是买卖双方制定的技术协议等公认的质量标准进行比较,做出该电子产品是否合格的判定。

### 2. 电子产品检验的方法

(1)电子产品的全数检验。电子产品的全数检验简称全检,是对产品进行百分之百的逐个检验。电子产品经过全检后质量的可靠性最高,但要消耗大量的人力、物力,会造成生产成本的增加。因此,除了对可靠性要求特别高的产品,如军工产品、航天产品、试制产品及在生产条件、生产工艺改变后生产的部分产品才进行全检外,一般的电子产品都进行抽样检验。

(2)电子产品的抽样检验。电子产品的抽样检验简称抽检,是根据统计方法所预先制定的方案,从待检验产品中抽取部分样品进行检验,根据这部分样品的检验结果,按抽样方案确定的判断原则,判定整批产品的质量水平,从而得出该产品是否合格的结论。

## 二、电子产品的检验内容

### 1. 电子产品的普遍检验内容

(1)性能检验。指电子产品满足使用目的所应具备的技术特性,包括电子产品的使用性能、机械性能、理化性能、外观要求等。

(2)可靠性检验。指电子产品在规定时间内和规定条件下完成工作任务的性能,包括电子产品的平均寿命、失效率、平均维修时间间隔等。

(3)安全性检验。指电子产品在操作、使用过程中保证人身安全的程度。

(4)适应性检验。指电子产品对自然环境条件表现出来的适应能力,如对温度、湿度、酸碱度等指标的反应程度。

(5)经济性检验。指电子产品的生产成本、经营成本和维持工厂正常工作的消耗费用等是否满足要求。

(6)时间性检验。指电子产品进入市场的适时性和售后能否及时提供技术支持和维修服务等。

### 2. 电子产品的检验时间段

(1)入库前的检验。入库前的检验是保证电子产品质量可靠性的重要前提。电子产品生产所需的原材料、元器件等,在采购、包装、存放、运输过程中可能会出现变质和损坏或者本身就是不合格品,因此,这些物品在入库前都应按照电子产品的技术条件、协议等进行外观检验和质量检验,检验合格后方可入库。对判为不合格的物品则不能使用,并要进行隔离,以免产生混料现象。

另外,有些电子元器件,如晶体管、集成电路及部分阻容元件等,在装配前还要进行老化筛选工作。

(2)生产过程中的检验。生产过程中的检验指对生产过程中的各道工序进行检验,采用操作人员自检、生产班组互检和专职人员检验相结合的方式进行。

自检就是操作人员根据本工序工艺卡的要求,对自己所组装的元器件、零部件的装接质量进行检查,对不合格的部件及时进行调整和更换,避免流入下一道工序。

互检就是下一道工序对上一道工序的检验。操作人员在进行本工序操作前,检查上一道工序的装调质量是否符合要求,对有质量问题的部件要及时反馈给上一道工序的操作人员,不能在不合格部件上进行本工序的操作。

专职检验一般在部件装配、整机装配与调试都完成以后的工序进行。检验时要根据检验标准,对部件、整机生产过程中各装调工序的质量进行综合检查。检验标准一般以文字或者图样形式表达,对一些不方便使用文字、图样表达的缺陷,应以实物建立的标准样品为检验依据进行检验。

(3)整机检验。整机检验是电子产品经过总装、调试合格之后,检查电子产品是否达到预定功能的要求和技术指标。整机检验主要包括直观检验、功能检验和主要性能指标的测试等内容。

①直观检验。检验的内容有电子产品整体是否整洁;板面、机壳表面的涂覆层及装饰件、标志、铭牌等是否齐全,有无损伤;电子产品的各种连接装置是否完好;各金属件有无锈斑;结构件有无变形和断裂;表面丝印字迹是否完整、清晰;指针式表头的量程是否符合要求;机械转动机构是否灵活;控制开关是否到位等。

②功能检验。对电子产品设计所要求的各项功能进行检查。不同的电子产品有不同的检验内容和要求。例如,对液晶电视机应检验的项目有节目选择、图像质量、亮度、颜色和伴音功能等。

③主要性能指标的测试。使用符合规定精度的仪器和设备,对电子产品的技术指标进行测量,判断电子产品是否达到国家标准或行业标准。现行国家标准规定了各种电子产品的基本参数及测量方法,检验中一般只对其主要性能指标进行测试。

### 3. 电子产品的样品试验

电子产品的样品试验是为了全面了解电子产品的特殊性能,对定型电子产品或长期生产的电子产品所进行的例行验证。为了能如实反映电子产品的质量,试验的电子产品样机应在检验合格的整机中随机抽取。

### 4. 电子产品的环境试验

环境试验是评价、分析环境对电子产品性能影响的试验，是在模拟电子产品可能遇到的各种环境条件下进行的。环境试验是一种检验产品适应环境能力的方法。

环境试验的项目是从实际环境中抽象和概括出来的。因此，环境试验可以是模拟一种环境因素的单一试验，也可以是同时模拟多种环境因素的综合试验。

环境试验包括机械试验、气候试验、运输试验和特殊试验。

### 5. 寿命试验

寿命试验是用来考察电子产品寿命规律性的试验，它是电子产品在最后阶段的试验。在试验条件下，模拟产品实际工作状态和储存状态，投入一定数量的样品进行试验。试验中要记录样品失效的时间，并对这些失效时间进行统计分析，以评估电子产品的可靠性、失效性、平均寿命等指标。

寿命试验分为工作寿命试验和储存寿命试验两种。因储存寿命试验的时间长，故一般采取工作寿命试验（又称功率老化试验）。工作寿命试验是在给产品加上规定工作电压条件下进行的试验，试验过程中应按技术条件规定，间隔一定的时间进行参数测试。

## 任务实施

### 收音机的整机检验

#### 1. 所需器材

（1）工具：螺丝刀、镊子、万用表、毫伏表、函数信号发生器各一个（台）。

（2）器材：收音机元器件一套（含有不合格元器件两个）、焊接完毕的收音机印制电路板一块、成品收音机一台。

#### 2. 完成内容

（1）元器件和其他材料性能的检验。首先外观检测元器件有无损伤、标志是否清晰完好，之后用万用表进一步检测元器件性能，对有损坏的元器件挑出来并用性能好的进行更换。结构件、零部件、线材、印制电路板、焊料、焊剂等其他材料主要从外观上检验其是否完好且符合要求。

（2）元器件引脚的成型、元器件的插装工艺、焊接工艺的检验。检验印制电路板上组装的元器件、零部件的装接质量。检查元器件引脚是否规范、插装是否符合要求；焊接点是否光滑匀称、大小是否适当、有无搭桥连接；导线和其他零部件装置是否完好；印制电路板是否整洁、有无伤痕等。

（3）整机的检验。检查收音机频率指针是否符合要求；选台和音量旋钮是否灵活；电源开关是否到位；音量调节时喇叭声音是否从小到大均匀递增等。

## 任务评价

基于任务实施内容，进行任务评价，分学生自评和教师评估，将评价分值填入表7-4中。

表7-4　任务评价

| 检测内容 | 分值 | 评分标准 | 学生自评 | 教师评估 |
| --- | --- | --- | --- | --- |
| 元器件的质量检验 | 10 | 漏检一个不合格元器件扣5分 | | |

续表

| 检测内容 | 分值 | 评分标准 | 学生自评 | 教师评估 |
| --- | --- | --- | --- | --- |
| 引脚成型工艺检验 | 10 | 漏检一个不合格引脚扣5分 | | |
| 插装工艺检验 | 15 | 漏检一个不合格插装扣5分 | | |
| 焊接工艺检验 | 15 | 漏检一个不合格焊点扣5分 | | |
| 印制电路板检验 | 10 | 漏检一处扣5分 | | |
| 整机装配工艺检验 | 10 | 漏检一处扣5分 | | |
| 安全操作 | 10 | 不按照规定操作,损坏仪器,扣4~10分 | | |
| 现场管理 | 10 | 结束后没有整理现场,扣4~10分 | | |
| 综合技能的掌握 | 10 | 根据最终产品质量,综合判断个人装配技能的掌握程度,酌情扣3~10分 | | |
| 合计 | | | | |

## 思考与练习

(1)简述电子产品的调试程序。

(2)电子产品的调试类型有哪些?

(3)检查电子电路故障,采用测量电阻法时,需要注意的事项有哪些?

(4)收音机的整机检验内容有哪些?

(5)收音机的调试主要分为哪几项?

## 学习笔记

# 附录 A　图形符号对照表

图形符号对照表见表 A-1。

表 A-1　图形符号对照表

| 序号 | 名称 | 国家标准的画法 | 软件中的画法 |
| --- | --- | --- | --- |
| 1 | 发光二极管 |   | 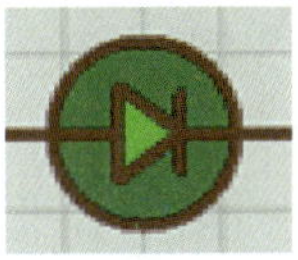   |
| 2 | 按钮开关 | 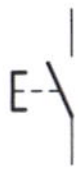  | 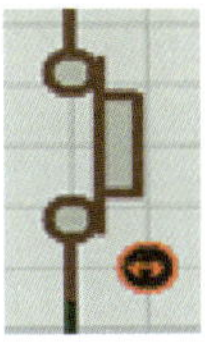   |
| 3 | 接地 |   |   |

# 参 考 文 献

[1]张明.电子产品结构工艺[M].北京:电子工业出版社,2020.
[2]梁小明,笔锋.大国工匠[M].北京:天地出版社,2021.
[3]韩雪涛.电子电路识图、应用与检测[M].北京:电子工业出版社,2019.
[4]杨小庆.电工技能实训教程[M].北京:机械工业出版社,2020.
[5]孙洋,孔军.电子元器件识别检测选用代换维修全书[M].北京:化学工业出版社,2021.
[6]贲德.大国重器[M].南京:江苏凤凰美术出版社,2018.
[7]罗敬.电工技术基础与技能[M].北京:电子工业出版社,2021.
[8]职业杂志社.古今中外工匠精神故事汇[M].北京:中国劳动社会保障出版社,2021.
[9]程立群,黄承林.电工技术基础与技能[M].西安:西安电子科技大学出版社,2019.
[10]许红艳,徐永乐.自动化生产线技术应用[M].北京:电子工业出版社,2021.
[11]陈莉.电工技能实训[M].济南:山东科学技术出版社,2015.
[12]柳明.电子整机装配工艺项目实训[M].北京:机械工业出版社,2019.
[13]陈雅萍.电工技能与实训:项目式教学[M].北京:高等教育出版社,2020.
[14]刘进峰.电子产品装配与调试[M].北京:中国劳动社会保障出版社,2020.